高职高专土木与建筑规划教材

建筑工程计量与计价

岳鹏威　主　编

清華大学出版社
北 京

内容简介

本书是全国高等院校土木与建筑类专业十三五"互联网+"创新规划教材之一,是根据高职高专院校土木与建筑类专业的人才培养目标、教学计划、"建筑工程计量与计价"课程的教学特点和要求,以《建设工程工程量清单计价规范》(GB 50500—2013)、《房屋建筑与装饰工程工程量计算规范》(GB 50854—2013)、《河南省房屋建筑与装饰工程预算定额》(HA 01—31—2016)上册、《河南省房屋建筑与装饰工程预算定额》(HA 01—31—2016)下册为依据编写的。

本书根据高职高专教育的特点,以"工学结合"思想为指导,立足于基本理论,结合大量的工程实例,系统、详细地对工程造价的基本知识,建筑工程费用,建筑工程定额与计价规范,建筑面积计算,土(石)方工程,地基处理与边坡支护工程,桩基工程,砌筑工程,混凝土及钢筋混凝土工程,金属结构、木结构工程,屋面及防水工程,保温、隔热及防腐工程,天棚工程,建设工程措施项目,工程造价实例等进行了全面系统的阐述,并在每章节配有相应的实际案例。书中重点对建筑工程费用、清单规范、定额规则和说明应用、工程量计算等做了讲解,具有很强的针对性,通过本书可以使读者对建筑工程计量与计价有一个系统的了解和认知,且对清单计量和清单编制、定额计量和定额计价有系统的认识。同时结合实训练习可以达到学以致用的效果,本书的最后一章提供实践实操案例,以接触实际为主,体现理论和实践相结合的原则,同时在最后提供通过扫描二维码可获取的电子图纸,方便学生们学习使用。

本书可作为高职高专建筑工程技术、工程造价、工程管理、土木工程、工程监理及相关专业的教学用书,也可作为中专、函授及土建类工程技术人员的参考用书以及审计人员、造价员、造价师的考前辅导教材。本书除具有教材功能外,还兼有工具书的特点,是工程造价业内人士案头必备的简明、工具型手册,也是工程造价培训工作中不可多得的基本参考书。

本书封面贴有清华大学出版社防伪标签,无标签者不得销售。

版权所有,侵权必究。举报:010-62782989,beiqinquan@tup.tsinghua.edu.cn。

图书在版编目(CIP)数据

建筑工程计量与计价/岳鹏威主编. —北京:清华大学出版社,2019(2021.12重印)
(高职高专土木与建筑规划教材)
ISBN 978-7-302-51165-6

Ⅰ.①建… Ⅱ.①岳… Ⅲ.①建筑工程—计量—高等职业教育—教材 ②建筑造价—高等职业教育—教材 Ⅳ.①TU723.3

中国版本图书馆 CIP 数据核字(2018)第 209938 号

责任编辑:桑任松
封面设计:刘孝琼
责任校对:吴春华
责任印制:杨 艳

出版发行:清华大学出版社
   网 址:http://www.tup.com.cn, http://www.wqbook.com
   地 址:北京清华大学学研大厦 A 座   邮 编:100084
   社 总 机:010-62770175   邮 购:010-62786544
   投稿与读者服务:010-62776969,c-service@tup.tsinghua.edu.cn
   质量反馈:010-62772015,zhiliang@tup.tsinghua.edu.cn
   课件下载:http://www.tup.com.cn, 010-62791865

印 刷 者:北京富博印刷有限公司
装 订 者:北京市密云县京文制本装订厂
经 销:全国新华书店
开 本:185mm×260mm   印 张:18   字 数:434 千字
版 次:2019 年 3 月第 1 版   印 次:2021 年 12 月第 5 次印刷
定 价:49.00 元

产品编号:078043-01

前　言

建筑工程计量与计价简称"工程造价"，其前身是"建筑工程概预算"和"建筑产品价格"。建筑工程计量与计价是建筑工程及相关专业的一门重要专业课，本课程的主要任务是学习建筑工程造价的构成及工程造价计价的原理和方法，掌握建筑工程造价确定的方法及工程量计算规则。通过本课程的学习，要求学生能参考相关资料，编制一套建筑工程施工图纸的工程量清单，并会进行投标报价。

本书作为建筑计量与计价的专用教材，充分考虑了当前大环境的情形，并结合《建设工程工程量清单计价规范》(GB 50500—2013)、《房屋建筑与装饰工程工程量计算规范》(GB 50854—2013)、《河南省房屋建筑与装饰工程预算定额》(HA 01—31—2016)上册、《河南省房屋建筑与装饰工程预算定额》(HA 01—31—2016)下册，在全面理解规范和计算规则的前提下，做到内容上从基本知识入手，图文并茂；层次上由浅入深、循序渐进；实训上注重与实例的结合，每章必练；整体上主次分明，合理布局，力求把知识点简单化、生动化、形象化。

本书结合高职高专教育的特点，立足基本理论的阐述，注重实践技能的培养，将"案例教学法"的思想贯穿于整个编写过程中，具有"实用性""系统性"和"先进性"的特色。

本书与同类书相比具有以下显著特点。

(1) 新：图文并茂，生动形象，形式新颖；

(2) 全：知识点分门别类，包含全面，由浅入深，便于学习；

(3) 系统：知识讲解前呼后应，结构清晰，层次分明；

(4) 实用：理论和实际相结合，举一反三，学以致用；

(5) 赠送：除了必备的电子课件，每章的习题答案，模拟测试 A、B 试卷外，还相应地配有大量的拓展图片、讲解音频、现场视频、模拟动画、扩展资源、AR 增强现实技术教学资料等，这些配套资源通过扫描二维码的形式再次拓展了建筑工程计量与计价的相关知识点，力求让学生在学习时最大化地接受新知识，最快、最高效地达到学习目的。

本书由郑州航空工业管理学院岳鹏威主编，参加编写的人员还有安阳学院建筑工程学院李泽红、郑州财经学院王空前、河南鸿图鲁班教育信息咨询有限公司张利霞，湖南铁道职业技术学院朱诗君，南水北调中线干线建设管理局河南分局翟会朝。具体的编写分工为：朱诗君负责编写第 1 章、第 11 章；岳鹏威负责编写第 2 章、第 8 章、第 9 章、第 15 章，并对全书进行统筹；张利霞负责编写第 3 章、第 10 章、第 12 章；李泽红负责编写第 4 章、

第 5 章；翟会朝负责编写第 6 章、第 7 章；王空前负责编写第 13 章、第 14 章。在此对在本书编写过程中的全体合作者和帮助者表示衷心的感谢！

本书在编写过程中，得到了许多同行的支持与帮助，在此一并表示感谢。由于编者水平有限和时间紧迫，书中难免有错误和不妥之处，望广大读者批评指正。

建筑工程计量与计价扩充资源.ppt　　　　　　某小学教学楼.zip

编　者

目 录

电子课件获取方法.pdf

建筑工程计量与计价
试卷 A.pdf

建筑工程计量与计价
试卷 A 答案.pdf

建筑工程计量与计价
试卷 B.pdf

建筑工程计量与计价
试卷 B 答案.pdf

第 1 章 工程造价概述教案.pdf

第 1 章　工程造价概述

01

【学习目标】

- 了解工程造价的含义。
- 熟悉工程造价的构成及特点。
- 掌握工程造价费用的计算方法。

【教学要求】

本章要点	掌握层次	相关知识点
工程造价的含义	1. 了解工程造价广义的含义	广义工程造价
	2. 掌握工程造价狭义的含义	狭义工程造价
工程造价的构成	1. 掌握工程造价的费用组成	建筑安装工程费
	2. 掌握建筑安装工程费组成	设备及工器具购置费
	3. 掌握设备及工器具购置费组成	工程建设其他费用
	4. 掌握工程建设其他费用构成、熟悉预备费和建设期利息	预备费
		建设期贷款利息
工程造价的特点	了解工程造价的特点	大额性、层次性
工程造价的作用	1. 了解工程造价的作用	科学性
	2. 认识工程造价的重要性	

【引子】

　　建筑业是我国四大支柱行业之一，随着建筑行业的不断发展，工程造价行业人员队伍也在不断发展壮大。项目要实现精细化管理，必须有一批拥有扎实理论基础并掌握先进造价工具的人才来进行项目全生命周期管控，因此，是否拥有高素质的造价人员对项目部管理能力和赢利能力起到决定性作用！工程造价是一项技术性、专业性很强的工作，它贯穿于投资决策、项目设计、招标投标、建设施工和竣工结算各个阶段上。因此，造价行业的迅速发展离不开高水平、高技能的造价人才。

1.1　工程造价的含义

建设工程造价是指工程的建设价格。这里所说的工程，它的范围和内涵具有很大的不确定性。其含义有两种：第一种含义是指进行某项工程建设花费的全部费用，即该工程项目有计划地进行固定资产再生产、形成相应无形资产和铺底流动资金的一次性费用的总和，很明显，这一含义是从业主的角度来定义的。投资者选定一个投资项目后，就要通过项目评估进行决策，然后进行设计招标、工程招标，直至竣工验收等一系列投资管理活动。在投资活动中所支付的全部费用形成

工程造价.mp4

了固定资产和无形资产。所有这些开支就构成了建设工程造价。从这个意义上说，建设工程造价就是建设项目固定资产投资。第二种含义是指工程价格，即建成一项工程，预计或实际在土地市场、设备市场、技术劳务市场以及承包市场等交易活动中所形成的建筑安装工程的价格和建设工程总价格。显然，建设工程造价的第二种含义是以社会主义商品经济和市场经济为前提的，它以工程这种特定的商品形式作为交换对象，通过招投标、承发包或其他交易形式，在进行多次性预估的基础上，最终由市场形成价格。通常是把建设工程造价的第二种含义认定为工程承发包价格。

建设工程造价的两种含义是以不同角度来把握同一事物的本质。以建设工程的投资者来说，建设工程造价就是项目投资，是"购买"项目付出的价格；同时也是投资者在作为市场供给主体时和"出售"项目时定价的基础。对于承包商来说，建设工程造价是他们作为市场供给主体出售商品和劳务的价格的总和，或是特指范围性的建设工程造价，如建筑安装工程造价。

1.2　工程造价的构成

1.2.1　建筑安装工程费

建设工程费用由直接费、间接费、利润和税金组成。

1. 直接费

直接费由计价定额分部分项工程费和措施项目费组成。

1）　计价定额分部分项工程费

由直接工程费和技术措施费组成。

(1) 直接工程费：是指施工过程中耗费的构成工程实体的各项费用，包括人工费、材

料费、施工机械使用费。

关于更多的人工费、材料费、施工机械使用费解释及其他内容详见二维码。

2) 措施项目费

措施项目费是指计价定额中规定的措施项目中不包括的且不可计量的，为完成工程项目施工，发生于该工程施工前和施工过程中非工程实体项目的费用。

扩展资源 1.pdf

(1) 安全文明施工费。

① 文明施工费：是指施工现场设立的安全警示标志、现场围挡、五牌一图、企业标志、场客场貌、材料堆放、现场防火等所需要的各项费用。

② 环境保护费：现场施工机械设备降低噪声、防扰民措施费用。

③ 安全施工费：是指施工现场通道防护、预留洞口防护、电梯井口防护、楼梯边防护等安全施工所需要的各项费用。

④ 临时设施费：是指施工企业为进行建筑工程施工所必须搭设的生活和生产用的临时建筑物、构筑物和其他临时设施费用等。内容包括：临时宿舍、文化福利及公用事业房屋与构筑物；仓库、办公室、加工厂以及规定范围内道路、水、电、管线等临时设施和小型临时设施的搭设、维修、拆除费或摊销费。

(2) 其他措施项目费。

①夜间施工增加费；②二次搬运费；③冬雨季施工增加费；④已完工程及设备保护费；⑤脚手架费；⑥垂直运输费；⑦超高施工增加费；⑧大型机械设备进出场及安拆费；⑨施工排水、降水费；⑩混凝土、钢筋混凝土及支架费。

关于①～⑩的详细解释见二维码。

2. 间接费

间接费由企业管理费和规费组成。

1) 企业管理费

企业管理费用是指企业行政管理部门为管理组织经营活动而发生

扩展资源 2.pdf

的各项费用，包括公司经费、工会经费、职工教育经费、劳动保险费、待业保险费、董事会费、咨询费、审计费、诉讼费、排污费、绿化费、税金、土地使用费、土地损失补偿费、技术转让费、技术开发费、无形资产摊销、开办费摊销、业务招待费、城市维护建设税、教育费附加、地方教育费附加以及其他管理费用。

2) 规费

规费是指政府和有关权力部门规定必须缴纳的费用。

(1) 工程排污费：是指施工现场按规定缴纳工程排污费。

(2) 社会保障费

① 养老保险费：是指企业按规定标准为职工缴纳的基本养老保险费。

② 失业保险费：是指企业按照规定标准为职工缴纳的失业保险费。

③ 医疗保险费：是指企业按照规定标准为职工缴纳的基本医疗保险费。

④ 生育保险费：是指企业按照规定标准为职工缴纳的女职工生育保险费。

⑤ 工伤保险费：是指企业按照规定标准为职工缴纳的工伤保险费。

(3) 住房公积金：是指企业按规定标准为职工缴纳的住房公职金。

其他应列而未列入的规费按实际发生计取。

3. 利润

利润是指施工企业完成所承包工程获得的盈利。

4. 税金

税金是指国家税法规定的应计入建筑安装工程造价内的增值税销项税额。

1.2.2 设备及工器具购置费

设备购置费是指为建设工程项目购置或自制的达到固定资产标准的设备、工具、器具的费用。所谓固定资产标准，是指使用年限在一年以上，单位价值在国家或各主管部门规定的限额以上。例如，1992 年财政部规定，大、中、小型工业企业固定资产的限额标准分别为 2000 元、1500 元和 1000 元以上。新建项目和扩建项目的新建车间购置或自制的全部设备、工具、器具，不论是否达到固定资产标准，均计入设备及工器具购置费中。设备购置费包括设备原价和设备运杂费，即：

$$设备购置费=设备原价或进口设备抵岸价+设备运杂费 \qquad (1-1)$$

式中，设备原价是指国产标准设备、非标准设备的原价。设备运杂费是指设备原价中未包括的包装和包装材料费、运输费、装卸费、采购费及仓库保管费、供销部门手续费等。如果设备是由设备成套公司供应的，成套公司的服务费也应计入设备运杂费中。

1. 国产标准设备原价

国产标准设备是指按照主管部门颁布的标准图纸和技术要求，由设备生产厂批量生产的，符合国家质量检验标准的设备。国产标准设备原价一般指的是设备制造厂的交货价，即出厂价。如设备由设备成套公司供应，则以订货合同价为设备原价。有的设备有两种出厂价，即带有备件的出厂价和不带有备件的出厂价。在计算设备原价时，一般按带有备件的出厂价计算。

设备标准价及进口
设备抵岸价.mp4

2. 国产非标准设备原价

国产非标准设备是指国家尚无定型标准，各设备生产厂不可能在工艺过程中采用批量生产，只能按一次订货，并根据具体的设备图纸制造的设备。非标准设备原价有多种不同的计算方法，如成本计算估价法、系列设备插入估价法、分部组合估价法、定额估价法等。但无论哪种方法都应该使非标准设备计价的准确度接近实际出厂价，并且计算方法要简便。

扩展资源 3.pdf

3. 进口设备抵岸价的构成及其计算

进口设备抵岸价是指抵达买方边境港口或边境车站，且交完关税以后的价格。进口设备的交货方式可分为内陆交货类、目的地交货类、装运港交货类。

关于内陆交货类、目的地交货类、装运港交货类的详细解释见二维码。

内陆交货类.mp4　　　目的地交货类.mp4　　　装运港交货类.mp4

采用装运港船上交货价(FOB)时，卖方的责任是：负责在合同规定的装运港口和规定的期限内，将货物装上买方指定的船只，并及时通知买方；负责货物装船前的一切费用和风险；负责办理出口手续；提供出口国政府或有关方面签发的证件；负责提供有关装运单据。买方的责任是：负责租船或订舱，支付运费，并将船期、船名通知卖方；承担货物装船后的一切费用和风险；负责办理保险及支付保险费，办理在目的港的进口和收货手续；接受卖方提供的有关装运单据，并按合同规定支付货款。

FOB 买卖双方的责任.mp4

4. 设备运杂费

1) 设备运杂费的构成

设备运杂费通常由下列各项构成。

(1) 国产标准设备由设备制造厂交货地点起至工地仓库(或施工组织设计指定的需要安装设备的堆放地点)止所发生的运费和装卸费。进口设备则由我国到岸港口、边境车站起至工地仓库(或施工组织设计指定的需要安装设备的堆放地点)止所发生的运费和装卸费。

(2) 在设备出厂价格中没有包含的设备包装和包装材料器具费，在设备出厂价或进口设备价格中如已包括了此项费用，则不应重复计算。

(3) 供销部门的手续费，按有关部门规定的统一费率计算。

(4) 建设单位(或工程承包公司)的采购与仓库保管费。它是指采购、验收、保管和收发设备所发生的各种费用，包括设备采购、保管和管理人员工资、工资附加费、办公费、差旅交通费、设备供应部门办公和仓库所占固定资产使用费、工具用具使用费、劳动保护费、检验试验费等。这些费用可按主管部门规定的采购保管费率计算。

2) 设备运杂费的计算

设备运杂费按设备原价乘以设备运杂费率计算。其计算公式为：

$$设备运杂费 = 设备原价 \times 设备运杂费率 \tag{1-2}$$

其中，设备运杂费率按各部门及省、市等的规定计取。

一般来讲，沿海和交通便利的地区，设备运杂费率相对低一些；内地和交通不便利的地区就要相对高一些，边远省份则要更高一些。对于非标准设备来讲，应尽量就近委托设备制造厂，以大幅度降低设备运杂费。进口设备由于原价较高，国内运距较短，因而运杂费率应适当降低。

5. 工具、器具及生产家具购置费的构成及计算

工器具及生产家具购置费是指新建项目或扩建项目初步设计规定所必须购置的没有达到固定资产标准的设备、仪器、工卡模具、器具、生产家具和备品备件等的费用。其一般计算公式为：

$$工器具及生产家具购置费=设备购置费×定额费率 \qquad (1-3)$$

1.2.3 工程建设其他费用构成

工程建设其他费用，是指从工程筹建起到工程竣工验收交付使用为止的整个建设期间，除建筑安装工程费用和设备及工、器具购置费用以外的，为保证工程建设顺利完成和交付使用后能够正常发挥效用而发生的各项费用。

工程建设其他费用，大体可分为三类。第一类是指土地使用费；第二类是指与工程建设有关的其他费用；第三类是指与未来企业生产经营有关的其他费用。

1. 土地使用费

任何一个建设项目都固定于一定的地点与地面相连接，必须占用一定量的土地，也就必然要发生为获得建设用地而支付的费用，这就是土地使用费。它是指通过划拨方式取得土地使用权而支付的土地征用及迁移补偿费，或者通过土地使用权出让的方式取得土地使用权而支付的土地使用权出让金。

1) 土地征用及迁移补偿费

土地征用及迁移补偿费，是指建设项目通过划拨方式取得无限期的土地使用权，依照《中华人民共和国土地管理法》等规定所支付的费用。其总和一般不得超过被征土地年产值的 20 倍，土地年产值则按该土地被征用前三年的平均产量和国家规定的价格计算，其内容包括：

(1) 土地补偿费。征用耕地(包括菜地)的补偿标准为在该耕地年产值的 6～10 倍范围内制定，征收无收益的土地，不予补偿；

(2) 青苗补偿费和被征用土地上的房屋、水井、树木等附着物补偿费；

(3) 安置补助费。征用耕地、菜地的，每个人口补助为每亩年产值的 2～3 倍，但每亩耕地补助最高值不得超过其年产值的 10 倍；

(4) 缴纳的耕地占用税或城镇土地使用税、土地登记费及征地管理费等，在 1%～4% 幅度内提取；

(5) 征地动迁费；

(6) 水利水电工程水库淹没处理补偿费。

2) 土地使用权出让金

土地使用权出让金，是指建设项目通过土地使用权出让方式，取得有限期的土地使用权，依照《中华人民共和国城镇国有土地使用权出让和转让暂行条例》规定，支付土地使用权出让金。

扩展资源 4.pdf

2. 与项目建设有关的其他费用

1）建设单位管理费

建设单位管理费是指经批准单独设置管理机构的建设单位所发生的管理费用。政府投资的基本建设项目的建设单位管理费开支范围和标准必须按照财政部 2002 年 9 月发布的《基本建设财务管理规定》的规定。

建设单位管理费的内容包括：工作人员工资和工资性津贴、工资附加费、劳动保险基金、差旅交通费、办公费、工具用具使用费、固定资产使用费、生产工人招募费、合同契约证费、工程招标费、工程质量监督费、临时设施费、竣工清理费等。

建设单位管理费的计算办法应按建设项目规模，建设周期和建设单位定员标准、合理确定人均开支额，以费用金额计算；也可以按不同投资规定，分别制定不同的管理费率，以投资额为基数计算；改、扩建项目建设单位管理费用，应按具体情况适当降低费用。

2）勘察设计费

勘察设计费是指对工程建设项目进行勘察设计所发生的费用。勘察设计费包括：项目的各项勘探、勘察费用，初步设计、施工图设计费、竣工图文件编制费，施工图预算编制费，以及设计代表的现场技术服务费。按其内容划分为：勘察费、设计费。

关于更多勘察费、设计费的解释及其他内容见二维码。

扩展资源 5.pdf

3）研究试验费

研究试验费是指为本建设项目提供或验证设计数据、资料等进行必要的研究试验及按照设计规定在建设过程中必须进行试验、验证所需的费用。

4）可行性研究费

可行性研究费是指在建设项目前期工作中，编制和评估项目建议书(或预可行性研究报告)、可行性研究报告所需的费用。

5）场地准备费及临时设施费

场地准备费及临时设施费是指建设场地准备费和建设单位临时设施费。

场地准备费是指建设项目为达到工程开工条件所发生的场地平整和对建设场地余留的有碍于施工建设的设施进行拆除清理的费用。

临时设施费是指按照规定拨付给施工企业的临时设施包干费，以及建设单位自行施工所发生的临时设施实际支出。关于临时设施费更多知识见二维码。

扩展资源 6.pdf

6）工程监理费

工程监理费是指建设单位委托工程监理单位实施工程监理的费用。

7）环境影响评价费

环境影响评价费是指按照《中华人民共和国环境保护法》《中华人民共和国环境影响评价法》等规定，为全面、详细评价本建设项目对环境可能产生的污染或造成的重大影响所需的费用。包括编制环境影响报告书(含大纲)、环境影响报告表以及对环境影响报告书(含大纲)、环境影响报告表进行评估等所需的费用。此项费用可参照《关于规范环境影响咨询收费有关问题的通知》(计价格〔2002〕125 号)规定计算。

8) 劳动安全卫生评价费

劳动安全卫生评价费是指按照劳动部《建设项目(工程)劳动安全卫生监察规定》和《建设项目(工程)劳动安全卫生预评价管理办法》的规定，为预测和分析建设项目存在的职业危险、危害因素的种类和危险程度，并提出先进、科学、合理可行的劳动安全卫生技术和管理对策所需的费用。包括编制建设项目劳动安全卫生预评价大纲和劳动安全卫生预评价报告书以及为编制上述文件所进行的工程分析和环境现状调查等所需的费用。

必须进行劳动安全卫生预评价的项目详见二维码。

9) 引进技术和引进设备其他费

引进技术和引进设备其他费是指引进技术和设备发生的但未计

扩展资源 7.pdf

入设备购置费中的费用。

(1) 引进项目图纸资料翻译复制费、备品备件测绘费。可根据引进项目的具体情况计列或按引进货价(FOB)的比例估列；引进项目发生备品、备件测绘费时按具体情况估列。

(2) 出国人员费用。包括买方人员出国设计联络、出国考察、联合设计、监造、培训等所发生的差旅费、生活费等。依据合同或协议规定的出国人次、期限以及相应的费用标准计算。生活费按照财政部、外交部规定的现行标准计算，差旅费按中国民航公布的票价计算。

(3) 来华人员费用。包括卖方来华工程技术人员的现场办公费用、往返现场交通费用、接待费用等。依据引进合同或协议有关条款及来华技术人员派遣计划进行计算；来华人员接待费用可按每人次费用指标计算；引进合同价款中已包括的费用内容不得重复计算。

(4) 银行担保及承诺费。是指引进项目由国内外金融机构出面承担风险和责任担保所发生的费用，以及支付贷款机构的承诺费用。应按担保或承诺协议计取，投资估算和概算编制时可以担保金额或承诺金额为基数乘以费率计算。

10) 工程保险费

工程保险费根据不同的工程类别，分别以其建筑、安装工程费乘以建筑、安装工程的保险费率计算。民用建筑(住宅楼、综合性大楼)占建筑工程费的千分之二到千分之四；其他建筑(工业厂房、仓库、道路、码头、水坝、隧道、桥梁、管道等)占建筑工程费的千分之三到千分之六；安装工程(农业、工业、机械、电子、电器、纺织、矿山、石油、化学及钢铁工业、钢结构桥梁)占建筑工程费的千分之三到千分之六。

11) 特殊设备安全监督检验费

特殊设备安全监督检验费是指在施工现场组装的锅炉及压力容器、压力管道、消防设备、燃气设备、电梯等特殊设备和设施，由安全监察部门按照有关安全监察条例和实施细则以及设计技术要求进行安全检验，应由建设工程项目支付，并向安全监察部门缴纳的费用。

12) 市政公用设施费

市政公用设施费是指使用市政公用设施的工程项目，按照项目所在地省级人民政府有关规定建设或缴纳的市政公用设施建设配套费用，以及绿化工程补偿费用。此项费用按工程所在地人民政府规定标准计列。

3. 与未来企业生产经营有关的其他费用

（1）联合试运转费。

联合试运转费是指新建企业或新增加生产工艺过程的扩建企业在竣工验收前，按照设计规定的工程质量标准，进行整个车间的负荷或无负荷联合试运转所发生的费用支出大于试运转收入的亏损部分；必要的工业炉烘炉费；不包括应由设备安装费用开支的单体试车费用。

不发生试运转费的工程或者试运转收入和支出可相抵销的工程，不列此费用项目。

费用内容包括：试运转所需的原料、燃料、油料和动力的消耗费用，机械使用费用，低值易耗品及其他物品的费用和施工单位参加化工试车人员的工资等以及专家指导开车费用等。

试运转收入包括：试运转产品销售和其他收入。

编制方法：确实可能发生亏损的，可根据情况列入。

（2）生产准备费。

生产准备费是指新建企业或新增生产能力的企业，为保证竣工交付使用进行必要的生产准备所发生的费用。

（3）办公和生活用家具购置费。

办公和生活家具购置费是指为保证新建、改建、扩建项目初期正常生产、使用和管理所必须购置的办公和生活家具、用具的费用。

1.2.4　预备费、建设期贷款利息

1. 预备费

预备费是指考虑建设期可能发生的风险因素而导致的建设费用增加的这部分内容。

基本预备费属于建设方考虑的建设费用，与施工单位报价无关系。

按照风险因素的性质划分，预备费又包括基本预备费和涨价预备费两大种类型。

1）基本预备费

基本预备费是指在初步设计及概算内难以预料的工程费用，由于如下原因导致费用增加而预留的费用。

（1）设计变更导致的费用增加；

（2）不可抗力导致的费用增加；

（3）隐蔽工程验收时发生的挖掘及验收结束时进行恢复所导致的费用增加。基本预备费一般按照前五项费用(即建筑工程费、设备安装工程费、设备购置费、工器具购置费及其他工程费)之和乘以一个固定的费率计算。其中，费率往往由各行业或地区根据其项目建设的实际情况加以制定。

2）涨价预备费

涨价预备费是指建设项目在建设期间内由于价格等变化引起工程造价变化而预留的费用。费用内容包括：人工、材料、施工机械的价差费，建筑安装工程费及工程建设其他费用调整，利率、汇率调整等增加的费用。价差预备费的计算方法，一般是根据国家规定

的投资综合价格指数，按估算年份价格水平的投资额为基数，采用复利方法计算。计算公式为：

$$PC = \sum_{t=1}^{n} I_t \left[(1+f)^t - 1 \right] \tag{1-4}$$

式中：PC——涨价预备费；

I_t——第 t 年的建筑安装工程费、设备及工器具购置费之和；

n——建设期；

f——建设期价格上涨指数。

2. 建设期贷款利息

建设期利息是指工程项目在建设期间内发生并计入固定资产的利息，主要是建设期发生的支付银行贷款、出口信贷、债券等的借款利息和融资费用。建设期利息应按借款要求和条件计算。国内银行借款按现行贷款计算，国外贷款利息按协议书或贷款意向书确定的利率按复利计算。为了简化计算，在编制投资估算时通常假定借款均在每年的年中支用，借款第一年按半年计息，其余各年份按全年计息。计算公式为：

各年应计利息=(年初借款本息累计+本年借款额/2)×年利率 (1-5)

【案例 1-1】 某新建项目，建设期为 3 年，分年均衡进行贷款，第一年贷款 300 万元，第二年 600 万元，第三年 400 万元，年利率为 12%，建设期内利息只计息不支付，计算建设期贷款利息。

1.3　工程造价的特点

工程造价的计价特性是工程造价的特点所决定的，了解和掌握这些特性，对工程造价的计算、确定与控制都十分重要。

1.3.1　大额性

建设工程不仅实物体型庞大，而且造价高昂，动辄数百万元，特大的工程项目造价可达数百亿元、上千亿元人民币。建设工程造价的大额性不仅关系到有关各方面的重大经济利益，同时也对宏观经济产生重大影响。这就决定了建设工程造价的特殊地位，也说明了造价管理的重要性。

【案例 1-2】 某工程合同价 5 亿元，合同工期为 3 年，采用清单计价模式下的可调总价合同，开工前发包方向承包方支付分部分项工程费的 10%作为材料预付款，试根据自身所学的相关知识简述工程造价的特点。

1.3.2　单个性和差异性

任何一项建设工程都有特定的用途、功能和规模。因此对每一项工程的结构、造型、工艺设备、建筑材料和室内外装饰等都有具体的要求，这就使建筑工程的实物形态千差万别。再加上不同地区构成投资费用的各种价值要素的差异，最终导致了建设工程造价的个别性和差异性。

1.3.3 动态性

在经济发展的过程中，价格是动态的，是不断发生变化的。任一项工程从投资决策到交付使用，都有一个较长建设时期，在此期间，许多影响建设工程造价的动态因素，如工资标准、设备材料价格、费率、利率等会发生变化，而这种变化势必影响到造价的变动。所以，有必要在竣工结算中考虑动态因素，以确定工程的实际造价。

1.3.4 层次性

工程的层次性决定了造价的层次性。一个工程项目(学校)往往有许多单项工程(教学楼、办公楼、宿舍楼等)构成。一个单项工程又由多个单位工程(土建、电气安装工程等)组成。与此相对应，建设工程造价有三个层次：建设项目总造价、单项工程造价和单位工程造价。

1.3.5 阶段性(多次性)

工程建设项目从决策到竣工交付，会有一个较长的建设期。在整个建设期内，构成工程造价的任何因素变化都必然会影响工程造价的变动，因此不能一次确定可靠的价格(造价)，要到竣工决算后才能最终确定工程造价，因此需对建设程序的各个阶段进行计价，以保证工程造价确定和控制的科学性。工程造价的多次性计价反映了不同的计价主体对工程造价的逐步深化、逐步细化、逐步接近和最终确定工程造价的过程。如设计阶段的计价就是设计概算的造价，施工阶段的造价就是预算价(投标价)，竣工时又有结算造价等。

1.4 工程造价的作用

1.4.1 保证建筑工程投资的科学性

工程预结算是建筑工程设计的起始点，工程成本经过一系列的计算、评价和核算，并编制相应的文件。在审核批准完成后，设计预结算在签订合同以及贷款合同的基础上作为一个具体的投资计划。与此同时，做好一系列的准备工作，例如：建筑工程的设计、规划，检查准备施工以及产品成本所需要的现金，完善建筑工程档案。在设计预算工程承包中，工程设计计算成为投资者和企业合同的基础。在建筑工程设计预结算完成后，要递交相关政府部门进行审核，审核完成后，根据设计概算的项目，银行进行贷款的发放，但数量不超过设计概算定额。正是因为经过多过程，多阶段，多层次的计算、评价、核算，从而保证建筑工程投资的科学性。

1.4.2 有利于建筑施工设计的编制

在建筑工程施工设计阶段进行的，项目预期成本的计算、评估简称为建筑工程施工图预结算。在建筑施工设计的编制过程中，首要的是依据工程的施工图纸，根据国家的相关工程量计算的规则下，对每个项目的工程量进行计算，而后根据相应的预算成本，对直接费用进行计算，并通过标准的工程费用，间接费用。经过一系列的费用计算，确定单位的工程成本，项目投标报价，资金结算，从而有利于建筑施工设计编制的后续工作。

1.4.3 有效控制建筑工程成本

在施工企业施工图预算的前提下，建筑工程预算造价的控制与管理，是依靠施工图纸、规范，结合组织设计，工程计算的消费等相关的费用，在一定程度上，规范企业的成本计划的文件。通过一定的数量来表示的劳动量，材料，机械设备，金额根据不同要求进行相关的设定。施工预算是施工单位在施工过程中的具体计算所需劳动力，材料和机械的数量消耗，它是依靠施工图纸、规范，结合组织设计，来提升成本预算的针对性和准确性。

【案例 1-3】 甲部门对地弹门及大玻璃窗制作安装工程进行了公开招标。由于前期准备工作做得很充分，对地弹门主材进行了市场综合调查。在调查中发现地弹门五金价格差距很大，其中：地弹簧的价格范围为 60～800 元/个，拉手的价格范围为 40～160 元/套。为了确保各投标单位报价的可比性，在招标时甲部门根据产品的性能，指定了合理的配置和价位(采用 GMT818 系列地弹簧 240 元/个、金浪斯 600 拉手 60 元/套)。由于各施工单位报价的标准一致，竞争很激烈，最终中标价格比前期预测价格低很多，大玻窗为 120 元/m²(前期已经招标的合同价为 200 元/m²)，地弹门为 260 元/m²，确保了公司制定的中高档配置、中低价位目标的实现，节约成本约 3 万元。

本 章 小 结

本章主要讲了工程造价概述，不仅包括工程造价的含义、构成、特点及作用，还包括建设安装工程费的构成，设备及工、器具购置费构成与计算，工程建设其他费用的构成和预备费，建设期利息贷款的构成等内容。

实 训 练 习

一、单选题

1. 根据我国现行建设项目投资构成，建设投资中不是静态投资的费用是(　　)。

　　A. 建筑安装工程费　　　　　　　　B. 工程建设其他费用

　　C. 设备及工器具购置费　　　　　　D. 预备费

2. 下列费用中, 不属于可竞争性费用的是(　　)。
    A. 安全文明施工费　　　　　　　　B. 二次搬运费
    C. 夜间施工增加费　　　　　　　　D. 大型机械设备进出场及安拆费

3. 下列项目中属于设备运杂费中运费和装卸费的是(　　)。
    A. 国产设备由设备制造厂交货地点起至工地仓库止所发生的运费
    B. 进口由设备制造厂交货地点起至工地仓库止所发生的运费
    C. 为运输而进行的包装支出的各种费用
    D. 进口由设备制造厂交货地点起至施工组织设计指定的设备堆放地点止所发生的费用

4. 以下各项费用中属于措施项目中安全文明施工费的是(　　)。
    A. 工程排污费　　　　　　　　　　B. 夜间施工增加费
    C. 二次搬运费　　　　　　　　　　D. 临时设施费

5. 根据《建筑安装工程费用项目组成》(建标〔2003〕206 号)文件的规定, 下列属于规费的是(　　)。
    A. 环境保护费　　B. 工程排污费　　C. 安全施工费　　D. 文明施工费

二、多选题

1. 某建设项目的进口设备采用装运港船上交货价, 则买方的责任有(　　)。
    A. 负责租船并将设备装上船只　　B. 支付运费、保险费
    C. 承担设备装船后的一切风险　　D. 办理在目的港的收货手续
    E. 办理出口手续

2. 我国现有建筑安装工程费用构成中, 属于通用措施费的项目有(　　)。
    A. 脚手架费　　　　B. 二次搬运费　　　　C. 工程排污费
    D. 已完工程保护费　　E. 研究试验费

3. 根据我国现行建筑安装工程费用项目组成, 下列属于社会保障费的是(　　)。
    A. 住房公积金　　　　B. 养老保险费　　　　C. 失业保险费
    D. 医疗保险费　　　　E. 危险作业意外伤害保险费

4. 下列费用中属于工程建设其他费用中固定资产其他费用的是(　　)。
    A. 建设管理费　　　　　　　　　　B. 生产准备及开办费
    C. 建设用地费　　　　　　　　　　D. 劳动安全卫生评价费
    E. 专利及专有技术使用费

5. 下列项目中, 在计算联合试运转费时需要考虑的费用包括(　　)。
    A. 试运转所需原料、动力的费用　　B. 单台设备调试费
    C. 试运转所需的机械使用费　　　　D. 试运转产品的销售收入
    E. 施工单位参加联合试运转人员的工资

三、简答题

1. 工程造价有什么特点?

2. 简述离岸价(FOB)、运费在内价(CFR)、到岸价(CIF)三者的区别。

3. 采用装运港船上交货价(FOB)时卖方的责任有哪些?

第 1 章 习题答案.pdf

实训工作单

班级		姓名		日期	
教学项目		理解工程造价含义，掌握工程造价特点，能够在实际工作中熟练应用			
任务		分析一整套施工图的工程造价	建筑工程结构类型	多层框架结构	
相关知识			工程造价基础知识		
其他项目					
工程过程记录					
评语				指导教师	

第 2 章　建筑工程费用

02

【学习目标】

- 掌握建筑工程的构成。
- 掌握建筑工程类别的划分。
- 熟悉工程计价的原理。
- 掌握建筑工程费用的计算。

【教学要求】

本章要点	掌握层次	相关知识点
建筑工程费用的构成	1. 掌握直接费的组成	直接费
	2. 掌握间接费的组成	间接费
	3. 了解规费、税金	规费、税金
建筑工程类别的划分	1. 掌握建筑工程的划分	
	2. 熟悉安装工程的划分	公用建筑
	3. 了解市政工程的划分	民用建筑
	4. 了解绿化的基本知识	
建筑工程费用的计算	1. 掌握建筑工程的计算规则	人工费
	2. 掌握工程量的计算	材料费

【引子】

随着市场经济的不断发展，人们对建筑质量要求不断提高，建筑企业的市场竞争越来越激烈。企业要想获取应有的利益，就必须控制施工费用，掌握建筑工程费用组成明细，同时，这也是每个做造价的人必须熟记于心的内容。

2.1 建设工程费用的构成

建设工程造价即建设工程产品的价格，它的组成既要受到价值规律的制约，也要受到各类市场因素的影响。基本建设费用，是指建设工程从筹建到竣工验收交付使用过程中，所投入的全部费用的综合。包括建设前期费用、建设期费用、生产准备期费用及贯穿整个建设过程中的建设单位管理费和预备费(不可预见工程费)等。

2.1.1 直接费

直接费是由直接工程费和措施费组成。

1. 直接工程费

直接工程费是指施工过程中耗费的构成工程实体的各项费用，包括人工费、材料费、施工机械使用费。

1) 人工费

人工费是指直接从事建设工程施工的生产工人开支的各项费用。

人工费主要包括内容见二维码。

2) 材料费

材料费是指施工过程中耗费的构成工程实体的原材料、辅助材料、构配件、零件、半成品的费用和周转使用材料的摊销(或租赁)费用，包括材料预算价格及检验试验费。

扩展资源 1.pdf

(1) 材料预算价格包括：

① 材料原价(或供应价格)；

② 材料运杂费：是指材料自来源地运至工地仓库或指定堆放地点所发生的全部费用；

③ 运输损耗费：是指材料在运输装卸过程中不可避免的损耗；

④ 采购及保管费：是指为组织采购、供应和保管材料过程所需要的各项费用，包括采购费、仓储费、工地保管费、仓储损耗。

(2) 检验试验费：是指对建筑材料、构件和建筑安装物进行一般鉴定、检查所发生的费用，包括自设试验室进行试验所耗用的材料和化学药品等费用。不包括新结构、新材料的试验费和建设单位对具有出厂合格证明的材料进行检验，对构件做破坏性试验及其他特殊要求检验试验的费用。

3) 施工机械使用费

施工机械使用费是指施工机械作业所发生的机械使用费以及机械安拆费和场外运费。施工机械台班单价应由下列七项费用组成。

(1) 折旧费：是指施工机械在规定的使用年限内，陆续收回其原值及购置资金的时间价值。

(2) 大修理费：是指施工机械按规定的大修理间隔台班进行必要的大修理，以恢复其正常功能所需的费用。

（3）经常修理费：是指施工机械除大修理以外的各级保养和临时故障排除所需的费用。包括为保障机械正常运转所需替换设备与随机配备工具附具的摊销和维护费用，机械运转及日常保养所需润滑与擦拭的材料费用及机械停滞期间的维护和保养费用等。

（4）安拆费及场外运费：安拆费是指施工机械在现场进行安装与拆卸所需的人工、材料、机械和试运转费用以及机械辅助设施的折旧、搭设、拆除等费用；场外运费是指施工机械整体或分体自停放地点运至施工现场或由一施工地点运至另一施工地点的运输、装卸、辅助材料及架线等费用。

（5）人工费：是指机上司机（司炉）和其他操作人员的工作日人工费及上述人员在施工机械规定的年工作台班以外的人工费。

（6）燃料动力费：是指施工机械在运转作业中所消耗的固体燃料（煤、木柴）、液体燃料（汽油、柴油）及水、电等。

（7）其他费用：是指施工机械按照国家规定和有关部门规定应交纳的养路费、车船使用税、保险费及年检费等。

2. 措施项目费

措施费是指为完成工程项目施工，发生在该工程施工前和施工过程中非实体项目的费用。措施费包括通用措施项目和专业措施项目两部分，通用措施项目包括安全文明施工费、夜间施工增加费、二次搬运费、冬雨季施工增加费、大型机械设备进出场及安拆费、施工排水费、施工降水费、地上、地下设施，建筑物的临时保护设施费、已完工程及设备保护费等，专业措施项目包括脚手架措施项目费、模板措施项目费、预制混凝土构件运输机安装措施项目费、金属构件运输及安装措施项目费、大型机械进出场及安拆措施项目费和垂直运输费及其他措施项目费。

措施项目费.mp4

由通用项目措施费和专业项目措施费组成，通用措施费项目如表 2-1 所示。

表 2-1　通用措施项目费用表

序　号	项目名称
1	安全文明施工(含环境保护、文明施工、安全施工)
2	临时设施
3	夜间施工
4	冬雨季施工
5	材料及产品质量检测
6	已完、未完工程及设备保护
7	地上地下设施、建筑物的临时保护设施

通用措施项目除一览表内所列可能发生的项目外，施工单位可根据各专业定额、拟建工程特点和地区情况自行补充。

1）安全文明施工

（1）环境保护费：是指施工现场为达到环境部门的要求而需要的各项费用；

(2) 文明施工费：是指施工现场文明施工所需要的各项费用；

(3) 安全施工费：是指施工现场安全施工所需要的各项费用；

(4) 临时设施费：是指施工企业为进行建设工程施工所必须搭设的生活和生产用的临时建筑物、构筑物、配电设施电路和其他临时设施费用(包括临时宿舍、文化福利及公用事业房屋与构筑物、仓库、办公室、加工厂，以及施工现场范围内道路、水、电、管线等临时设施和小型临时设施。临时设施费包括临时设施的搭拆、维修、拆除费或摊消费)等。常见的临时板房如图 2-1 所示。

图 2-1　临时板房示意图

2) 夜间施工增加费

夜间施工增加费是指根据设计、施工技术要求或建设单位的要求提前完工(工期低于工期定额 70%时)，须进行夜间施工的工程所增加的费用。包括：照明设施安拆、摊销费、电费和职工野餐补贴费等。施工单位在建设单位没有要求提前交工为赶工期自行组织的夜间施工不计取夜间施工增加费。

3) 材料及产品质量检测费

材料及产品质量检测费是指对建筑材料、构件和建筑安装物进行一般鉴定、检查所发生的费用。包括：自设实验室进行检验所耗用的材料和化学用品等费用；建设单位、质检单位对具有出厂合格证明的材料进行检验试验的费用；不包括新结构、新材料的试验费和对构建做破坏性试验及其他特殊要求检验试验的费用。

4) 冬雨季施工增加费

冬季施工增加费是指施工单位在施工规范规定的冬季气温条件下施工所增加的费用，包括冬季施工措施费和人工、机械降效费。雨季施工增加费是指在雨季施工时，为防滑、防雨、防雷、排水等增加的费用和人工降效补偿费，不包括雷击、洪水造成的人员、财产损失。

5) 已完、未完工程及设备保护费

已完工程及设备保护费是指竣工验收前，对已完工程及设备进行保护所需的费用；未完工程保护费是指工程建设过程中，在冬季或其他特殊情况下停止施工时，对未完工部分的保护费用。

6) 地上、地下设施和建筑物的临时保护费

地上、地下设施和建筑物的临时保护费是指施工前，对原有地上、地下设施和建筑物进行安全保护所采取的措施费用。不包括对新建地上、地下设施和建筑物的临时保护设施。

【**案例 2-1**】　某工程需要沙子，其供应价为 125 元/t，供应点距施工现场堆放点的距离为 50km，每吨公里运价为 0.5 元，场外损耗率为 3%，求水泥的预算价格。

2.1.2　间接费

间接费由企业管理费、规费组成。

1. 企业管理费

企业管理费是指建筑安装企业组织施工生产和经营管理所需的费用。

1)　管理人员工资

管理人员工资是指按规定支付给管理人员的计时工资、奖金、津贴补贴、加班加点工资及特殊情况下支付的工资等。

2)　办公费

办公费是指企业管理办公用的文具、纸张、账表、印刷、邮电、书报、办公软件、现场监控、会议、水电、烧水和集体取暖降温(包括现场临时宿舍取暖降温)等费用。

3)　差旅交通费

差旅交通费是指职工因公出差、调动工作的差旅费、住勤补助费，市内交通费和误餐补助费，职工探亲路费，劳动力招募费，职工退休、退职一次性路费，工伤人员就医路费，工地转移费以及管理部门使用的交通工具的油料、燃料等费用。

4)　固定资产使用费

固定资产使用费是指管理和试验部门及附属生产单位使用的属于固定资产的房屋、设备、仪器等的折旧、大修、维修或租赁费。

5)　工具用具使用费

工具用具使用费是指企业施工生产和管理使用的不属于固定资产的工具、器具、家具、交通工具和检验、试验、测绘、消防用具等的购置、维修和摊销费。

6)　劳动保险和职工福利费

劳动保险和职工福利费是指由企业支付的职工退职金、按规定支付给离休干部的经费、集体福利费、夏季防暑降温费、冬季取暖补贴、上下班交通补贴等。

7)　劳动保护费

劳动保护费是指企业按规定发放的劳动保护用品的支出。如工作服、手套、防暑降温饮料以及在有碍身体健康的环境中施工的保健费用等。

8)　检验试验费

检验试验费是指施工企业按照有关标准规定，对建筑以及材料、构件和建筑安装物进行一般鉴定、检查所发生的费用，包括自设试验室进行试验所耗用的材料等费用。不包括新结构、新材料的试验费，对构件做破坏性试验及其他特殊要求检验试验的费用和建设单位委托检测机构进行检测的费用，对此类检测发生的费用，由建设单位在工程建设其他费用中列支。但对施工企业提供的具有合格证明的材料进行检测其结果不合格的，该检测费用由施工企业支付。

9)　工会经费

工会经费是指企业按《工会法》规定的全部职工工资总额比例计提的工会经费。

10)　职工教育经费

职工教育经费是指按职工工资总额的规定比例计提，企业为职工进行专业技术和职业技能培训，专业技术人员继续教育、职工职业技能鉴定、职业资格认定以及根据需要对职工进行各类文化教育所发生的费用。

11)　财产保险费

财产保险费是指施工管理用财产、车辆等的保险费用。

12)　财务费

财务费是指企业为施工生产筹集资金或提供预付款担保、履约担保、职工工资支付担保等所发生的各种费用。

13)　税金

税金是指企业按规定缴纳的房产税、车船使用税、土地使用税、印花税等。

14)　城市维护建设税

城市维护建设税是指为了加强城市的维护建设，扩大和稳定城市维护建设资金的来源，规定凡缴纳消费税、增值税、营业税的单位和个人，都应当依照规定缴纳城市维护建设税。城市维护建设税税率如下。

(1)　纳税人所在地在市区的，税率为 7%；

(2)　纳税人所在地在县城、镇的，税率为 5%；

(3)　纳税人所在地不在市区、县城或镇的，税率为 1%。

15)　教育费附加

教育费附加是对缴纳增值税、消费税、营业税的单位和个人征收的一种附加费。其作用是为了发展地方性教育事业，扩大地方教育经费的资金来源。以纳税人实际缴纳的增值税、消费税、营业税的税额为计费依据，教育费附加的征收率为 3%。

16)　地方教育附加

按照《关于统一地方教育附加政策有关问题的通知》(财综〔2010〕98 号)要求，各地统一征收地方教育附加，地方教育附加征收标准为单位和个人实际缴纳的增值税、营业税和消费税税额的 2%。

17)　其他

包括技术转让费、技术开发费、投标费、业务招待费、绿化费、广告费、公证费、法律顾问费、审计费、咨询费、保险费等。

2. 规费

规费：是指政府和有关部门规定必须缴纳的费用，包括：

(1)　社会保障费。

①　养老保险费：是指企业按规定标准为职工缴纳的基本养老保险费；

②　失业保险费：是指企业按规定标准为职工缴纳的失业保险费；

③　医疗保险费：是指企业按规定标准为职工缴纳的基本医疗保险费；

④　生育保险费：是指企业按照规定标准为职工缴纳的生育保险费；

⑤ 工伤保险费：是指企业按照规定标准为职工缴纳的工伤保险费。

(2) 住房公积金：是指企业按规定标准为职工缴纳的住房公积金。

(3) 工程排污费：是指施工现场按规定缴纳的工程排污费。

其他应列而未列入的规费，按实际发生计取。

【案例 2-2】 某建设单位投资兴建一写字楼，地下一层，地上十层，现浇钢筋混凝土框架结构，建筑面积 85100m^2。经过公开招标，某施工单位中标，中标价为 36679.00 万元。建设单位与施工总承包单位签订了施工总承包合同。合同中约定工程预付款比例为 10%，并从未完施工工程尚需的主要材料款相当于工程预付款时起扣，主要材料所占比重按 60% 计。试计算本工程项目预付款和预付款的起扣点是多少万元(保留两位小数)?

2.1.3 税金

建筑安装工程费用的税金是指国家税法规定应计入建筑安装工程造价内的增值税销项税额。增值税是以商品(含应税劳务)在流转过程中产生的增值额作为计税依据而征收的一种流转税。从计税原理上说，增值税是对商品生产、流通、劳务服务中多个环节的新增价值或商品的附加值征收的一种流转税。根据财政部、国家税务总局《关于全面推开营业税改征增值税试点的通知》(财税〔2016〕36 号)要求，建筑业自 2016 年 5 月 1 日起纳入营业税改征增值税试点范围(简称营改增)。建筑业营改增后，工程造价按"价税分离"计价规则计算，具体要素价格适用增值税税率执行财税部门的相关规定。税前工程造价为人工费、材料费、施工机具使用费、企业管理费、利润和规费之和。

【案例 2-3】 某综合办公楼工程，采用当地建筑工程消耗量定额计算得直接工程费为 210 万元，措施费为直接工程费的 5%，零星工程费占直接工程费的 5%。按照当地取费规定，间接费费率为 12%，利润为直接费和间接费的 4% 取费，税金率为 3%。该工程建筑安装造价是多少?

2.2 建设工程类别的划分

2.2.1 建筑工程

1. 建筑工程类别的划分标准

建筑工程类别的划分标准见表 2-2。

表 2-2 建筑工程类别的划分标准

工程类别		分类指标	一 类	二 类	三 类	四 类
民用建筑	公用建筑 (单层)	建筑面积 高度 跨度	>5000m^2 >18m >24m	>3000m^2 >15m >18m	>1500m^2 >12m >12m	≤1500m^2 ≤12m ≤12m

续表

工程类别		分类指标	一 类	二 类	三 类	四 类
民用建筑	公用建筑(多层)	建筑面积 高度	>10000m² >30m	>6000m² >24m	>3000m² >18m	≤3000m² ≤18m
	住宅及其他建筑	建筑面积 高度	>12000m² >12 层	>8000m² >8 层	>4000m² >4 层	≤4000m² ≤4 层
工业建筑	单层厂房	建筑面积 高度 跨度	>5000m² >15m >33m	>3000m² >12m >24m	>1500m² >9m >18m	≤1500m² ≤9m ≤18m
	多层厂房	建筑面积 高度	>6000m² >24m	>4000m² >18m	>2000m² >12m	≤2000m² ≤12m
	锅炉房	单路蒸发量 总蒸发量	>30t/h —	>10t/h >20t/h	>6.5t/h >12t/h	≤6.5t/h ≤12t/h
	人防工程	人防级别	—	>3 级	≤3 级	—
构筑物	混凝土烟囱	高度	>100m	>60m	≤60m	—
	砖烟囱	高度	—	>50m	≤50m	—
	水塔	高度	—	>40m	≤40m	—
	贮仓	高度	—	>20m	≤20m	—
	贮水、贮油池	单体容量	>5000m³	>1000m³	≤1000m³	—

2. 建筑工程类别的划分说明

(1) 工程类别划分以单位工程为对象。同一施工单位同时施工的由不同结构或用途拼接组成的单位工程,可以按最大跨度、最高高度和合并后的建筑面积确定工程类别;由不同施工单位依伸缩缝或沉降缝为界划分后分别组织施工的单位工程,应按各自所承担的局部工程分别确定工程类别。

(2) 同一类别中有两个及两个以上指标的,同时满足两个指标的才能确定为本类标准;只符合其中一个指标的,按低一类标准执行。

(3) 分类指标中的"建筑面积"是指按国家和自治区有关房屋建筑工程建筑面积计算规则规定的方法进行计算的建(构)筑物的面积。

① 单层厂房、单层公共建筑室内的局部多层,符合建筑面积计算规则的,可累加计算建筑面积。

② 单层或高层建筑物突出屋面的电梯间、水箱间,符合建筑面积计算规则的只计算建筑面积不计算层数。

③ 符合建筑面积计算规则的地下室,建筑面积大于标准层 50%时,应计算建筑面积

分类指标中的建筑
面积.mp4

和层数；小于 50%时，只计算面积，不计算层数；有两层及两层以上不足 50%的地下室，当累加面积大于 50%时，可以计算一层。

④　多层或高层建筑屋顶有多层建筑面积小于标准层 50%时，可以累加计算面积，不计算层数。累加面积达到标准层面积的 50%时，折合为一层。

(4)　分类指标中的"高度"是指建(构)筑物的自身高度。建筑物的高度按设计室外地坪至建筑物檐口滴水处的距离计算；有女儿墙的建筑物，按设计室外地坪至建筑物屋面板上表面的距离计算；构筑物的高度，按设计室外地坪至构筑物本身顶端的距离(不包括避雷针、扶梯高度)计算。

(5)　分类指标中的"跨度"是指桁架、梁、拱等跨越空间的结构相邻两支点之间的距离。有多跨的建(构)筑物，按其中主要承重结构最大单跨距离计算。

(6)　"工业建筑"是指生产性房屋建筑工程和按国家有关规定划分为工业项目的房屋建筑工程；"民用建筑"是指为满足人们物质文化生活需要进行社会活动的非生产性房屋建筑工程；"公共建筑"是指办公楼、教学楼、试验楼，博物馆、展览馆、文体馆、纪念馆，饭店、宾馆、招待所，办公、写字、商场、餐饮、娱乐等一体化综合楼。

(7)　室外零星工程和不能划分类别的其他工程均按四类标准执行。

(8)　建筑装饰装修工程，不分工程类别，均以人工费加机械费为取费基数计取各项费用。

(9)　仿古工程按建筑工程三类取费标准执行。

(10)　市政工程中的石砌雨水管沟工程，按建筑工程取费标准执行。当管沟断面和管沟长度分别大于 $2\times1.6m(3.2m^2)$、1000m 时，划分为三类工程；当管沟断面和管沟长度分别小于 $2\times1.6m(3.2m^2)$、1000m 时，划分为四类工程。

2.2.2　安装工程

1．安装工程类别的划分标准

安装工程类别的划分标准如表 2-3 所示。

表 2-3　安装工程类别的划分标准

工程类别	划分标准
一类	1．炉单炉蒸发量在 6.5t/h 及其以上或总蒸发量在 12t/h 以上的锅炉安装以及相应的管道、设备安装。 2．容器、设备(包括非标设备)等制作安装。 3．6kV 以上的架空线路敷设、电缆工程。 4．6kV 以上的变配电装置及线路(包括室内外电缆)安装。 5．自动或半自动电梯安装。 6．各类工业设备安装及工业管道安装。 7．最大管径在 DN150 以上供水管及管径在 DN150 且单根管长度在 400m 以上的室外热力管网工程。 8．上述各类设备安装中配套的电子控制设备及线路、自动化控制装置及线路安装工程

续表

工程 类别	划分标准
二类	1. 一类取费范围外、4t/h 及其以上的锅炉安装以及相应的管道设备安装；换热或制冷量在 4.2MW 以上的换热站、制冷站内的设备、管道安装。 2. 6kV 以下的架空线路敷设、电缆工程。 3. 6kV 以下的变配电装置及线路(包括室内外电缆)安装。 4. 小型杂物电梯安装；各类房屋建筑工程中设置集中、半集中空气调节设备的空调工程(包括附属的冷热水、蒸汽管道)。 5. 八层以上的多层建筑物和影剧院、图书馆、文体馆附属的采暖、给排水、燃气、消防(包括消防卷帘门、防火门)、电气照明、火灾报警、有线电视(共用天线)、网络布线、通信等工程。 6. 最大管径在 DN80 以上的室外热力管网工程。 7. 上述各类设备安装中配套的电气控制设备及线路、自动化控制装置及线路安装工程
三类	1. 锅炉蒸发量小于 4t/h 的锅炉安装及其附属设备、管道、电气设备安装。换热或制冷量在 4.2MW 以下的换热站、制冷站内的设备、管道安装。 2. 四层及其以上的多层建筑物和工业厂房附属的采暖、给排水、燃气、消防(包括消防卷帘门、防火门)、通风(包括简单空调工程，如立柜式空调机组、热空气幕、分体式空调器等)、电气照明、火灾报警、有线电视(共用天线)网络布线通信等工程。 3. 最大管径 DN80 以下的室外热力管网工程、热力管线工程。 4. 室外金属、塑料排水管道工程和单独敷设的给水、燃气、蒸汽等管道工程。 5. 各类构筑物工程附属的管道安装、电气安装工程。 6. 不属于消防工程的自动加压变频给水设备安装、安全防范系统安装
四类	1. 非生产性的三层以下建筑物附属的采暖、给排水、电气照明等工程。 2. 一、二、三类取费范围以外的其他安装工程

2. 安装工程类别的划分说明

(1) "锅炉蒸发量"是指蒸汽锅炉的蒸发量。热水锅炉应换算成蒸发量后再按划分标准确定工程类别。

(2) "室外热力管网"是指工业厂(矿)区、住宅小区、开发区、新建行政企事业单位庭院内敷设的向多个建筑工程供暖、供气的热力管道工程。只有一条管沟、向一座建(构)筑物供热的管道称为"热力管线工程"。同沟敷设的其他管道随热力管网或热力管线确定工程类别。

(3) 单独敷设的室外给水管道、燃气、蒸汽管道和室外金属、塑料排水管道，不论管径大小，一律划分为三类工程标准。

(4) "容器、设备制作"是指施工单位在施工现场或加工厂按设计图纸加工制作的非标准设备，不包括生产厂家制作的设备。

2.2.3 市政工程

1. 市政工程类别的划分标准

市政工程类别的划分标准见表 2-4。

表 2-4 安装工程类别的划分标准

工程类别	分类指标	一 类	二 类	三 类
市政道路工程	面积	>20000m²	>10000m²	≤10000m²
	面层种类及结构厚度	沥青混凝土路面>50cm 水泥混凝土路面>55cm	沥青混凝土路面>40cm 水泥混凝土路面>40cm 沥青灌入式路面	沥青混凝土路面≤40cm 水泥混凝土路面≤40cm 其他面层路面
桥涵工程	单跨跨距	>20m	>10m	≤10m
	桥长	>100m	>50m	≤50m
非金属给排水管道工程	管径	>1000mm	>500mm	≤500mm
	长度	>1000m	>500m	≤500m
金属给排水、燃气、供热管道工程(含塑料管)	管径	>300mm	>150mm	≤150mm
	长度	>1000m	>500m	≤500m

2. 市政工程类别的划分说明

(1) 市政工程是指城镇管辖范围内的，按规定执行市政工程预算定额计算工程造价的工程及其类似工程。执行市政定额的城市输水、输气管道工程，按市政工程计取各项费用。

(2) 市政道路工程的"面积"是指行车道路面面积，不包括人行道和绿化、隔离带的面积。

(3) 桥梁工程的长度是指一座桥的主桥长，不包括引桥的长度。

(4) 涵洞工程的类别随所在路段的类别确定。

(5) 管道工程中的"管径"是指公称直径(混凝土和钢筋混凝土管、陶土管指内径)。"长度"是指本类别及其以上类别中所有管道的总长度(如：燃气、供热管道工程二类中的"长度">500m，是指直径>DN150 所有管道的合计长度>500m。不包括≤150 的管道长度)；对于供热管道，是指一根供水或回水管的长度，而不是供回水管的合计长度。

(6) 人行天桥、地下通道均按桥梁工程二类取费标准执行。

(7) 城市道路的路灯、广场、庭院高杆灯均按安装工程二类取费标准执行。与之类似的零星路灯安装工程按三类标准执行。

(8) 同一类别中有几个指标的，同时符合两个及其以上指标的执行本标准；只符合其中一个的，按低一类标准执行。

(9) 由多家施工单位分别施工的道路、管道工程，以各自承担部分为对象进行类别划分。

(10) 城市广场工程建设，不分面积、结构层厚度，一律按市政道路工程三类标准取费。

2.2.4 园林绿化工程

园林绿化工程是建设风景园林绿地的工程。园林绿化是为人们提供一个良好的休息、文化娱乐、亲近大自然、满足人们回归自然愿望的场所，是保护生态环境、改善城市生活环境的重要措施。园林绿化工程泛指园林城市绿地和风景名胜区中涵盖园林建筑工程在内的环境建设工程，包括园林建筑工程、土方工程、园林筑山工程、园林理水工程、园林铺地工程、绿化工程等，它是应用工程技术来表现园林艺术，使地面上的工程构筑物和园林景观融为一体。

土方工程主要依据竖向设计进行土方工程计算及土方施工、塑造、整理园林建设场地。土方量计算一般根据附有原地形等高线的设计地形来进行，但通过计算，有时反过来又可以修订设计图中的不足，使图纸更完善。土方量的计算在规划阶段无须过分精确，故只需估算，而在做施工图时，则土方工程量就需要较精确计算。

土方量的计算方法有：

(1) 体积法：用求体积的公式进行土方估算。

(2) 断面法：是以一组等距(或不等距)的相互平行的截面将拟计算的地块、地形单体(如山、溪涧、池、岛等)和土方工程(如堤、沟渠、路堑、路槽等)分截成段，分别计算这些段的体积，再将各段体积累加，以求得该计算对象的总土方量。

土方量的计算方法.mp4

(3) 方格网法：方格网法是把平整场地的设计工作与土方量计算工作结合在一起进行的。方格网法的具体工作程序为：在附有等高线的施工现场地形图上作方格网控制施工场地，依据设计意图，如地面形状、坡向、坡度值等，确定各角点的设计标高、施工标高，划分填挖方区，计算土方量，绘制出土方调配图及场地设计等高线图。土方施工按挖、运、填、夯等施工组织设计安排进行施工，以达到建设场地的要求而结束。

园林绿化工程类别的划分标准见表 2-5。

表 2-5　园林绿化工程类别的划分标准

工程类别	划分标准
一类	1. 单项建筑面积 600m2 及以上的园林建筑工程。 2. 高度 21m 及以上的仿古塔。 3. 高度 9m 及以上的牌楼、牌坊。 4. 25000m2 及以上综合性园林建设。 5. 缩景模仿工程。 6. 堆砌英石山 50t 及以上或景石(黄蜡石、太湖石、花岗石)150t 及以上或塑 9m 高及以上的假石山。 7. 单条分车绿化带宽度 5m、道路种植面积 15000m2 及以上的绿化工程。 8. 两条分车绿化带累计宽度 4m、道路种植面积 12000m^2 及以上的绿化工程。

续表

工程类别	划分标准
一类	9. 三条及以上分车绿化带(含路肩绿化带)累计宽度 20m、道路种植面积 60000m² 及以上的绿化工程。 10. 公园绿化面积 30000m² 及以上的绿化工程。 11. 宾馆、酒店庭园绿化面积 1000m² 及以上的绿化工程。 12. 天台花园绿化面积 500m² 及以上的绿化工程。 13. 其他绿化累计面积 20000m² 及以上的绿化工程
二类	1. 单项建筑面积 300m² 及以上的园林建筑工程。 2. 高度 15m 及以上的仿古塔。 3. 高度 9m 以下的重檐牌楼、牌坊。 4. 20000m² 及以上综合性园林建设。 5. 景区园桥和园林小品。 6. 园林艺术性围墙(带琉璃瓦顶、琉璃花窗或景门窗)。 7. 堆砌英石山 20t 及以上或景石(黄蜡石、太湖石、花岗石)80t 及以上或塑 6m 高及以上的假山石。 8. 单条分车绿化带宽度 5m、道路种植面积 10000m² 及以上的绿化工程。 9. 两条分车绿化带累计宽度 4m、道路种植面积 8000m² 及以上的绿化工程。 10. 三条及以上分车绿化带(含路肩绿化带)累计宽度 15m、道路种植面积 40000m² 及以上的绿化工程。 11. 公园绿化面积 20000m² 及以上的绿化工程。 12. 宾馆、酒店庭园绿化面积 800m² 及以上的绿化工程。 13. 天台花园绿化面积 300m² 及以上的绿化工程。 14. 其他绿化累计面积 15000m² 及以上的绿化工程
三类	1. 单项建筑面积 300m² 以下的园林建筑工程。 2. 高度 15m 以下的仿古塔。 3. 高度 9m 以下的单檐牌楼、牌坊。 4. 10000m² 及以上综合性园林建设。 5. 堆砌英石山 20t 以下或景石(黄蜡石、太湖石、花岗石) 80t 以下或塑 6m 高以下的假石山。 6. 庭院园桥和园林小品。 7. 园路工程。 8. 单条分车绿化带宽度 5m、道路种植面积 10000m² 以下的绿化工程。 9. 两条分车绿化带累计宽度 4m、道路种植面积 8000m² 以下的绿化工程。 10. 三条及以上分车绿化带(含路肩绿化带)累计宽度 15m、道路种植面积 40000m² 以下的绿化工程。 11. 公园绿化面积 20000m² 以下的绿化工程。 12. 宾馆、酒店庭园绿化面积 800m² 以下的绿化工程。 13. 天台花园绿化面积 300m² 以下的绿化工程。 14. 其他绿化累计面积 10000 m² 及以上的绿化工程

续表

工程类别	划分标准
四类	1. 10000m² 以下综合性园林建设。 2. 园林一般围墙、围栏。 3. 砌筑花槽、花池。 4. 仅有路肩绿化的绿化工程。 5. 道路断面仅有人行道路树木的绿化工程。 6. 其他绿化累计面积 10000m² 以下的绿化工程

2.3　建设工程费用的计算

1. 各费用构成要素参考计算方法

1)　人工费

公式 1：人工费=$\sum$(工日消耗量×日工资单价) （2-1）

$$日工资单价=\frac{生产工人年平均月工资(计时、计件)+平均月工资奖金+津贴补贴+特殊情况下支付的工资}{年平均每月法定工作日}$$

（2-2）

注：公式 1 主要适用于施工企业投标报价时自主确定人工费，也是工程造价管理机构编制计价定额确定定额人工单价或发布人工成本信息的参考依据。

公式 2：人工费=$\sum$(工程工日消耗量×日工资单价) （2-3）

日工资单价是指施工企业平均技术熟练程度的生产工人在每工作日(国家法定工作时间内)按规定从事施工作业应得的日工资总额。

工程造价管理机构确定日工资单价应通过市场调查、根据工程项目的技术要求，参考实物工程量人工单价综合分析确定，最低日工资单价不得低于工程所在地人力资源和社会保障部门所发布的最低工资标准：普工 1.3 倍、一般技工 2 倍、高级技工 3 倍。

人工费.mp4

工程计价定额不可只列一个综合工日单价，应根据工程项目技术要求和工种差别适当划分多种日人工单价，确保各分部工程人工费的合理构成。

注：公式 2 适用于工程造价管理机构编制计价定额时确定定额人工费，是施工企业投标报价的参考依据。

2)　材料费和工程设备费

(1)　材料费：

材料费=$\sum$(材料消耗量×材料单价) （2-4）

材料单价={ (材料原价+运杂费)× [1+运输损耗率(%)]}×[1+采购保管率(%)] （2-5）

(2)　工程设备费：

工程设备费=$\sum$(工程设备量×工程设备单价) （2-6）

$$工程设备单价=(设备原价+运杂费)×[1+采购保管费率(\%)] \qquad (2-7)$$

3) 施工机具使用费和仪器仪表使用费

(1) 施工机具使用费

$$施工机械使用费=\sum(施工机械台班消耗量×机械台班单价) \qquad (2-8)$$

机械台班单价=台班折旧费+台班大修费+台班经常修理费+台班
安拆费及场外运费+台班人工费+台班燃料动力费+台班车船税费

$$\qquad (2-9)$$

施工机具使用费.mp4

注：工程造价管理机构在确定计价定额中的施工机械使用费时，应根据《建筑施工机械台班费用计算规则》结合市场调查编制施工机械台班单价。施工企业可以参考工程造价管理机构发布的台班单价，自主确定施工机械使用费的报价，如租赁施工机械，公式为：

$$施工机械使用费=\sum(施工机械台班消耗量×机械台班租赁单价) \qquad (2-10)$$

(2) 仪器仪表使用费

$$仪器仪表使用费=工程使用的仪器仪表摊销费+维修费 \qquad (2-11)$$

4) 企业管理费费率

(1) 以分部分项工程费为计算基础

$$企业管理费费率(\%)=\frac{生产工人年平均管理费}{年有效施工天数×人工单价}×人工费占分部分项工程费比例(\%) \qquad (2-12)$$

(2) 以人工费和机械费合计为计算基础

$$企业管理费费率(\%)=\frac{生产工人年平均管理费}{年有效施工天数×(人工单价+每一工日机械使用费)}×100\% \qquad (2-13)$$

(3) 以人工费为计算基础

$$企业管理费费率(\%)=\frac{生产工人年平均管理费}{年有效施工天数×人工单价}×100\% \qquad (2-14)$$

注：上述公式适用于施工企业投标报价时自主确定管理费，是工程造价管理机构编制计价定额，确定企业管理费的参考依据。

工程造价管理机构在确定计价定额中企业管理费时，应以定额人工费或(定额人工费+定额机械费)作为计算基数，其费率根据历年工程造价积累的资料，辅以调查数据确定，列入分部分项工程和措施项目中。

5) 利润

(1) 施工企业根据企业自身需求并结合建筑市场实际自主确定，列入报价中。

(2) 工程造价管理机构在确定计价定额中利润时，应以定额人工费或(定额人工费+定额机械费)作为计算基数，其费率根据历年工程造价积累的资料，并结合建筑市场实际确定，以单位(单项)工程测算，利润在税前建筑安装工程费的比重可按不低于 5%且不高于 7%的费率计算。利润应列入分部分项工程和措施项目中。

利润.mp4

6) 规费

(1) 社会保险费和住房公积金。

社会保险费和住房公积金应以定额人工费为计算基础，根据工程所在地省、自治区、直辖市或行业建设主管部门规定费率计算。

社会保险费和住房公积金=Σ(工程定额人工费×社会保险费和住房公积金费率)   (2-15)

式中：社会保险费和住房公积金费率可以每万元发承包价的生产工人人工费和管理人员工资含量与工程所在地规定的缴纳标准综合分析取定。

(2) 工程排污费。

工程排污费等其他应列而未列入的规费应按工程所在地环境保护等部门规定的标准缴纳，按实计取列入，工程排污如图 2-2 所示。

图 2-2   工程排污

7)   税金

建筑安装工程费用的税金是指国家税法规定应计入建筑安装工程造价内的增值税销项税额。增值税的计税方法，包括一般计税方法和简易计税方法。一般纳税人发生的应税行为适用一般计税方法计税，小规模纳税人发生的应税行为适用简易计税方法计税。

(1) 一般计税方法。

一般计税方法的应纳税额，是指当期销项税额抵扣当期进项税额后的余额。应纳税额计算公式：

$$应纳税额=当期销项税额-当期进项税额 \qquad (2-16)$$

当期销项税额小于当期进项税额不足抵扣时，其不足部分可以结转下期继续抵扣。

(2) 销项税额。

销项税额是指纳税人发生的应税行为按照销售额和增值税税率计算并收取的增值税额。销项税额计算公式：

$$销项税额=销售额×税率 \qquad (2-17)$$

(3) 进项税额。

进项税额是指纳税人购进货物、加工修理修配劳务、服务、无形资产或者不动产，支付或者负担的增值税额。

下列进项税额准予从销项税额中抵扣。

①   从销售方取得的增值税专用发票上注明的增值税额。

②   从海关取得的海关进口增值税专用缴款书上注明的增值税额。

③   购进农产品，除取得增值税专用发票或者海关进口增值税专用缴款书外，按照农

产品收购发票或者销售发票上注明的农产品买价和 13%的扣除率计算的进项税额。计算公式为：

$$进项税额=买价×扣除率 \tag{2-18}$$

④　从境外单位或者个人购进服务、无形资产或者不动产，自税务机关或者扣缴义务人取得的解缴税款的完税凭证上注明的增值税额。

(4)　建筑业增值税。

当采用一般计税方法时，建筑业增值税税率为 11%。计算公式为：

$$增值税=税前造价×11\% \tag{2-19}$$

税前造价为人工费、材料费、施工机具使用费、企业管理费、利润和规费之和，各费用项目均以不包含增值税可抵扣进项税额的价格计算。

(5)　简易计税方法。

简易计税方法的应纳税额，是指按照销售额和增值税征收率计算的增值税额，不得抵扣进项税额。应纳税额计算公式：

$$应纳税额=销售额×征收率 \tag{2-20}$$

当采用简易计税方法时，建筑业增值税税率为 3%。计算公式为：

$$增值税=税前造价×3\% \tag{2-21}$$

税前造价为人工费、材料费、施工机具使用费、企业管理费、利润和规费之和，各费用项目均以包含增值税进项税额的含税价格计算。

2. 建筑安装工程计价参考公式

1)　分部分项工程费

$$分部分项工程费=\Sigma(分部分项工程量×综合单价) \tag{2-22}$$

式中：综合单价包括人工费、材料费、施工机具使用费、企业管理费和利润以及一定范围的风险费用。

2)　措施项目费(如表 2-6 所示)

表 2-6　措施项目费

序　号	项目名称	计算基础	费率(%)	金额(元)
1	安全文明施工措施费			
1.1	文明施工与环境保护、临时设施、安全施工	分部分项合计	3.18	184 891.80
2	其他措施费			
2.1	文明工地增加费	分部分项合计	0	
2.2	夜间施工增加费		20	
2.3	赶工措施	分部分项合计	0	

(1)　国家计量规范规定应予计量的措施项目，其计算公式为：

$$措施项目费=\Sigma(措施项目工程量×综合单价) \tag{2-23}$$

(2)　国家计量规范规定不宜计量的措施项目计算方法。

①　安全文明施工费：

$$安全文明施工费=计算基数×安全文明施工费费率(\%) \tag{2-24}$$

计算基数应为定额基价(定额分部分项工程费+定额中可以计量的措施项目费)、定额人工费或(定额人工费+定额机械费)，其费率由工程造价管理机构根据各专业工程的特点综合确定。

② 夜间施工增加费：

$$夜间施工增加费=计算基数×夜间施工增加费费率(\%) \tag{2-25}$$

③ 二次搬运费：

$$二次搬运费=计算基数×二次搬运费费率(\%) \tag{2-26}$$

④ 冬雨季施工增加费：

$$冬雨季施工增加费=计算基数×冬雨季施工增加费费率(\%) \tag{2-27}$$

⑤ 已完工程及设备保护费：

$$已完工程及设备保护费=计算基数×已完工程及设备保护费费率(\%) \tag{2-28}$$

上述(2)～(5)项措施项目的计费基数应为定额人工费或(定额人工费+定额机械费)，其费率由工程造价管理机构根据各专业工程特点和调查资料综合分析后确定。

3. 其他项目费

(1) 暂列金额由建设单位根据工程特点，按有关计价规定估算，施工过程中由建设单位掌握使用、扣除合同价款调整后如有余额，归建设单位。

(2) 计日工由建设单位和施工企业按施工过程中的签证计价。

(3) 总承包服务费由建设单位在招标控制价中根据总包服务范围和有关计价规定编制，施工企业投标时自主报价，施工过程中按签约合同价执行。

其他项目费.mp4

4. 规费和税金

建设单位和施工企业均应按照省、自治区、直辖市或行业建设主管部门发布标准计算规费和税金，不得作为竞争性费用。

本 章 小 结

通过对本章的学习，学生可以了解建设工程费用的构成、类别的划分以及工程费用的计算方法与规则。其重点学习和掌握建设工程费用的构成部分，并能够熟练运用其构成与计算规则来解决实际的计价问题。本章节学完之后，学生将具有建设工程费用计算的基本能力，为后期工程计量与计价在实际工程中的应用打下坚实的基础。

实 训 练 习

一、单选题

1. 直接工程费不包括(   )。

A. 人工费　　　　　　　　　　　B. 施工机械使用费

C. 折旧费　　　　　　　　　　　D. 企业管理费

2. 建设管理费属于(　　)。

A. 企业管理费　B. 规费　　　C. 工程建设其他费用　　D. 预备费

3. 建设项目工程造价不包括(　　)。

A. 建筑安装工程费　　　　　　　B. 税金

C. 工程建设其他费用　　　　　　D. 建设期贷款利息

4. 某施工机械预算价格为 200 万元,折旧年限为 10 年,年平均工作 300 个台班,一次大修理费为 24 万元,大修次数为 5 次,则该台机械台班大修理费为(　　)元。

A. 500　　　　　B. 400　　　　　C. 240　　　　　　D. 264

5. 某施工工程人工费为 80 万元,材料费为 140 万元,施工机具使用费为 40 万元,企业管理费以人工费和机械费合计为计算基础,费率为 18%,利润率以人工费为计算基础,费率为 30%,规费 30 万元,综合计税系数 3.41%,则该工程的含税造价为(　　)万元。

A. 316　　　　　B. 347　　　　　C. 360　　　　　　D. 450

二、多选题

1. 按造价形成分类属于建筑安装工程费的是(　　)。

A. 分部分项工程费　　　B. 利润　　　　　　　C. 税金

D. 规费　　　　　　　　E. 涨价预备费

2. 施工机械使用费包括(　　)。

A. 人工费　　　　　　　B. 安拆费及场外运费　　C. 运输损耗费

D. 设备折旧费　　　　　E. 职工福利费

3. 规费是指政府和有关部门规定必须缴纳的费用,包括(　　)。

A. 养老保险费　　　　　B. 住房公积金　　　　　C. 劳保基金

D. 固定资产使用费　　　E. 工程排污费

4. 管理人员工资包括(　　)。

A. 管理人员的基本工资　B. 工资性补贴　　　　　C. 职工福利费

D. 劳动保护费　　　　　E. 生产工人劳动保护费

5. 通用措施项目包括(　　)。

A. 安全文明施工费　　　B. 夜间施工增加费　　　C. 二次搬运费

D. 冬雨季施工增加费　　E. 大型机械设备进出场费

三、简答题

1. 分类指标中的"高度"是指什么?

2. 简述建设工程费用的构成。

3. 简述地下室建筑面积的计算规则。

第 2 章习题答案.pdf

实训工作单

班级		姓名		日期	
教学项目		建筑工程费用组价			
任务	完成一套图纸的建筑工程费用组价		要求	套用最新定额	
相关知识			建筑工程费用		
其他项目					

工程过程记录

评语			指导教师	

第3章　建筑工程定额与计价规范 03

【学习目标】

- 了解建筑工程定额的概念、性质。
- 熟悉建筑工程定额的作用。
- 掌握建筑工程定额的分类。
- 熟悉施工定额、劳动定额的作用。
- 掌握材料消耗定额的相关原理与计算。
- 掌握工程量清单的应用以及营改增的影响。

第 3 章 建筑工程定
额与计价规范.pptx

【教学要求】

本章要点	掌握层次	相关知识点
建筑工程定额	1. 了解建筑工程定额的概念、性质 2. 熟悉建筑工程定额的作用 3. 掌握建筑工程定额的分类	建筑工程定额
施工定额	1. 熟悉施工定额、劳动定额的作用 2. 掌握材料消耗定额的相关原理与计算	施工定额、劳动定额、材料消耗定额、机械台班使用定额
工程量清单计价规范	1. 掌握工程量清单的应用 2. 掌握营改增的影响	工程量清单、营改增

【引子】

定额是企业管理的一门分支学科，形成于19世纪末。我国建筑工程定额，从无到有，从不完善到逐步完善，经历了一个"分散—集中—分散—集中"统一领导与分级管理相结合的发展过程。新中国成立以来，国家十分重视建筑工程定额的测定和管理工作。1955 年，建筑工程部编制颁发了《全国统一建筑工程预算定额》，1957 年又在 1955 年的基础上进行了修订，重新颁发了全国统一的《建筑工程预算定额》。

3.1 简述建筑工程定额

3.1.1 建筑工程定额的概念

所谓定，就是规定；所谓额，就是额度和限度。从广义上理解，定额就是规定的额度及限度，即标准或尺度。在工程建设中，为了完成某一工程项目，需要消耗一定数量的人力、物力和财力资源，这些资源的消耗是随着施工对象、施工方法和施工条件的变化而变化的。工程建设定额是指在正常的施工生产条件下，先进合理的施工工艺和施工组织的条件下，采用科学的方法制定完成单位合格产品所消耗的人工、材料、施工机械及资金消耗的数量标准。不同的产品有不同的质量要求，不能把定额看成单纯的数量关系，而应看成是质量和安全的统一体。只有考察总体生产过程中的各生产因素，归结出社会平均必需的数量标准，才能形成定额。

建筑工程定额的概念.mp4　　扩展资源 1.pdf

3.1.2 建筑工程定额的性质

建筑工程定额是在正常施工条件下，完成单位合格产品所必须消耗的劳动力、材料、机械台班和资金消耗的数量标准。这种量的规定，反映出完成建设工程中的某项合格产品与各种生产消耗之间特定的数量关系。

建筑工程定额具有科学性、系统性、统一性、指导性、群众行、相对稳定性和时效性等性质。

建筑工程定额的性质.mp4

1. 科学性

定额的科学性包括两重含义：一重含义是指工程建设定额和生产力发展水平相适应，反映出工程建设中生产消费的客观规律；另一重含义是指工程建设定额管理在理论、方法和手段上适应现代科学技术和信息社会发展的需要。

工程建设定额的科学性，首先表现在用科学的态度制定定额，尊重客观实际，力求定额水平合理；其次表现在制定定额的技术方法上，利用现代科学管理的成就，形成一套系统的、完整的、在实践中行之有效的方法；第三，表现在定额制定和贯彻的一体化。制定是为了提供贯彻的依据，贯彻是为实现管理的目标，也是对定额的信息反馈。

2. 系统性

建设工程定额是相对独立的系统。它是由多种定额结合而成的有机整体，它的结构复杂，有鲜明的层次，有明确的目标。工程建设定额的系统性是由工程建设的特点决定的，建设工程是一个庞大的实体系统，而定额就是为了这个实体系统服务的。因此建设工程本身的多种类、多层次就决定了以它为服务对象的定额的多种类、多层次。建设工程都有严格的划分，如建设项目、单项工程、单位工程、分部分项工程；在计划和实施过程中有严密的逻辑阶段，如可行性研究、设计、施工、竣工交付使用以及投入使用后的维修。与此相适应，必然形成定额的多种类、多层次。

3. 统一性

定额的统一性主要由国家对经济发展计划的宏观调控职能决定。为了使国民经济按照既定的目标发展，就需要借助某些标准、定额、规范等，对建设工程进行规划、组织、调节、控制。而这些标准、定额、规范必须在一定范围内是统一的尺度，才能实现上述职能，才能利用它对项目的决策、设计方案、投标报价、成本控制进行比选和评价。为了建立全国统一建设市场和规范计价行为，《建设工程工程量清单计价规范》(GB 50500—2013)标准及《房屋建筑与装饰工程计量规范》(GB 50854—2013)统一了分部分项工程项目编码、项目名称、项目特征描述、计量单位、工程量计算规则。工程建设定额的统一性按照其影响力和执行范围来看，有全国统一定额、地区统一定额和行业统一定额等；按照定额的制定、颁布和贯彻使用来看，有统一的程序、统一的原则、统一的要求和统一的用途。

4. 指导性

定额的指导性表现在有利于市场公平竞争、优化企业管理、确保工程质量和施工安全的全部计价标准，规范工程计价行为，为建设单位编制设计概算、施工图预算、竣工结算、编审工程量清单和确定招标控制价提供依据。定额是编制概算定额、估算指标的基础；定额是投标单位计算投标报价的参考；定额是投标管理部门和造价管理部门核定投标报价与成本价对比的基础。

5. 群众性

定额的拟定和执行，都要有广泛的群众基础。定额的拟定，通常采取工人、技术人员和专职定额人员三者相结合的方式，使拟定定额时能够从实际出发，反映建筑安装工人的实际水平，并保持一定的先进性，使定额容易为广大职工所掌握。

6. 权威性

工程建设定额具有很大的权威性，这种权威性在一些情况下具有经济法规性质。权威性反映统一的意志和统一的要求，也反映信誉和信赖程度以及反映定额的严肃性。工程建设定额的权威性的客观基础是定额的科学性，只有科学的定额才具有权威。赋予工程建设定额一定的权威性，就意味着在规定的范围内，对于定额的使用者和执行者来说，不论主观上愿意不愿意，都必须按定额的规定执行。在当前市场不完善的情况下，赋予工程建设定额权威性是十分重要的。但在竞争机制引入工程建设的情况下，定额的水平必然会受市场供求状况的影响，从而在执行中可能产生定额水平的浮动。直接与施工生产相关的定额，在企业经营制转换和增长方式的要求下，其权威性还必须得到进一步强化。

7. 相对稳定性和时效性

建筑工程定额中的任何一种定额，在一段时期内都表现出稳定的状态。根据具体情况不同，稳定的时间有长有短，一般为 5~10 年。但是，任何一种建筑工程定额，都只能反映一定时期的生产力水平，当生产力向前发展了，定额就会变得陈旧。所以，建筑工程定额在具有稳定性特点的同时，也具有显著的时效性。当定额不能起到它应有作用的时候，建筑工程定额就要重新修订了。

3.1.3 建筑工程定额的作用

建筑工程定额作为加强建设工程项目经营管理、组织施工、决定分配的工具，是指按国家有关产品标准、设计标准、施工质量验收标准(规范)等确定的施工过程中完成规定计量单位产品所消耗的人工、材料、机械等消耗量的标准，其主要作用如下。

1. 定额是编制工程计划、组织和管理施工的重要依据

为了更好地组织和管理施工生产，必须编制施工进度计划和施工作业计划。在编制计划和组织管理施工生产中，直接或间接地要以各种定额来作为计算人力、物力和资金需用量的依据。

2. 定额是确定建筑工程造价的依据

在有了设计文件规定的工程规模、工程数量及施工方法之后，即可依据相应定额所规定的人工、材料、机械台班的消耗量，以及单位预算价值和各种费用标准来确定建筑工程造价。

3. 定额是建筑企业实行经济责任制的重要环节

当前，全国建筑企业正在全面推行经济改革，而改革的关键是推行投资包干制和以招标、投标、承包为核心的经济责任制。其中签订投资包干协议、计算招标标底和投标报价、签订总包和分包合同协议等，通常都以建筑工程定额为主要依据。

4. 定额是总结先进生产方法的手段

定额是在平均先进合理的条件下，通过对施工生产过程的观察、分析综合制定的。它比较科学地反映出生产技术和劳动组织的先进合理程度。因此，我们可以以定额的标定方法为手段，对同一建筑产品在同一施工操作条件下的不同生产方式进行观察、分析和总结，从而得出一套比较完整的先进生产方法，在施工生产中推广应用，使劳动生产率得到普遍提高。

3.1.4 建筑工程定额的分类

工程定额是完成规定计量单位的合格建筑安装产品所消耗资源的数量标准，是建设工程造价计价和管理中各类定额的总称，可以按照不同的原则和方法对它进行分类。

1. 按生产要素分类

建筑工程定额按生产要素分类，如图 3-1 所示。

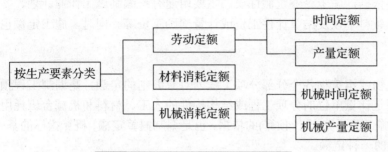

图 3-1 建筑工程定额按生产要素分类

按生产要素建筑
定额的分类.mp4

1) 人工定额

人工定额，也称劳动消耗定额，是指在正常的施工技术和组织条件下，完成单位合格产品所必需的人工消耗量标准。劳动定额有两种基本表示形式。时间定额：完成单位合格产品所必须消耗的工作时间。产量定额：在单位时间内(工日)应完成合格产品的数量。

2) 材料消耗定额

材料消耗定额是指在合理和节约使用材料的条件下，生产单位合格产品所必须消耗的一定规格的材料、成品、半成品和水、电等资源的数量标准。

3) 施工机械台班使用定额

施工机械台班使用定额也称施工机械台班消耗定额，是指施工机械在正常施工条件下完成单位合格产品所必需的工作时间。它反映了合理地、均衡地组织劳动和使用机械时该机械在单位时间内的生产效率。施工机械台班使用定额有机械时间定额和机械产量定额两种形式。

按编制程序和用途
定额分类.mp4

2. 按编制程序和用途分类

建筑工程定额编制程序和用途分类，如图 3-2 所示。

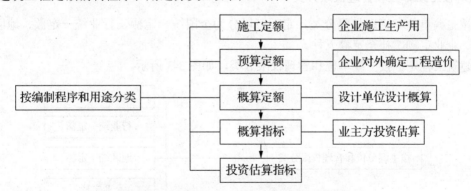

图 3-2 建筑工程定额按编制程序和用途分类

1) 施工定额

以工序为研究对象，属于企业定额的性质。它以同一性质的施工过程为测定对象，表示某一施工过程中的人工、主要材料和机械消耗量。施工定额是企业内部经济核算的依据，也是编制预算定额的基础。施工定额是建筑安装施工企业进行施工组织、成本管理、经济核算和投标报价的重要依据，属于企业定额性质。主要用途有：编制施工作业计划、签发施工任务单、签发限额领料单以及结算计件工资或计量奖励工资等。同时，施工定额也是预算定额的基础。

2) 预算定额

预算定额是以建筑物或构筑物各个分部分项工程为对象编制的定额，是编制工程预结算时计算和确定一个规定计量单位的分项工程或结构构件的人工、材料和机械台班耗用量的数量标准。它是编制施工图预算(设计预算)的依据，也是编制概算定额、概算指标的基础。预算定额是用途最广泛的一种定额。

3) 概算定额

概算定额是以扩大的分部分项工程为对象编制的。概算定额一般是在预算定额的基础上综合扩大而成的，每一综合分项概算定额都包含了数项预算定额。概算定额是编制扩大初步设计概算、确定建设项目投资额的依据，是编制扩大设计概算时计算和确定扩大分项工程人工、材料和机械台班耗用量的数量标准。

4) 概算指标

概算指标是概算定额的扩大与合并，是在初步设计阶段编制工程概算所采用的一种定额，它是以整个建筑物和构筑物为对象，以"平方米""立方米"等为计量单位规定人工、材料和机械台班耗用量的数量标准，以更为扩大的计量单位来编制的。概算指标的设定和初步设计的深度相适应，是设计单位编制设计概算或建设单位编制年度投资计划的依据，也可作为编制估算指标的基础。

5) 投资估算指标

投资估算指标通常是以独立的单项工程或完整的工程项目为计算对象编制，是根据已建工程或现有工程的价格数据和资料，经分析、归纳和整理编制而成的。投资估算指标是在项目建议书和可行性研究阶段编制投资估算、计算投资需要量时使用的一种指标，是合理确定建设工程项目投资的基础。它也是以预算定额、概算定额为基础的综合扩大。

3. 按主编单位和管理权限分类

按主编单位和管理权限分类，定额可以分为全国统一定额、行业统一定额、地区统一定额、企业定额、补充定额五种。

建筑工程定额按主编单位和管理权限分类，如图 3-3 所示。

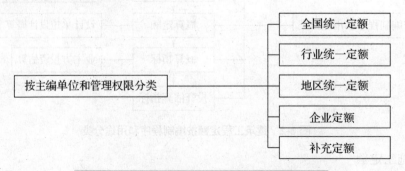

图 3-3　建筑工程定额按主编单位和管理权限分类

1) 全国统一定额

全国统一定额是由国家建设行政主管部门综合全国工程建设中技术和施工组织管理的情况编制，并在全国范围内适用的定额。

2) 行业统一定额

行业统一定额是考虑到各行业部门专业工程技术特点，以及施工生产和管理水平编制的。一般是只在本行业和相同专业性质的范围内使用。

3) 地区统一定额

地区统一定额包括省、自治区、直辖市定额。地区统一定额主要是考虑地区性特点和全国统一定额水平做适当调整和补充编制的。

4) 企业定额

企业定额是施工单位根据本企业的施工技术、机械装备和管理水平编制的人工、施工机械台班和材料等的消耗标准。企业定额在企业内部使用，是企业综合素质的一个标志。企业定额水平一般应高于国家现行定额，才能满足生产技术发展、企业管理和市场竞争的需要。在工程量清单计价方式下，企业定额作为施工企业进行建设工程投标报价的计价依据，正发挥着越来越大的作用。

5) 补充定额

补充定额是指随着设计、施工技术的发展，现行定额不能满足需要的情况下，为了补充缺陷所编制的定额。补充定额只能在指定的范围内使用，可以作为以后修订定额的基础。

4. 按投资的费用性质分类

按投资的费用性质分类，定额可以分为建筑工程定额、设备安装工程定额、工器具定额、建筑安装工程费用定额、工程建设其他费用定额等。

建筑工程定额按投资的费用性质分类，如图 3-4 所示。

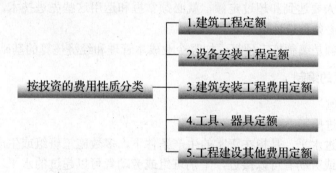

按投资的费用性质分类
- 1.建筑工程定额
- 2.设备安装工程定额
- 3.建筑安装工程费用定额
- 4.工具、器具定额
- 5.工程建设其他费用定额

图 3-4　建筑工程定额按投资的费用性质分类

5. 按专业分类

按专业性质分类，定额有建筑工程定额、安装工程定额、装饰工程定额和市政工程定额等。

3.2 施 工 定 额

3.2.1 施工定额

建设工程施工定额也叫基础定额，施工定额是建筑安装工人或工人小组在合理的劳动组织和正常的施工条件下，为完成单位合格产品所需消耗的人工、材料、机械的数量标准。它由劳动定额、材料消耗定额和机械台班使用定额三个相对独立的部分组成。施工定额是施工企业内部经济核算的依据，也是编制预算定额的基础。

施工定额.mp4

1. 施工定额的作用

施工定额是施工企业管理工作的基础，也是建设工程定额体系的基础。施工定额在企业管理工作中的基础作用主要表现在以下几个方面。

(1) 施工定额是企业计划管理的依据。表现为施工定额是企业编制施工组织设计的依据，也是企业编制施工工作计划的依据。

(2) 施工定额是组织和指挥施工生产的有效工具。企业通过下达施工任务书和限额领料单来实现组织管理和指挥施工生产。

(3) 施工定额是计算工人劳动报酬的依据。工人的劳动报酬是根据工人劳动的数量和质量来计量的，而施工定额为此提供了一个衡量标准，它是计算工人计件工资的基础，也是计算奖励工资的基础。

(4) 施工定额有利于推广先进技术。施工定额水平中包含着某些已成熟的先进的施工技术和经验，工人要达到和超过定额，就必须掌握和运用这些先进技术，如果工人想大幅度超过定额，就必须创造性地劳动。

(5) 施工定额是编制施工预算，加强企业成本管理和经济核算的基础。

2. 施工定额的编制

1) 编制原则

(1) 平均先进原则。

所谓平均先进水平，是指在正常的生产条件下，多数施工班组或生产者经过努力可以达到，少数班组或劳动者可以接近，个别班组或劳动者可以超过的水平。通常这种水平低于先进水平，略高于平均水平。

平均先进水平是一种鼓励先进、勉励中间、鞭策后进的定额水平。贯彻"平均先进"的原则，才能促进企业的科学管理和不断提高劳动生产率，进而达到提高企业经济效益的目的。

(2) 简明适用原则。

所谓简明适用是指定额结构合理，定额步距大小适当，文字通俗易懂，计算方法简便，易为群众掌握和运用，具有多方面的适应性，能在较大的范围内满足不同情况、不同用途的需要。

（3）以专家为主编制定额的原则。

施工定额的编制要求有一支经验丰富、技术管理知识全面，有一定政策水平的专家队伍，可以保证编制施工定额的延续性和实践性。

2）编制前的准备工作

编制施工定额是一项非常复杂的工作，事先必须做好充分准备和全面规划。编制前的准备工作一般包括以下几个方面的内容。

（1）明确编制任务和指导思想；

（2）系统整理和研究日常积累的定额基本资料；

（3）拟定定额编制方案，确定定额水平、定额步距、表达方式等。

3.2.2　劳动定额

劳动定额，即人工定额，指的是在先进合理的施工组织和技术措施的条件下，完成合格的单位建筑安装产品所需要消耗的人工数量。它通常以劳动时间(工日或工时)来表示。劳动定额是施工定额的主要内容，主要表示生产效率的高低，劳动力的合理运用，劳动力和产品的关系以及劳动力的配备情况。

1. 按表现形式的不同

人工定额按表现形式的不同，可分为时间定额和产量定额两种形式。

（1）时间定额。

时间定额，就是某种专业，某种技术等级工人班组或个人，在合理的劳动组织和合理使用材料的条件下，完成单位合格产品所必需的工作

劳动定额.mp4

时间，包括准备与结束时间、基本工作时间、辅助工作时间、不可避免的中断时间及工人必需的休息时间。时间定额以工日为单位，每一工日按八小时计算。其计算方法如下：

$$单位产品时间定额(工日)=1/每工产量 \tag{3-1}$$

$$或\quad 单位产品时间定额(工日)=小组成员工日数总和/机械台班产量 \tag{3-2}$$

（2）产量定额。

产量定额，就是在合理的劳动组织和合理使用材料的条件下，某种专业、某种技术等级的工人班组或个人在单位工日中所应完成的合格产品的数量。其计算方法如下：

$$每工产量=1/单位产品时间定额(工日) \tag{3-3}$$

时间定额与产量定额互为倒数，即：

$$时间定额×产量定额=1$$
$$时间定额=1/产量定额$$
$$产量定额=1/时间定额$$

时间定额和产量定额都表示同一人工定额项目，它们是同一人工定额项目的两种不同的表现形式。时间定额以工日为单位，综合计算方便，时间概念明确；产量定额则以产品数量为单位表示，具体、形象，劳动者的奋斗目标一目了然，便于分配任务。人工定额用复式表同时列出时间定额和产量定额，以便于各部门、各企业根据各自的生产条件和要求选择使用。

2. 按定额的标定对象不同

按定额的标定对象不同，人工定额又分单项工序定额和综合定额两种。综合定额表示完成同一产品中的各单项(工序或工种)定额的综合，按工序综合的用"综合"表示，按工种综合的一般用"合计"表示，其计算方法如下：

$$综合时间定额 = \sum 各单项(工序)时间定额 \tag{3-4}$$

$$综合产量定额 = 1/综合时间定额(工日) \tag{3-5}$$

3. 人工消耗量定额的编制

编制人工定额主要包括拟定正常的施工条件以及拟定定额时间两项工作，但拟定定额时间的前提是对工人工作时间按其消耗性质进行分类研究。

工人在工作班内消耗的工作时间，按其消耗的性质，基本可以分为两大类：必须消耗的时间和损失时间。必须消耗的时间是工人在正常施工条件下，为完成一定产品(工作任务)所消耗的时间，它是制定定额的主要依据。损失时间，是与产品生产无关，而与施工组织和技术上的缺陷有关，与工人在施工过程中的个人过失或某些偶然因素有关的时间消耗。

工人工作时间的分类，如图 3-5 所示。

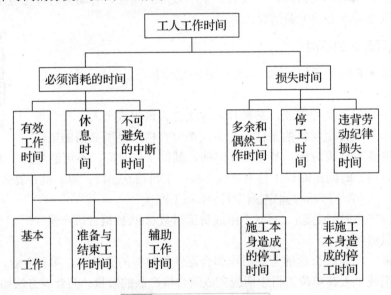

图 3-5　工人工作时间分类图

(1) 必须消耗的工作时间，包括有效工作时间、休息时间和不可避免的中断时间。

关于有效工作时间、休息时间和不可避免的中断时间的详细内容见二维码。

(2) 损失时间中包括多余和偶然工作、停工、违背劳动纪律所引起的损失时间。

关于更多的多余和偶然工作、停工、违背劳动纪律所引起的损失时间见二维码。

扩展资源 2.pdf　　　扩展资源 3.pdf

4. 拟定施工作业的定额时间

施工作业的定额时间，是在拟定基本工作时间、辅助工作时间、准备与结束时间、不可避免的中断时间以及休息时间的基础上编制的。

上述各项时间是以时间研究为基础，通过时间测定方法，得出相应的观测数据，经加工整理计算后得到的，计时测定的方法有许多种，如测时法、写实记录法、工作日写实法等。

【案例 3-1】 刘某等 13 人为某外商投资企业职工，1995 年进厂参加工作。经过试用后签订 5 年的劳动合同。合同中规定实行计件工资，最初用人单位的劳动定额刘某还可以完成，后来多次增加之后刘某被迫加班 2~3 个小时，刘某等人进行抗议。劳动争议仲裁委员会受案后经调查，该厂多次提高劳动强度，80%员工完成不了，仲裁委员会认为用人单位规定的劳动定额应以本企业多数劳动者能完成的数额为标准，不能随意提高劳动定额，但是用人单位认为随着员工熟练技术上的提高，劳动定额不断提高是正常的，经裁决决定给刘某等人加班费。这里的定额是时间定额还是产量定额？

3.2.3 材料消耗定额

材料消耗定额是指在节约合理地使用材料的条件下，完成合格的单位建筑安装产品所必须消耗的材料数量。它包括直接使用在工程上的材料净用量，在施工现场内运输及操作过程中的不可避免的废料和损耗。材料消耗定额主要用于计算各种材料的用量，其计量单位为 kg、m 等。

材料消耗定额.mp4

1. 材料消耗定额的组成

材料消耗定额指标的组成，按其使用性质、用途和用量大小划分为四类。

(1) 主要材料，是指直接构成工程实体的材料；

(2) 辅助材料，直接构成工程实体，但比重较小的材料；

(3) 周转性材料(又称工具性材料)，是指施工中多次使用但并不构成工程实体的材料，如模板、脚手架等；

(4) 零星材料，是指用量小、价值不大、不便计算的次要材料，可用估算法计算。

2. 材料消耗定额的编制

编制材料消耗定额，主要包括确定直接使用在工程上的材料净用量和在施工现场内运输及操作过程中的不可避免的废料和损耗。

1) 材料净用量的确定

材料净用量的确定，一般有以下几种方法。

(1) 理论计算法。

理论计算法是根据设计、施工验收规范和材料规格等，从理论上计算材料的净用量。如砖墙的用砖数和砌筑砂浆的用量可用下列理论计算公式计算各自的净用量。

标准砖砌体中，标准砖、砂浆用量计算公式：

$$A=1/[墙厚×(砖长+灰缝)×(砖厚+灰缝)]×K \qquad (3-6)$$

式中：K——墙厚的砖数×2(墙厚的砖数是 0.5 砖墙、1 砖墙、1.5 砖墙……)。

墙厚的砖数是指用标准砖的长度来标明墙厚。例如：半砖墙指 120mm 厚墙、3/4 砖墙指 180mm 厚墙，1 砖墙指 240mm 厚墙等。

【案例 3-2】 计算砌 $1m^3$ 240mm 厚标准砖的用砖量(注：标准砖尺寸 240×115×53mm，灰缝 10mm)。

解： 砌 $1m^3$ 240mm 厚标准砖的净用砖量=1/[0.24×(0.115+0.01)×(0.053+0.01)]=529(块)(考虑砂浆不计损耗)

砌 $1m^3$ 240mm 厚标准砖的净用砖量=1/(0.24×0.115×0.053)=684(块)(不计砂浆、不计损耗)

每块砖的实际体积是 0.24×0.115×0.053=0.00146(m^3)

每块砖加砂浆的体积是 0.24×(0.053+灰缝 0.01)×(0.115+灰缝 0.01)=0.00189(m^3)

每 $1m^3$ 标准砖砌体砂浆净用量=$1m^3$ 砌体中标准砖的净体积

每 $1m^3$ 标准砖砌体砂浆净用量=(684-529)×0.00146=0.226(m^3)(没考虑损耗)

【案例 3-3】 计算 $1m^3$ 370mm 厚标准砖墙的标准砖和砂浆的总消耗量(标准砖和砂浆的损耗率均为 1%)。

解： 标准砖净用量=1.5×2/[0.365 ×0.25×0.063]=522(块)

标准砖总消耗量=522×(1+1%)=527(块)

砂浆净用量=1-0.0014628×522=0.237(m^3)

砂浆总耗量=0.237×(1+1%)=0.239(m^3)

(2) 测定法。

测定法即根据试验情况和现场测定的资料数据确定材料的净用量。

(3) 图纸计算法。

图纸计算法根据选定的图纸，计算各种材料的体积、面积、延长米或重量。

(4) 经验法。

经验法根据历史上同类项目的经验进行估算。

2) 材料损耗量的确定

材料的损耗一般以损耗率表示，材料损耗率可以通过观察法或统计法计算确定。材料消耗量计算的公式如下：

$$损耗率=损耗量/净用量×100\% \qquad (3-7)$$
$$总消耗量=净用量+损耗量-净用量×(1+损耗率) \qquad (3-8)$$

3. 周转性材料消耗定额的编制

周转性材料是指在施工过程中多次使用、周转的工具性材料，如钢筋混凝土工程用的模板，搭设脚手架用的杆子、跳板，挖土方工程用的挡土板等。

周转性材料消耗一般与下列四个因素有关。

(1) 第一次造时的材料消耗(一次使用量)；

(2) 每周转使用一次材料的损耗(第二次使用时需要补充)；

(3) 周转使用次数；

(4) 周转材料的最终回收及其回收折价。

定额中周转材料消耗量指标的表示，应当用一次使用量和摊销量两个指标表示。一次使用量是指周转材料在不重复使用时的一次使用量，供施工企业组织施工用；摊销量是指周转材料退出使用，应分摊到每一计量单位的结构构件的周转材料消耗量，供施工企业成本核算或投标报价使用。

例如，捣制混凝土结构木模板用量的计算公式如下：

$$一次使用量=净用量×(1+操作损耗率) \tag{3-9}$$

$$周转次数=[一次使用量×(1+(周转次数-1)×补损率]/周转次数 \tag{3-10}$$

$$回收量=[一次使用量×(1-补损率)]/周转次数 \tag{3-11}$$

$$摊销量=周转使用量-回收量×回收折价率 \tag{3-12}$$

又如，预制混凝土构件的模板用量的计算公式如下：

$$一次使用量=净用量×(1+操作损耗率) \tag{3-13}$$

$$摊销量=一次使用/周转次数 \tag{3-14}$$

3.2.4　机械台班使用定额

机械台班使用费分为机械时间定额和机械产量定额两种。在正确的施工组织与合理地使用机械设备的条件下，施工机械完成合格的单位产品所需的时间，为机械时间定额，其计量单位通常以"台班"或"台时"来表示。在单位时间内，施工机械完成合格的产品数量则称为机械产量定额。

1. 施工机械台班使用定额概述

1) 施工机械时间定额

施工机械时间定额，是指在合理劳动组织与合理使用机械条件下，完成单位合格产品所必需的工作时间，包括有效工作时间(正常负荷下的工作时间和降低负荷下的工作时间)、不可避免的中断时间、不可避免的无负荷工作时间。机械时间定额以"台班"表示，即一台机械工作一个作业班时间，一个作业班时间为 8 小时。

机械台班使用定额.mp4

$$单位产品机械时间定额(台班)=1/台班产量 \tag{3-15}$$

由于机械必须由工人小组配合，所以完成单位合格产品的时间定额，应同时列出人工时间定额。即：

$$单位产品人工时间定额(工日)=小组成员总人数/台班产量 \tag{3-16}$$

【案例 3-4】 斗容量 $1m^3$ 正铲挖掘机，挖四类土，装车，深度在 2m 内，小组成员两人，机械台班产量为 4.76(定额单位 $100m^3$)，则：

挖 $100m^3$ 的人工时间定额为 2/4.76=0.42(工日)

挖 $100m^3$ 的机械时间定额为 1/4.76= 0.21(台班)

2) 机械产量定额

机械产量定额，是指在合理劳动组织与合理使用机械条件下，机械在每个台班时间内，应完成合格产品的数量。

$$机械台班产量定额=1/机械时间定额(台班) \tag{3-17}$$

机械产量定额和机械时间定额互为倒数关系。

【案例 3-5】 某路基工程采用挖掘机挖装一般土方，但在机械无法操作处，需由人工挖装，机动翻斗车运输的工程量为 4500m³，确定人工操作的预算定额和所需总人工工日数。

解: (1) 根据分项工程内容，查目录可知: 人工挖装，机动翻斗车运输对应的定额编号为[1-63]。

(2) 当采用人工挖、装，机动翻斗车运输时，其挖、装所需的人工按第一个 20m 挖运定额减 30 工日计算，确定每 1000m³ 挖一般土方预算定额为:

人工: 181.1-30=151.1(工日)

(3) 机械施工土、石方，挖方部分机械达不到需由人工完成的工程量由施工组织设计确定。其中人工操作部分，按相应定额乘以 1.15 系数。

可知实际定额为: 151.1×1.15=173.77(工日)

4500m³ 挖方所需总人工数为: 173.77×4500/1000 =781.97(工日)

2. 施工机械台班使用定额的编制

机械工作时间的消耗，按其性质可做以下分类，机械工作时间也分为必须消耗的时间和损失时间两大类，如图 3-6 所示。

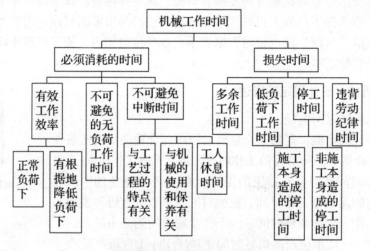

图 3-6　机械工作时间分类图

(1) 在必须消耗的工作时间里，包括有效工作、不可避免的无负荷工作和不可避免中断时间的三项时间消耗。而在有效工作的时间消耗中又包括正常负荷下、有根据地降低负荷下的工时消耗。

关于更多的正常负荷下的工作时间、有根据地降低负荷下的工作时间、不可避免的无负荷工作时间及与工艺过程的特点有关的不可避免中断工作时间详见二维码。

(2) 损失的工作时间，包括多余工作、停工、违背劳动纪律所消耗的工作时间和低负荷下的工作时间。

关于更多的机械的多余工作时间、机械的停工时间、违反劳动纪律引起的机械的时间损失及低负荷下的工作时间详细解释见二维码。

扩展资源 4.pdf　　　　　扩展资源 5.pdf　　　　低负荷下的工作时间.mp4

3.3　企业定额

　　企业定额是施工企业根据本企业的技术水平和管理水平，编制的完成单位合格产品所必需的人工、材料和施工机械台班消耗量，以及其他生产经营要素消耗的数量标准。企业定额在不同的历史时期有着不同的概念和作用。在计划经济时期，企业定额是国家统一定额、行业定额或地方定额的补充，供企业内部使用。在市场经济条件下，企业定额有了新的内涵，它是企业参与市场竞争、确定工程成本和投标报价的依据，它反映了企业的综合实力，是企业管理的基础。

　　企业定额反映企业的施工生产与生产消费之间的数量关系，是施工企业生产力水平的体现。国内企业的技术和管理水平不同，故企业定额的定额水平也就不同。因此，企业定额是施工企业进行施工管理和投标报价的基础和依据，也是企业核心竞争力的具体表现。

企业定额.mp4

1. 企业定额的作用

　　随着我国社会主义市场经济体制的不断完善，工程造价管理制度改革的不断深入，企业定额将日益成为施工企业进行管理的重要工具。

　　(1) 企业定额是施工企业计算和确定工程施工成本的依据，是施工企业进行成本管理、经济核算的基础；

　　(2) 企业定额是施工企业进行工程投标、编制工程投标价格的基础和主要依据；

　　(3) 企业定额是施工企业编制施工组织设计的依据。

　　更多内容详见二维码。

扩展资源 6.pdf

2. 企业定额的分类

1) 计量定额

　　计量定额是以工作内容为对象，以各种因素消耗量为表现形式的定额，主要包括劳动定额、材料消耗定额、材料损耗率定额、机械使用定额、机械台班费用定额等。这些定额的编制除了参考全国统一建设工程基础定额的编制方法和内容外，还要考虑企业的具体情况，如企业的劳动力搭配情况、机械设备装备情况、材料利用及来源情况等。

2) 直接费定额

　　直接费定额是根据企业的计量定额所列的各种因素消耗量与各种因素的单价综合而成的，包括人工费、材料费、机械费、设备费等。各种因素的单价要结合市场行情和企业自身的承受能力灵活确定。

3) 费用定额

费用定额是直接费定额中没有包括而又直接或间接地为组织工程建设所进行的生产经营活动所需的费用。费用定额的编制应根据国家对建设工程费用定额项目划分的原则来确定项目，根据建筑市场竞争状况、企业的财务状况以及企业对某一特定项目的预期目标而采用灵活的策略，具体确定计算尺度。

3. 企业定额的编制原则

施工企业在编制企业定额时应依据本企业的技术能力和管理水平，以基础定额为参照和指导，测定计算完成分项工程或工序所必需的人工、材料和机械台班的消耗量，来准确反映本企业的施工生产力水平。

目前，为适应国家推行的工程量清单计价办法，企业定额可采用基础定额的形式，按统一的工程量计算规则、统一划分的项目、统一的计量单位进行编制。

在确定人工、材料和机械台班消耗量以后，需按选定的市场价格，包括人工价格、材料价格和机械台班价格等编制分项工程单价和分项工程的综合单价。

4. 企业定额的编制方法

编制企业定额最关键的工作是确定人工、材料和机械台班的消耗量，以及计算分项工程单价或综合单价。具体测定和计算方法同前述施工定额及预算定额的编制。

更多关于企业定额的编制方法的内容详见二维码。

扩展资源 7.pdf

3.4　工程量清单计价规范

3.4.1　工程量清单的演变

为了全面推行工程量清单计价政策，2003 年 2 月 17 日，建设部以第 119 号公告批准发布了国家标准《建设工程工程量清单计价规范》(GB 50500—2003)(以下简称"03 规范")，自 2003 年 7 月 1 日起实施。"03 规范"实施以来，在各地和有关部门的工程建设中得到了有效推行，积累了宝贵的经验，取得了丰硕的成果。但在执行中，也反映出一些不足之处。

扩展资源 8.pdf

2013 规范是以《建设工程工程量清单计价规范》(GB 50500—2008)为基础，通过认真总结我国推行工程量清单计价，实施"03 规范""08 规范"的实践经验，广泛深入征求意见，反复讨论修改而形成。与"03 规范""08 规范"不同，"13 规范"是以《建设工程工程量清单计价规范》为母规范，参考各专业工程工程量计算规范与其配套使用的工程计价、计量标准体系而编制形成的。该标准体系为深入推行工程量清单计价、建立市场形成工程造价机制奠定坚实基础，并对维护建设市场秩序，规范建设工程发承包双方的计价行为，促进建设市场健康发展发挥重要作用。

3.4.2　工程量清单的概念及其组成

　　一个拟建项目的全部工程量清单包括分部分项工程量清单、措施项目清单、其他项目清单、规费和税金五部分。分部分项工程量清单是拟建工程的全部分项实体工程名称和相应数量的清单；措施项目清单是为完成分项实体工程而必须采取的一些措施性的清单；其他项目清单是招标人提出的一些与拟建工程有关的特殊要求的项目清单；其中规费和税金是国家强制性的费用，在招投标中属于不可竞争费用。

1. 工程量清单的概念

　　工程量清单是指建设工程的分部分项工程项目、措施项目、其他项目的名称和相应数量，以及规费、税金项目等内容的明细清单。工程量清单是依据招标文件规定、施工设计图纸、计价规范(规则)计算分部分项工程量，并列在清单上作为招标文件的组成部分，工程量清单可提供编制标底和供投标单位填报的单价。因此，工程量清单是编制招标工程标底和投标报价的依据，也是支付工程进度款和办理工程结算、调整工程量以及工程索赔的依据。

2. 工程量清单的组成

　　根据《建设工程工程量清单计价规范》(GB 50500—2013)的规定，工程量清单的组成内容如下。

(1) 封面；

(2) 填表须知；

(3) 总说明；

(4) 分部分项工程量清单；

(5) 措施项目清单；

(6) 其他项目清单；

(7) 零星工作项目表；

(8) 规费、税金等。

　　工程量清单应该由具有编制招标文件能力的招标人，或受其委托具有相应资质的中介机构编制。

3.4.3　工程量清单的应用

1. 工程量清单编制的依据

编制招标工程量清单应依据：

(1) 《建设工程工程量清单计价规范》(GB 50500—2013)和相关工程的国家计量规范；

(2) 国家或省级、行业建设主管部门颁发的计价定额和办法；

(3) 建设工程设计文件及相关资料；

(4) 与建设工程有关的标准、规范、技术资料；

(5) 拟定的招标文件;

(6) 施工现场情况、地勘水文资料、工程特点及常规施工方案;

(7) 其他相关资料。

2. 工程量清单计价

工程量清单计价包含按招标文件规定,填报由招标人提供的工程量清单所列项目的全部费用,具体包括分部分项工程费、措施项目费、其他项目费和规费、税金等。采用综合单价计价,要求投标人熟悉工程量清单、研究招标文件、熟悉施工图纸、了解施工组织设计、熟悉加工订货的有关情况、明确主材和设备的来源情况,结合本企业的具体情况并考虑风险因素准确计算,最终汇总出工程造价。

1) 招标工程量清单

招标人依据国家标准、招标文件、设计文件以及施工现场实际情况对招标工程量清单进行编制。随招标文件发布供投标报价的工程量清单,包括其说明和表格。招标工程量清单应由具有编制能力的招标人或委托具有相应资质的工程造价咨询机构编制。招标工程量清单必须作为招标文件的组成部分,招标人需要对其准确性和完整性负责。

2) 已标价工程量清单

已标价工程量清单是构成合同文件组成部分的已标明价格,经修正(如有)且承包人已确认的工程量清单,包括说明和表格。

3) 综合单价

综合单价是由完成一个规定清单项目所需的人工费、材料和工程设备费、施工机具使用费和企业管理费、利润以及一定范围内的风险费用所构成。

不过该定义仍是一种狭义上的综合单价,规费和税金并不包括在项目单价中。国际上所谓的综合单价,一般是指包括全部费用的综合单价,在我国目前建筑市场存在过度竞争的情况下,保障税金和规费等不可竞争的费用仍是很有必要的。随着我国社会主义市场经济体制的进一步完善,社会保障机制的进一步健全,实行全费用的综合单价也将只是时间问题。这一定义,与国家发改委、财政部、建设部等九部委联合颁布的第 56 号令中的综合单价的定义是一致的。

3. 工程量清单计价模式与定额计价模式的比较

工程量清单计价模式与传统的预算定额计价模式在项目设置、定价原则、价差调整、工程量计算规则、工程风险等诸多方面均有着原则上的不同。预算定额计价是计划经济体制的模式,先计算工程量,套用定额计算出直接费,再以费率的形式计算间接费,汇总工程造价,然后确定优惠比例,得出最终造价。随着社会的进步和科技的发展,定额不可能面面俱到,时间上的滞后,工艺上的改进,施工技术水平的提高使得定额中的内容很难适应飞速发展的建筑工程的需要,导致招标时预期的目标难以达到。工程量清单计价则明确了统一的计算规则,根据工程设计的具体要求、质量要求、招标文件的要求将各种经济技术指标、质量和进度及企业管理水平等因素综合考虑,细化到工程综合单价中,使工程报价能够与工程实际相吻合,科学反映工程的实际成本,使之与工程建设市场相适应。

3.4.4 营改增对工程量清单的影响

　　住建部发布了《建设项目总投资费用项目组成(征求意见稿)》《建设项目工程总承包费用项目组成(征求意见稿)》。这两份征求意见稿对建设项目总投资费用和工程总承包费用的组成部分和计算方法做出了明确规定,对于今后招标人编制工程量清单将有所帮助。

　　受营改增税制变化的影响,中国建设工程造价信息网(住建部标准定额司、标准定额研究所主办)发布了征求意见函,对由住房和城乡建设部标准定额研究所、四川省建设工程造价管理总站局部修订的《建设工程工程量清单计价标准》(GB 50500—2013)公开征求意见。根据住房和城乡建设部《关于进一步推进工程造价管理改革的指导意见》中"推行工程量清单全费用综合单价"的要求,对《建设工程工程量清单计价规范》(GB 50500—2013)中的个别条文做了修改。

　　例如:建设工程发承包及实施阶段的工程造价由分部分项工程费、措施项目费、其他项目费组成,删除原文中"规费和税金"。

　　工程量清单载明建设工程分部分项工程项目、措施项目、其他项目的名称和相应数量等内容的明细清单。删除原文中"以及规费、税金项目"。

扩展资源 9.pdf

　　综合单价完成一个规定清单项目所需的人工费、材料和工程设备费、施工机具使用费和企业管理费、利润、规费、税金以及一定范围内的风险费用,原文中增加"规费、税金"等。

本 章 小 结

　　通过对本章的学习,学生可以了解建筑工程定额的性质、作用、分类,并对施工定额、劳动定额、材料消耗量定额、机械台班使用定额进行比较系统的学习。同时对国家推行的工程量清单计价规范在结合营改增的基础上有更深层次的认知,为后续的工程量计算学习奠定坚实的基础。

实 训 练 习

一、单选题

1. 建筑工程的施工定额、预算定额、概算定额、概算指标的统称是(　　)。

　　A. 建筑工程定额　　　　　　　　　B. 安装工程定额

　　C. 建设工程定额　　　　　　　　　D. 材料工程定额

2. 关于周转性材料消耗量的说法,正确的是(　　)。

　　A. 周转性材料的消耗量是指材料使用量

　　B. 周转性材料的消耗量应当用材料的一次使用量和摊销量两个指标表示

C. 周转性材料的摊销量供施工企业组织使用

D. 周转性材料的消耗与周转使用次数无关

3. ( )是指机械在与机械说明书规定的计算负荷相符的情况下进行工作的时间。

A. 正常负荷下的工作时间   B. 有根据地降低负荷下的工作时间

C. 不可避免的无负荷工作时间   D. 与机械有关的不可避免中断工作时间

4. ( )是指建设工程的分部分项工程项目、措施项目、其他项目的名称和相应数量，以及规费、税金项目等内容的明细清单。

A. 招标清单   B. 投标清单   C. 结算清单   D. 工程量清单

5. 建筑工程预算定额规定，沟槽、基坑回填土，以挖方体积减去( )以下埋设物体积计算。

A. 基础   B. 垫层   C. 设计室外地坪   D. +0.000

6. 地砖规格为 200mm×200mm，灰缝 1mm，其损耗率为 1.5%，则 100m^2 地面地砖消耗量为( )块。

A. 2475   B. 2513   C. 2500   D. 2462.5

二、多选题

1. 建筑工程定额具有( )群众性、相对稳定性和时效性等性质。

A. 科学性   B. 系统性   C. 统一性

D. 指导性   E. 实践性

2. 人工定额按表现形式的不同，可分为( )形式。

A. 时间定额   B. 施工定额   C. 基础定额

D. 产量定额   E. 劳动定额

3. 制定材料消耗定额时，确定材料净用量的方法有( )。

A. 理论计算法   B. 测定法   C. 图纸计算法

D. 评估法   E. 经验法

4. 企业定额的分类( )。

A. 计量定额   B. 劳动定额   C. 直接费定额

D. 材料定额   E. 费用定额

5. 预算定额中的人工工日消耗量包括( )。

A. 基本用工   B. 辅助用工   C. 法定假日用工

D. 人工幅度差   E. 人数占用量

三、简答题

1. 简述工程建设程序的概念。

2. 简述定额的作用。

3. 简述概算定额与预算定额的相似之处。

第 3 章 习题答案.pdf

实训工作单

班级		姓名		日期	
教学项目		建筑工程定额与计价规范			
任务	了解计价规范和定额分类	学习工具书		《建设工程工程量清单计价规范》(GB 50500—2013)和相关工程的国家计量规范	
相关知识		定额分类、清单计量计价规范			
其他项目					
过程记录					
评语			指导教师		

第 4 章　建筑面积的计算

04

【学习目标】

- 了解建筑面积的概念。
- 掌握计算建筑面积的计算规则。

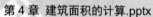
第 4 章　建筑面积的计算.pptx

建筑面积计算
学习目标.mp4

【教学要求】

本章要点	掌握层次	相关知识点
建筑面积的概念	了解建筑面积的概念	建筑面积
天棚其他装饰	1. 掌握建筑面积计算的术语	自然层
	2. 掌握需要计算的建筑面积	架空走廊

【引子】

建筑面积，是地产名词，与使用面积及使用率计算有直接关系。因国家和地区不同，其定义和量度标准未必一致。建筑面积一般大于使用面积。建筑面积是建设工程领域一个重要的技术经济指标，也是国家宏观调控的重要指标之一。建筑面积是指建筑物外墙勒脚以上的结构外围水平面积，是以平方米反映房屋建筑建设规模的实物量指标。

4.1　建筑面积的概念

建筑面积，也称为建筑展开面积，是指建筑物各层面积的总和。建筑面积包括使用面积、辅助面积和结构面积。使用面积是指建筑物各层平面布置中可直接为生产或生活使用的净面积总和。辅助面积是指建筑物各层平面布置中为辅助生产或生活所占净面积的总和。

使用面积与辅助面积的总和称为有效面积。结构面积是指建筑物各层平面布置中的墙体、柱等结构所占面积的总和。

4.2　建筑面积的计算

1. 建筑面积计算中的术语

根据《建筑工程建筑面积计算规范》计算中涉及的术语做以下解释。

(1) 建筑面积：建筑物(包括墙体)所形成的楼地面面积。

(2) 自然层：按楼地面结构分层的楼层。

(3) 结构层高：楼面或地面结构层上表面至上部结构层上表面之间的垂直距离。

(4) 围护结构：围合建筑空间的墙体、门、窗。

(5) 建筑空间：以建筑界面限定的、供人们生活和活动的场所。

(6) 结构净高：楼面或地面结构层上表面至上部结构层下表面之间的垂直距离。

(7) 围护设施：为保障安全而设置的栏杆、栏板等围挡。

(8) 地下室：室内地平面低于室外地平面的高度超过室内净高的 1/2 的房间。

(9) 半地下室：室内地平面低于室外地平面的高度超过室内净高的 1/3，且不超过 1/2 的房间。

(10) 架空层：仅有结构支撑而无外围护结构的开敞空间层。

(11) 走廊：建筑物中的水平交通空间。

(12) 架空走廊：专门设置在建筑物的二层或二层以上，作为不同建筑物之间水平交通的空间。

建筑面积的概念.mp4　　吊顶.avi　　地下室.avi　　单层厂房.avi

窗.avi　　门.avi　　架空走廊.avi　　半地下室.avi

更多建筑术语解释详见二维码。

2. 计算建筑面积的规定

(1) 建筑物的建筑面积应按自然层外墙结构外围水平面积之和计算。结构层高在 2.20m 及以上的，应计算全面积；结构层高在 2.20m 以下的，应计算

走廊.avi

扩展资源 1.pdf

1/2 面积。

(2)　建筑物内设有局部楼层时，对于局部楼层的二层及以上楼层，有围护结构的应按其围护结构外围水平面积计算，无围护结构的应按其结构底板水平面积计算，且结构层高在 2.20m 及以上的，应计算全面积，结构层高在 2.20m 以下的，应计算 1/2 面积，如图 4-1 所示。

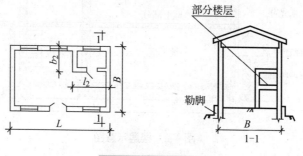

图 4-1　楼层示意图

单层建筑面积计算规则.mp4

多层建筑面积的计算规则.mp4

地下室建筑面积计算规则.mp4

【案例 4-1】结合图 4-1，若 L 为 8.2m，B 为 4.5m，b_2、l_2 分别为 1.5m、2.3m。楼高 4m，试计算建筑面积。

(3)　对于形成建筑空间的坡屋顶，结构净高在 2.10m 及以上的部位应计算全面积；结构净高在 1.20m 及以上至 2.10m 以下的部位应计算 1/2 面积；结构净高在 1.20m 以下的部位不应计算建筑面积。

(4)　对于场馆看台下的建筑空间，结构净高在 2.10m 及以上的部位应计算全面积；结构净高在 1.20m 及以上至 2.10m 以下的部位应计算 1/2 面积；结构净高在 1.20m 以下的部位不应计算建筑面积。室内单独设置的有围护设施的悬挑看台，应按看台结构底板水平投影面积计算建筑面积。有顶盖无围护结构的场馆看台应按其顶盖水平投影面积的 1/2 计算面积。

(5)　地下室、半地下室应按其结构外围水平面积计算。结构层高在 2.20m 及以上的，应计算全面积；结构层高在 2.20m 以下的，应计算 1/2 面积，如图 4-2 所示。

(6)　出入口外墙外侧坡道有顶盖的部位，应按其外墙结构外围水平面积的 1/2 计算面积。

(7)　建筑物架空层及坡地建筑物吊脚架空层，应按其顶板水平投影计算建筑面积。结构层高在 2.20m 及以上的，应计算全面积；结构层高在 2.20m 以下的，应计算 1/2 面积，如图 4-3 所示。

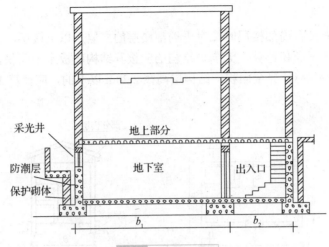

图 4-2 楼层示意图

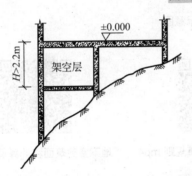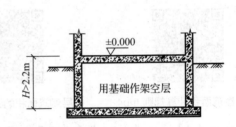

图 4-3 架空层示意图

(8) 建筑物的门厅、大厅应按一层计算建筑面积，门厅、大厅内设置的走廊应按走廊结构底板水平投影面积计算建筑面积。结构层高在 2.20m 及以上的，应计算全面积；结构层高在 2.20m 以下的，应计算 1/2 面积。

(9) 对于建筑物间的架空走廊，有顶盖和围护设施的，应按其围护结构外围水平面积计算全面积；无围护结构、有围护设施的，应按其结构底板水平投影面积计算 1/2 面积，如图 4-4 所示。

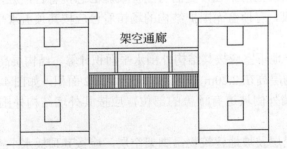

图 4-4 架空走廊示意图

(10) 对于立体书库、立体仓库、立体车库，有围护结构的，应按其围护结构外围水平面积计算建筑面积；无围护结构、有围护设施的，应按其结构底板水平投影面积计算建筑面积。无结构层的应按一层计算,有结构层的应按其结构层面积分别计算。结构层高在 2.20m 及以上的,应计算全面积;结构层高在 2.20m 以下的,应计算 1/2 面积。

建筑门厅大厅面积计算规则.mp4　　建筑物间有围护结构的架空　　立体书库面积计算规则.mp4
走廊的计算规则.mp4

(11) 有围护结构的舞台灯光控制室,应按其围护结构外围水平面积计算。结构层高在 2.20m 及以上的,应计算全面积;结构层高在 2.20m 以下的,应计算 1/2 面积。

(12) 附属在建筑物外墙的落地橱窗,应按其围护结构外围水平面积计算。结构层高在 2.20m 及以上的,应计算全面积;结构层高在 2.20m 以下的,应计算 1/2 面积。

(13) 窗台与室内楼地面高差在 0.45m 以下且结构净高在 2.10m 及以上的凸(飘)窗,应按其围护结构外围水平面积计算 1/2 面积。

(14) 有围护设施的室外走廊(挑廊),应按其结构底板水平投影面积计算 1/2 面积;有围护设施(或柱)的檐廊,应按其围护设施(或柱)外围水平面积计算 1/2 面积,如图 4-5 所示。

图 4-5　建筑物外围示意图

落地橱窗.avi　　　　檐廊.avi　　　　　挑廊.avi　　　　　门斗.avi

【案例 4-2】结合上述计算规则,思考若给定各个数值之后该如何计算图 4-6 的建筑面积。层高大于 2.2m 和小于 2.2m 时建筑面积会不会变小?

(15) 门斗应按其围护结构外围水平面积计算建筑面积,且结构层高在 2.20m 及以上的,应计算全面积;结构层高在 2.20m 以下的,应计算 1/2 面积。

(16) 门廊应按其顶板的水平投影面积的 1/2 计算建筑面积;有柱雨篷应按其结构板水平投影面积的 1/2 计算建筑面积;无柱雨篷的结构外边线至外墙结构外边线的宽度在 2.10m 及以上的,应按雨篷结构板的水平投影面积的 1/2 计算建筑面积。

(17) 设在建筑物顶部的、有围护结构的楼梯间、水箱间、电梯机房等,结构层高在 2.20m

及以上的应计算全面积；结构层高在 2.20m 以下的，应计算 1/2 面积，如图 4-6 所示。

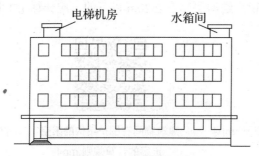

图 4-6 电梯机房示意图

雨篷.avi

看场.mp4

建筑物顶部有围护结
构面积计算规则.mp4

外围护结构不垂直于地面时
建筑面积计算规则.mp4

(18) 围护结构不垂直于水平面的楼层，应按其底板面的外墙外围水平面积计算。结构净高在 2.10m 及以上的部位，应计算全面积；结构净高在 1.20m 及以上至 2.10m 以下的部位，应计算 1/2 面积；结构净高在 1.20m 以下的部位，不应计算建筑面积。

(19) 建筑物的室内楼梯、电梯井、提物井、管道井、通风排气竖井、烟道，应并入建筑物的自然层计算建筑面积。有顶盖的采光井应按一层计算面积，且结构净高在 2.10m 及以上的，应计算全面积；结构净高在 2.10m 以下的，应计算 1/2 面积，如图 4-7 所示。

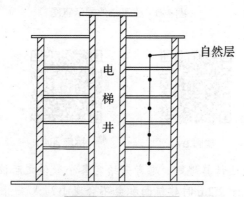

图 4-7 自然层示意图

【案例 4-3】某 6 层砖混结构住宅楼，2～6 层建筑平面图均相同，进深开间为 13.2m、6.4m。墙为 240mm 墙。房间格局呈井字形。阳台为不封闭阳台，首层无阳台，其他均与二层相同。计算其建筑面积。

(20) 室外楼梯应并入所依附建筑物自然层，并应按其水平投影面积的 1/2 计算建筑面积。

(21) 在主体结构内的阳台，应按其结构外围水平面积计算全面积；在主体结构外的阳台，应按其结构底板水平投影面积计算 1/2 面积，如图 4-8 所示。

室内电梯井、通风井建筑
面积的计算规则.mp4　　　　楼梯.avi　　　　楼梯净高.avi　　　　阳台.avi

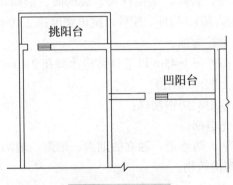

图 4-8　阳台示意图

(22) 有顶盖无围护结构的车棚、货棚、站台、加油站、收费站等，应按其顶盖水平投影面积的 1/2 计算建筑面积，如图 4-9 所示。

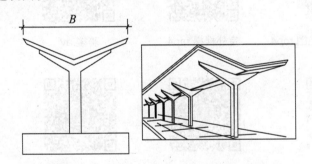

图 4-9　永久性顶盖无围护结构的车棚示意图

(23) 以幕墙作为围护结构的建筑物，应按幕墙外边线计算建筑面积。

(24) 建筑物的外墙外保温层，应按其保温材料的水平截面积计算，并计入自然层建筑面积。

坡屋顶.mp4　　　　站台.avi

(25) 与室内相通的变形缝，应按其自然层合并在建筑物建筑面积内计算。对于高低联跨的建筑物，当高低跨内部连通时，其变形缝应计算在低跨面积内。

(26) 对于建筑物内的设备层、管道层、避难层等有结构层的楼层，结构层高在 2.20m 及以上的，应计算全面积；结构层高在 2.20m 以下的，应计算 1/2 面积。

3. 下列项目不应计算建筑面积

(1) 与建筑物内不相连通的建筑部件；

(2) 骑楼、过街楼底层的开放公共空间和建筑物通道；

(3) 舞台及后台悬挂幕布和布景的天桥、挑台等；

(4) 露台、露天游泳池、花架、屋顶的水箱及装饰性结构构件；

(5) 建筑物内的操作平台、上料平台、安装箱和罐体的平台；

(6) 勒脚、附墙柱、垛、台阶、墙面抹灰、装饰面、镶贴块料面层、装饰性幕墙，主体结构外的空调室外机搁板(箱)、构件、配件，挑出宽度在 2.10m 以下的无柱雨篷和顶盖高度达到或超过两个楼层的无柱雨篷；

(7) 窗台与室内地面高差在 0.45m 以下且结构净高在 2.10m 以下的凸(飘)窗，窗台与室内地面高差在 0.45m 及以上的凸(飘)窗；

(8) 室外爬梯、室外专用消防钢楼梯；

(9) 无围护结构的观光电梯；

(10) 建筑物以外的地下人防通道，独立的烟囱、烟道、地沟、油(水)罐、气柜、水塔、贮油(水)池、贮仓、栈桥等构筑物。

不计算建筑面积的范围.mp4　　室外楼梯.mp4　　骑楼.avi　　楼梯净高.avi

台阶.avi　　勒脚.avi　　自动扶梯.avi　　水塔.mp4

【案例 4-4】求建筑面积，如图 4-10 所示。

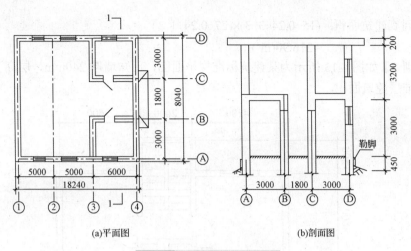

(a)平面图　　　　　　　　　　(b)剖面图

图 4-10　某单层厂房示意图

4.3　实　训　课　堂

【实训 1】计算图 4-11 所示单层建筑的建筑面积。

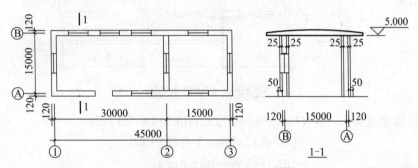

图 4-11　单层建筑平面示意图

解：建筑面积：$S=45.24\times15.24=689.46(\mathrm{m}^2)$。

【实训 2】计算图 4-12 所示回廊的建筑面积。

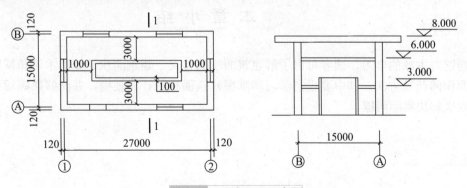

图 4-12　回廊平面示意图

　　解：回廊建筑面积：(15-0.24-3-3)×(27-0.24-1-1)

　　　　　　　　　　=216.90(m²)

　　【**实训3**】如图4-13所示为某建筑标准层平面图，已知墙厚240mm，层高3.0m，求该建筑物标准层建筑面积。

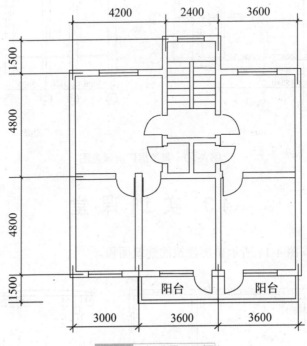

图4-13　标准层平面图

　　解：房屋建筑面积：S_1=(3+3.6+3.6+0.12×2)×(4.8+4.8+0.12×2)

　　　　　　　　　　+(2.4+0.12×2)×(1.5-0.12+0.12)

　　　　　　　　　　=102.73+3.96=106.69(m²)

阳台建筑面积：S_2=0.5×(3.6+3.6)×1.5=5.4(m²)

则 S=S_1+S_2=112.09m²

本 章 小 结

　　通过对本章的学习，读者可以了解建筑面积的含义、建筑面积计算的术语和规则以及建筑面积的计算方法。其中要重点学习和掌握建筑面积的计算规则，并能够熟练运用其计算规则来解决实际问题。

实训练习

一、单选题

1. 需要计算建筑面积的( )。
   A. 建筑物通道
   B. 建筑物内的设备管道夹层
   C. 建筑物内分隔的单层房间，舞台及后台悬挂幕布
   D. 地下室、半地下室

2. 需要计算建筑面积( )。
   A. 突出墙外的勒脚、附墙柱垛、台阶
   B. 墙面抹灰、装饰面、镶贴块料面层、装饰性幕墙
   C. 构件、配件、宽度在 2.10m 及以内的雨篷
   D. 建筑物内不相连通的装饰性阳台

3. 建筑面积计算中的术语解释错误( )。
   A. 架空层：不仅有结构支撑还有外围护结构的开敞空间层
   B. 结构层：整体结构体系中承重的楼板层
   C. 架空走廊：专门设置在建筑物的二层或二层以上，作为不同建筑物之间水平交通的空间
   D. 凸窗(飘窗)：凸出建筑物外墙面的窗户

4. 根据《建筑工程建筑面积计算规范》(GB/T 50353—2013)，最上层无永久性顶盖的室外楼梯的建筑面积计算，正确的是( )。
   A. 按建筑物自然层的水平投影面积计算
   B. 最上层楼梯不计算面积，下层楼梯应计算面积
   C. 最上层楼梯按建筑物自然层水平投影面积 1/2 计算
   D. 按建筑物底层的水平投影面积 1/2 计算

5. 按照建筑面积计算规则，不计算建筑面积的是( )。
   A. 层高在 2.1m 以下的场馆看台下的空间　　B. 不足 2.2m 高的单层建筑
   C. 层高不足 2.2m 的立体仓库　　D. 外挑宽度在 2.1m 以内的雨篷

6. 根据《建筑工程建筑面积计算规则》(GB/T 50353—2013)，单层建筑物内有局部楼层时，其建筑面积计算，正确的是( )。
   A. 有围护结构的，按底板水平面积计算　B. 无围护结构的，不计算建筑面积
   C. 层高超过 2.10m，计算全面积　　D. 层高不足 2.20m，计算 1/2 面积

7. 下列项目应计算建筑面积的是( )。
   A. 地下室的采光井　　　　　　　B. 室外台阶
   C. 建筑物内的操作平台　　　　　D. 穿过建筑物的通道

8. 在清单报价中土方计算应以( )以体积计算。
   A. 考虑放坡、操作工作面等因素计算

B. 基础挖土方按基础垫层底面积加工作面乘挖土深度

C. 基础挖土方按基础垫层底面积加支挡土板宽度乘挖土深度

D. 基础挖土方按基础垫层底面乘挖土深度

9.　一建筑物平面轮廓尺寸为 60m ×15m，其场地平整工程量为(　　)m²。

　　A. 960　　　　　　 B. 1054　　　　　　 C. 900　　　　　　 D. 1350

10.　砖基础计算正确的是(　　)。

　　A. 按主墙间净空面积乘设计厚度以体积计算　　　　 B. 基础长度按中心线计算

　　C. 基础防潮层应考虑在砖基础项目报价中　　　　 D. 不扣除构造柱所占体积

11.　一幢六层住宅，勒脚以上结构的外围水平面积，每层为 448.38m²，六层无围护结构的挑阳台的水平投影面积之和为108m²，则该工程的建筑面积为(　　)。

　　A. 556.38m²　　　 B. 2480.38m²　　　 C. 2744.28m²　　　 D. 2798.28m²

二、多选题

1.　下列不计算建筑面积的有(　　)。

　　A. 附墙柱　　 B. 墙垛　　　 C. 勒脚　　　 D. 台阶　　　 E. 架空走廊

2.　下列计算建筑面积的内容是(　　)。

　　A. 无围护结构的挑阳台　　 B. 300mm 的变形缝　　　 C. 1.2m 宽的悬挑雨棚

　　D. 1.5m 宽的有顶无柱走廊 E. 突出外墙有围护结构的橱窗

3.　下列项目按水平投影面积 1/2 计算建筑面积的有(　　)。

　　A. 有围护结构的阳台　　 B. 单排柱梯　　　　　 C. 室外楼的水箱

　　D. 屋顶上车棚　　　　　 E. 独立柱雨棚

4.　以下不计算建筑面积的是(　　)。

　　A. 无永久性顶盖的室外钢筋混凝土楼梯

　　B. 自动扶梯　　　　　　　 C. 检修、消防用的室外爬梯

　　D. 建筑物内的设备管道夹层 E. 建筑物外墙的保温隔热层

5.　应计算 1/2 建筑面积的是(　　)。

　　A. 建筑物阳台　　　　　　 B. 建筑物内的变形缝　　 C. 建筑物的大厅

　　D. 有永久性顶盖的室外楼梯 E. 层高不足 2.2m 的地下室

三、简答题

1.　请简要说明立体书库、立体仓库、立体车库的面积计算规则。

2.　简述以下名词术语:

(1) 建筑面积; (2) 自然层; (3) 结构层高; (4) 围护结构;

(5) 建筑空间。

3.　什么是建筑面积、结构面积?

第 4 章 习题答案.pdf

实训工作单

班级		姓名		日期	
教学项目		计算建筑面积			
任务	会独立计算建筑面积		计算辅助	书中计算规则公式、计算器	
相关知识			几何图形面积计算公式		
其他项目					

过程记录	
评语			指导教师	

第 1 章　建筑工程额
与预算教案.pdf

第 5 章　土石方工程

05

 【学习目标】

- 掌握平整场地工程量计算。
- 掌握土石方工程工程量计算规则及计算方法。
- 掌握回填方工程量计算原理及计算方法。

第 5 章　土石方工程.pptx

 【教学要求】

本章要点	掌握层次	相关知识点
土石方工程	1. 掌握挖一般土方、挖沟槽土方、挖基坑土方的界定划分标准 2. 掌握挖土方相应的计算规则和计算方法 3. 掌握定额中需要考虑的放坡、工作面等 4. 了解冻土开挖的相关知识 5. 熟悉管沟土方的相应计算方法 6. 对比学习石方和土方的工程量计算规则和计算技巧	挖一般土方、挖沟槽土方、挖基坑土方、管沟土方、石方工程
回填	1. 熟悉回填的概念 2. 掌握回填的计算原理 3. 掌握回填的计算方法	回填方

 【引子】

　　土方开挖是工程初期以至施工过程中的关键工序。它是将土和岩石进行松动、破碎、挖掘并运出的工程。按岩土性质，土石方开挖分为土方开挖和石方开挖。

土方开挖按施工环境是露天、地下或水下，分为明挖、洞挖和水下开挖。在建设工程中，土方开挖广泛应用于场地平整和削坡，水工建筑物(水闸、坝、溢洪道、水电站厂房、泵站建筑物等)地基开挖，地下洞室(水工隧洞、地下厂房、各类平洞、竖井和斜井)开挖，河道、渠道、港口开挖及疏浚，填筑材料、建筑石料及混凝土骨料开采，围堰等临时建筑物或砌石、混凝土结构物的拆除等。

5.1 常见的土石方工程

土石方工程是土建工程中土体开挖、运送、填筑、压密以及弃土、排水、土壁支撑等工作的总称。土木工程中常见的土石方工程有：场地平整、基坑(槽)与管沟开挖、路基开挖、人防工程开挖、地坪填土、路基填筑以及基坑回填。

5.1.1 平整场地

1. 平整场地的概念

平整场地是指室外设计地坪与自然地坪平均厚度在±0.3m 以内的场地挖、填、找平，平均厚度在±0.3m 以外执行土方相应定额项目。

平整场地的概念.mp4　　平整场地.avi

2. 平整场地的目的

一是通过场地的平整，使场地的自然标高达到设计要求的高度；二是在平整场地的过程中，建立必要的、能够满足施工要求的供水、排水、供电、道路以及临时建筑等基础设施，从而使施工中所要求的必要条件得到充分的满足。

3. 平整场地工程量计算规则

(1) 清单计算规则：平整场地按建筑物首层建筑面积算。

(2) 定额计算规则：按设计图示尺寸，以建筑物首层建筑面积计算。建筑物地下室结构外边线突出首层结构外边线时，其突出部分的建筑面积与首层建筑面积合并计算(此处计算规则采用河南省定额计算规则)。

"首层面积"是指建筑物首层所占面积，不一定等于底层建筑面积。(如工程中没有阳台、无地下室时 $S_{底层面积}=S_{首层面积}$) "首层面积"应按建筑物外墙外边线计算。设地下室和半地下室的采光井等不计算建筑面积的部位也应计入平整场地的工程量。地上无建筑物的地下停车场按地下停车场外墙外边线外围面积计算，包括出入口、通风竖井和采光井计算平整场地的面积。

平整场地工程量清单项目设置、项目特征描述的内容、计量单位、工程量计算规则应按有关规定执行，详见二维码。

平整场地工程量中首层　　扩展资源 1.pdf
建筑面积的概念.mp4

4．注意事项

(1)　其他地区定额规则的平整场地面积：按外墙外边线外加 2m 计算。计算时按外墙外边线外加 2m 的图形分块计算，然后与底层建筑面积合并计算；或者按"外加 2m 的中心线× 2=外加 2m 面积"与底层建筑面积合并计算。这样的话计算时会出现以下难点。

① 划分块比较麻烦，弧线部分不好处理，容易出现误差；

② 2m 的中心线计算起来较麻烦，不好计算；

③ 外放 2m 后可能出现重叠部分，到底应该扣除多少不好计算。

(2)　清单环境下投标人报价时候可能需要根据现场的实际情况计算平整场地的工程量，每边外放的长度不一样。

平整场地前原地貌示意图，如图 5-1 所示。

图 5-1　平整场地前原地貌示意图

平整场地现场示意图，如图 5-2 所示。

图 5-2　平整场地现场示意图

【案例 5-1】　已知房屋首层长宽分别为 13.5m、8.6m，计算其平整场地的面积。

5.1.2 挖一般土方

土方工程的计量与计价是整个工程预算的重要组成部分，它包含有建筑面积、挖一般土方、挖沟槽土方、挖基坑土方、冻土开挖、挖淤泥、流沙、管沟土方等。

1. 挖土方的界定范围

底宽(设计图示垫层或基础的底宽)≤7m，且底长>3倍底宽，则为挖沟槽，底长≤3倍底宽且底面积≤150m²，则为挖基坑；超出上述范围又非平整场地的，则为挖一般土方。现场挖一般土方示意图如图5-3所示。

挖沟槽(1).avi

管沟土方.avi

图5-3 现场挖一般土方示意图

【案例5-2】 结合上图，已知某土方开挖工程底宽为6m，开挖底面积为160m²，试判断是不是挖一般土方，若底宽为7m，底面积为160m²，判断其是不是挖一般土方？

2. 工程量计算规则

(1) 清单计算规则：按设计图示尺寸以体积计算。

(2) 定额计算规则：按设计图示基础(含垫层)尺寸，另加工作面宽度、土方放坡宽度以体积计算。机械施工坡道的土石方工程量，并入相应的工程量内计算。

挖土方定额工程量的计算，分两种情况。

① 不放坡时。

挖土方按挖土底面积乘以挖土深度以立方米计算。

挖土底面积按图示垫层外皮加工作面宽度的水平投影面积计算。

挖土深度当室外设计地坪标高与自然地坪标高在±0.3m以外时，从基础垫层下表面标高算至自然地坪标高。

② 放坡时。

当挖土深度超过放坡起点时另计算放坡土方增量。此时的挖土方工程量=不放坡时的挖土方量+放坡量。

放坡土方增量按放坡部分的外边线长度(含工作面宽度)乘以挖土深度再乘以相应的放坡土方增量折算厚度以立方米计算。

3. 土方工程清单项目列项

土方工程清单项目列项详见二维码。

4. 计算工程量前确定的条件

土壤的分类应按相关规定确定,如土壤类别不能准确划分时,招标人可注明为综合,由投标人根据地勘报告决定报价。

扩展资源 2.pdf

土壤分类表详见二维码。

土方体积应按挖掘前的天然密实体积计算。土方体积折算系数表详见二维码。

放坡系数表详见二维码。

基础施工所需工作面宽度计算表详见二维码。

扩展资源 3.pdf

扩展资源 4.pdf

扩展资源 5.pdf

扩展资源 6.pdf

5. 注意事项

下列土石方工程,在定额中执行相应项目时乘以规定的系数。

(1) 土方子目按干土编制。人工挖、运湿土时,相应项目人工乘以系数 1.18;机械挖、运湿土时,相应项目人工、机械乘以系数 1.15;采取降水措施后,人工挖、运土相应项目人工乘以系数 1.09,机械挖运土不再乘以系数。

土石方工程注意事项.mp4

(2) 人工挖一般土方、沟槽、基坑深度超过 6m 时,6m<深度≤7m,按深度≤6m 相应项目人工乘以系数 1.25;7m<深度≤8m,按深度≤6m 相应项目人工乘以系数 1.25^2,以此类推。

(3) 挡土板内人工挖槽时,相应项目人工乘以 1.43。

(4) 桩间挖土不扣除桩所占体积,相应项目人工、机械乘以系数 1.50。

(5) 满堂基础垫层底以下局部加深的槽坑,按槽坑相应规则计算工程量,从垫层底向下挖土按自身高度计算。执行相应项目人工、机械乘以系数 1.25,基坑内的土方运输可另列项目计算。

(6) 推土机推土,当土层平均厚度≤0.30m 时,相应项目人工、机械乘以系数 1.25。

(7) 挖掘机在垫板上作业时,相应项目人工、机械乘以 1.25。挖掘机下铺设垫板、汽车运输道路上铺设材料时，其费用另行计算。

(8) 场区(含地下室顶板以上)回填，相应项目人工、机械乘以系数 0.90。

5.1.3 挖沟槽土方

挖沟槽 (2).avi

1. 挖沟槽土方的界定范围

挖沟槽是指底宽≤7m 且底长>3 倍底宽的土方工程，现场挖沟槽示意图如图 5-4 所示。

图 5-4　现场挖沟槽示意图

2. 工程量计算规则

(1) 清单计算规则：按设计图示尺寸以基础垫层底面积乘以挖土深度计算。

(2) 定额计算规则：按设计图示沟槽长度乘以沟槽断面面积，以体积计算。

① 挖沟槽需支挡土板时，其宽度按图示沟槽、基坑底宽，单面加 10cm，双面加 20cm 计算。挡土板面积按沟槽、基坑垂直支撑面积计算，支挡土板后，不得再计算放坡。

② 条形基础的沟槽长度，按设计规定计算。设计无规定时，按下列规定计算：

a. 外墙沟槽，按外墙中心线长度计算，突出墙面的墙垛，按墙垛突出墙面的中心线长度，并入相应工程量内计算。

b. 内墙沟槽、框架间墙沟槽，按基础垫层地面净长线计算，突出墙面的墙垛部分的体积并入土方工程量。

③ 管道的沟槽长度，按设计规定计算。设计无规定时，以设计图示管道中心线长度(不扣除下口直径或边长小于等于 1.5m 的井池)计算。下口直径或边长大于 1.5m 的井池的土石方，另按基坑的相应规定计算。

④ 沟槽的断面面积，应包括工作面宽度、放坡宽度或土石方允许超挖量的面积。

3. 工程量计算方法

(1) 无工作面，不放坡沟槽，如图 5-5 所示。

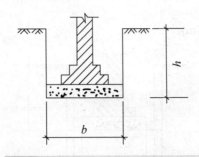

图 5-5　无工作面，不放坡沟槽示意图

计算公式为：

$$V=bhL$$

式中：V——基槽土方量(m³)；

　　　b——槽底宽度(m)；

　　　h——基槽深度(m)；

　　　L——基槽长度(m)。

(2) 有工作面，不放坡沟槽，如图 5-6 所示。

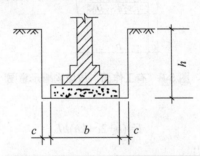

图 5-6　有工作面，不放坡沟槽示意图

计算公式为：

$$V=(b+2c)hL$$

式中：V——基槽土方量(m³)；

　　　b——槽底宽度(m)；

　　　c——工作面宽度(m)；

　　　h——基槽深度(m)；

　　　L——基槽长度(m)；

(3) 有工作面，支挡土板沟槽，如图 5-7 所示。

计算公式为：

$$V=(b+2c+0.2)hL$$

式中：V——基槽土方量(m³)；

　　　b——槽底宽度(m)；

c——工作面宽度(m);

h——基槽深度(m);

L——基槽长度(m);

0.2——支挡土板宽度(m)。

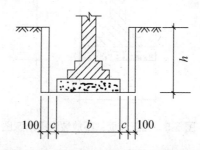

图 5-7　有工作面，支挡土板沟槽示意图

(4) 有工作面，放坡沟槽，如图 5-8 所示。

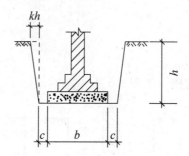

图 5-8　有工作面，放坡沟槽示意图

计算公式为：

$$V=(b+2c+kh)hL$$

式中：V——基槽土方量(m^3);

　　　b——槽底宽度(m);

　　　c——工作面宽度(m);

　　　h——基槽深度(m);

　　　L——基槽长度(m);

　　　k——坡度系数;

　　　kh——放坡宽度(m)。

以上几种情况综合到一张示意图上，如图 5-9 所示，通过下图可以清晰地对比分析放坡和不放坡两种情况，同时各种对应的专业术语在图上的明确标识可以一目了然，更方便学生的记忆和理解。

4. 注意事项

(1) 沟槽基坑中土壤类别不同时，分别按其放坡起点，放坡系数，依不同土壤厚度加权平均计算。

(2) 计算放坡时，在交接处的重复工程量不予扣除，在沟槽、基坑作基础垫层时，放坡起点深度自垫层上表面开始计算。

(3) 水撼砂基础，从水撼砂上表面开始计算放坡，放坡起点按全深计算，遇流沙时，按实际或施工组织设计计算放坡。

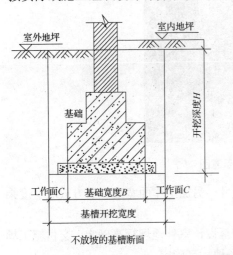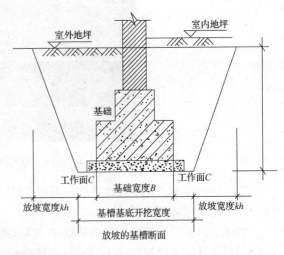

图 5-9　基槽断面示意图

【案例 5-3】　如图 5-10 所示，底宽 1.2m，挖深 1.6m，土质为三类土，求人工挖地槽两侧边坡各放宽多少？

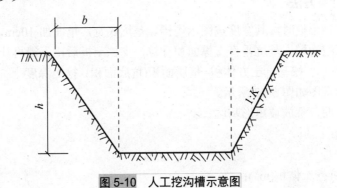

图 5-10　人工挖沟槽示意图

5.1.4　挖基坑土方

1. 挖基坑土方的界定范围

基坑土方的划分为底长≤3 倍底宽且底面积≤150m² 为基坑。挖基坑土方示意图如图 5-11 所示。

2. 工程量计算规则

(1) 清单计算规则：按设计图示尺寸以基础垫层底面积乘以挖土深度计算。

挖基坑土方.mp4

图 5-11 挖基坑土方示意图

(2) 定额计算规则：按设计图示基础(含垫层)尺寸，另加工作面宽度、土方放坡宽度乘以开挖深度，以体积计算。

基础土方的开挖深度，应按基础(含垫层)底标高至设计室外地坪标高确定。交付施工场地标高与设计室外地坪标高不同时，应按交付施工场地标高确定。

基础土方放坡，自基础(含垫层)底标高算起。原槽、坑作基础垫层时，放坡自垫层上表面开始计算。

3. 工程量计算方法

挖基坑需支挡土板时，其宽度按图示沟槽、基坑底宽，单面加 10cm，双面加 20cm 计算。挡土板面积按沟槽、基坑垂直支撑面积计算，支挡土板后，不得再计算放坡。

挖基坑土方体积=垫层面积(坑底面积)×挖土深度

方形基坑示意图如图 5-12 所示。

1) 无工作面，不放坡矩形基坑

计算公式为：

$$V=abh$$

式中：V——基坑挖土体积(m^3)；

a——基础外围边长(m)；

b——基础外围边宽(m)；

h——基坑深度(m)。

2) 有工作面，不放坡矩形基坑

计算公式为：

$$V=(a+2c)(b+2c)h$$

式中：V——基坑挖土体积(m^3)；

a——基础外围边长(m)；

b——基础外围边宽(m)；

h——基坑深度(m)；

c——基坑工作面(m)。

3)　有放坡矩形基坑

有放坡矩形基坑，如图 5-12(b)所示。

计算公式为：

$$V = (a + 2c + kh)(b + 2c + kh)h + \frac{1}{3}k^2h^2$$

$$a' = a + 2c$$
$$b' = b + 2c$$

式中：V——基坑挖土体积(m^3)；

　　　a——基础外围边长(m)；

　　　b——基础外围边宽(m)；

　　　a'——基坑底部边长(m)；

　　　b'——基坑底部边宽(m)；

　　　h——基坑深度(m)；

　　　k——放坡系数；

　　　kh——放坡宽度(m)。

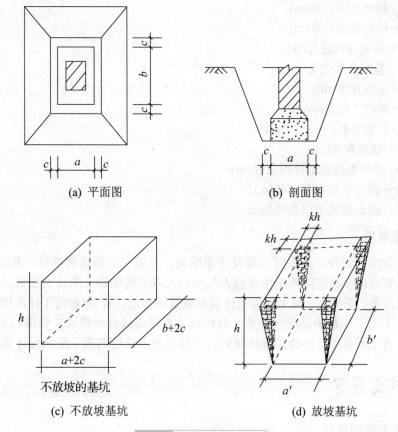

(a) 平面图　　　　　　　　(b) 剖面图

不放坡的基坑

(c) 不放坡基坑　　　　　　(d) 放坡基坑

图 5-12　方形基坑示意图

4) 无工作面，不放坡圆形基坑

计算公式为：

$$V=1/4\times\pi\times D\times h$$

式中：V——基坑挖土体积(m^3)；

D——圆形基础底部外围直径(m)；

h——基坑深度(m)。

5) 有放坡圆形基坑

计算公式为：

$$V=\pi/12\times h\times(D_1^2+D_1\times D_2+D_2^2)$$

有工作面：

$$D_1=D+2c$$
$$D_2=D+2c+2kh$$

无工作面：

$$D_1=D$$
$$D_2=D+2kh$$

式中：V——基坑挖土体积(m^3)；

a——基础外围边长(m)；

b——基础外围边宽(m)；

a'——基坑底部边长(m)；

b'——基坑底部边宽(m)；

h——基坑深度(m)；

c——基坑工作面(m)；

k——放坡系数；

kh——放坡宽度(m)；

D——圆形基础底部外围直径(m)；

D_1——圆台基坑底部直径(m)；

D_2——圆台基坑上口直径(m)。

4. 注意事项

(1) 挖方出现流沙、淤泥时，如设计未明确，在编制工程量清单时，其工程数量可为暂估量，结算时应根据实际情况由发包人与承包人双方现场签证确认工程量。

(2) 挖沟槽、基坑、一般土方因工作面和放坡增加的工程量(管沟工作面增加的工程量)是否并入各土方工程量中，应按各省、自治区、直辖市或行业建设主管部门的规定实施，如并入各土方工程量中，办理工程结算时，按经发包人认可的施工组织设计规定计算。

5.1.5 冻土开挖

1. 冻土开挖的定义

冻土是指零摄氏度以下，并含有冰的各种岩石和土壤。一般可分为短时冻土(数小时、数日至半月)、季节冻土(半月至数月)以及多年冻土(数年至数万年以上)。冻土开挖就是将冻土和岩石进行松动、破碎、挖掘并运出的工程。本书定额中的冻土，指短时冻土和季节冻土。冻土开挖示意图如图 5-13 所示。

图 5-13　冻土开挖示意图

2. 工程量计算规则

(1) 清单计算规则：按设计图示尺寸开挖面积乘厚度以体积计算。

(2) 定额计算规则：人工挖(含爆破后挖)冻土，按设计图示尺寸，另加工作面宽度，以体积计算。

3. 冻土开挖清单项目列项

冻土开挖清单项目列项详见二维码。

4. 注意事项

挖冻土不计算放坡。

扩展资源 7.pdf

5.1.6　挖淤泥、流沙

1. 挖淤泥、流沙的定义

淤泥指在静水或缓慢的流水环境中沉积，并经生物化学作用形成的黏性土；流沙是指当在地下水位以下挖土时，底面和侧面随地下水一起涌出的流动状态的土方，挖淤泥、流沙示意图如图 5-14 所示。

挖淤泥、流沙的
概念.mp4

图 5-14　挖淤泥、流沙示意图

2. 工程量计算规则

(1) 清单计算规则：按设计图示位置、界限以体积计算。

(2) 定额计算规则：按实际挖方体积计算。

3. 挖淤泥、流沙清单项目列项

挖淤泥、流沙清单项目列项详见二维码。

4. 干土、湿土、淤泥的划分注意事项

扩展资源 8.pdf

干土、湿土、淤泥的划分，以地质勘测资料的地下常水位为准。地下常水位以上为干土，以下为湿土。地表水排出后，土壤含水率≥25%时为湿土。含水率超过液限，土和水的混合物呈现流动状态时为淤泥。

【案例 5-4】 小龙去叔叔那看看现场施工，叔叔正在挖河道淤泥，按照规定人工挖淤泥、流沙深度超过 1.5m 时，超过部分工程量按垂直深度每 1m 折合成水平运距 7m 计算，深度按坑底至地面的全高计算。试简述计算淤泥工程量应注意的细节。

5.1.7 管沟土方

1. 管沟土方定义

管沟土方是指预埋管时，开挖埋管管沟产生的土方量。管沟土方项目适用于管道(给排水、工业、电力、通信)、光(电)缆沟(包括：人孔、手孔、接口坑)及连接井(检查井)等，管沟土方示意图，如图 5-15 所示。

图 5-15　管沟土方示意图

2. 工程量计算规则

(1) 清单计算规则。

① 以米计量，按设计图示以管道中心线长度计算；

② 以立方米计量，按设计图示管底垫层面积乘以挖土深度计算；无管底垫层按管外径的水平投影面积乘以挖土深度计算。

(2) 定额计算规则：按实际土方体积计算。

3. 管沟土方清单项目列项

管沟土方清单项目列项详见二维码。

扩展资源 9、10.pdf

5.1.8 石方工程

石方工程一般和土方工程是相对应的，相应的计算方法和计算原理都是一样的，以及挖一般石方、挖沟槽石方、挖基坑石方的范围界定也是一样的。但是具体在进行工程量计算的时候需要根据相应的清单和定额工程量计算规则来计算，切勿直接套用土方工程的计算规则，个别地方还是有出入的。

石方工程.mp4

1. 石方工程的界定范围

沟槽、基坑、一般石方的划分为：底宽≤7m 且底长>3 倍底宽为沟槽；底长≤3 倍底宽且底面积≤150m² 为基坑；超出上述范围则为一般石方。挖石方现场示意图如图 5-16 所示。

图 5-16　挖石方现场示意图

2. 工程量计算规则

(1) 清单计算规则。

① 挖一般石方：按设计图示尺寸以体积计算。

② 挖沟槽石方：按设计图示尺寸以体积计算。

③ 挖基坑石方：按设计图示尺寸以体积计算。

a. 以米计量，按设计图示以管道中心线长度计算。

b. 以立方米计量，按设计图示截面积乘以长度计算。

(2) 定额计算规则。

① 一般土石方：按设计图示基础(含垫层)尺寸，另加工作面宽度、土方放坡宽度或石方允许超挖量乘以开挖深度，以体积计算。机械施工坡道的土石方工程量，并入相应工程量计算。

② 基坑土石方：按设计图示基础(含垫层)尺寸，另加工作面宽度、土方放坡宽度或石方允许超挖量乘以开挖深度，以体积计算。

基础石方的开挖深度，应按基础(含垫层)底标高至设计室外地坪标高确定。交付施工场地标高与设计室外地坪标高不同时，应按交付施工场地标高确定。

3. 石方工程清单项目列项

石方工程清单项目列项详见二维码。

岩石分类表详见二维码。

石方体积应按挖掘前的天然密实体积计算。石方体积折算系数表详见二维码。

扩展资源 11.pdf   扩展资源 12.pdf   扩展资源 13.pdf

5.2　回　　填

5.2.1　回填

室内回填指的是基础以上房间内的回填，而基础回填是指在有地下室时是地下室外墙以外的回填土；无地下室时是指室外地坪以下的回填土。

回填.mp4   地坪层.mp4

现场回填示意图，如图 5-17 所示。

图 5-17　现场回填示意图

房心回填土立面示意图，如图 5-18 所示。

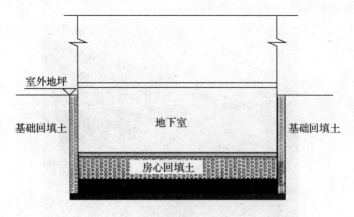

(a) 回填土 1

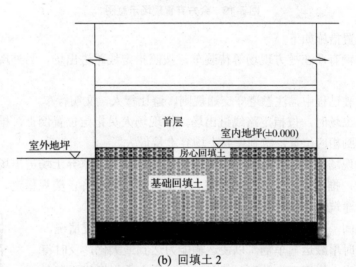

(b) 回填土 2

图 5-18　房心回填土立面示意图

回填清单项目列项详见二维码。

注意事项：回填土包括场地回填、室内回填、基础回填三部分，清单项是同一个，可以用顺序码分开。例如：场地回填(010103001001)、室内回填(010103001002)、基础回填(010103001003)顺序码没有先后顺序之分。

扩展资源 14.pdf

5.2.2　余方弃置

余方弃置是指一般正常情况应是沟槽、基坑的挖方量减去回填方量的工程量，如遇开挖土方为不良土质不能作为回填土时则均按余方弃置计算。

余方弃置.mp4

$$余方弃置=挖方量-填方量$$

余方弃置现场示意图，如图 5-19 所示。

图 5-19 余方弃置现场示意图

工程余方弃置措施如下。

(1) 运输车辆有序在挖方现场等待装车，按照指定线路进出场，另外现场安排专人指挥运输车辆通行。

(2) 车辆行驶过程中，注意遵守交通规则，避让行人，文明行车。

(3) 进入弃土场时，按指定路线进出场，按现场人员指定位置倒土，推土机及时将弃置土方平整并推到相应位置，做到使弃土场容土量最大。

(4) 弃土场现场倒土位置要事先确定，避免倾倒土方堵塞弃土场进出场道路；遇到有影响道路的土方，推土机应就近及时平整。弃土堆要堆放整齐，美观稳定，排水畅通，不得对土堆周围的建筑物、排水及其他任何设施产生干扰或损坏。

(5) 施工期间，应及时关注挖方现场运输车辆调配和配置情况，根据现场需要及时增减运输车辆，以使运输能力达到最大化，及时将挖方现场土方运出，提高工作效率。任何时候，弃土不得干扰正常车辆的行驶，不论是运输或堆放中，皆不得对环境造成污染。

余方弃置清单项目列项详见二维码。

扩展资源 15.pdf

5.3 实 训 课 堂

【实训 1】 某建筑场地，长 24000mm，宽 21000mm，平面图如图 5-20 所示。试求该建筑的平整场地。

解：(1) 清单工程量计算：

$$平整场地工程量=首层建筑面积=24×21=504(m^2)$$

式中：24——建筑场地长度；

21——建筑长度宽度。

注：按设计图示尺寸以建筑物首层建筑面积计算。

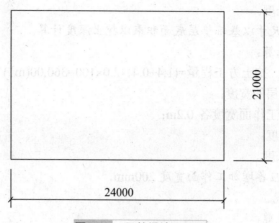

图 5-20 平整场地平面图

(2) 定额工程量：

$$平整场地工程量 = 24 \times 21 = 504(m^2)$$

式中：24——建筑场地长度；

21——建筑场地宽度。

注：按设计图示尺寸以建筑物首层建筑面积计算。

【实训 2】如图 5-21 所示为某基槽断面示意图，已知挖基础土方为三类土，槽长 100m，开挖深度 2.0m，试分别求放坡和不放坡两种情况下的土方量。

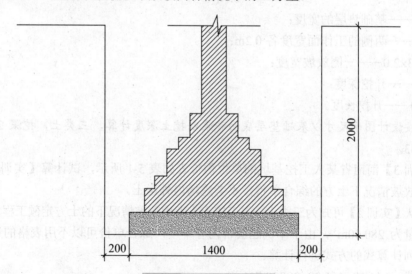

图 5-21 基槽断面示意图

解：(1) 不考虑放坡情况。

① 清单工程量计算：

$$挖土方工程量 = 1.4 \times 2.0 \times 100 = 280.00(m^3)$$

式中：1.4——基础垫层的宽度；

2.0——开挖深度；

100——开挖长度。

注：按设计图示尺寸以基础垫层底面积乘以挖土深度计算。

② 定额工程量计算：

$$挖土方工程量=(1.4+0.4)×2.0×100=360.00(m^3)$$

式中：1.4——基础垫层的宽度；

0.4——两侧的工作面宽度各 0.2m；

2.0——开挖深度；

100——开挖长度。

注：砖基础每边应各增加工作面宽度 200mm。

(2) 考虑放坡情况。

① 清单工程量计算：

$$挖土方工程量=1.4×2.0×100=280.00(m^3)$$

式中：1.4——基础垫层的宽度；

2.0——开挖深度；

100——开挖长度。

注：按设计图示尺寸以基础垫层底面积乘以挖土深度计算。

② 定额工程量计算：

$$挖土方工程量=(1.4+0.4+2×0.33×2.0)×2.0×100$$
$$=624(m^3)$$

式中：1.4——基础垫层的宽度；

0.4——两侧的工作面宽度各 0.2m；

0.33×2.0——一侧放坡宽度；

2.0——开挖深度；

100——开挖长度。

注：按设计图示尺寸以基础垫层底面积乘以挖土深度计算，三类土，挖深 2.0m，放坡系数取 0.33。

【实训3】河南省某人工挖基坑的单位估价表如表 5-1 所示，试计算【实训2】中挖土方在考虑放坡情况下土方的综合单价，不考虑场内外运土。

解：从【实训2】可知为三类土，人工挖土方考虑放坡情况下的土方定额工程量为 624m³ 清单工程量为 280.00m³，由于本例题套价内容单一，综合单价可以不用表格的形式计算，直接按照列计算式的方式进行计算。

人工费：624/10×465.38=29039.71(元)

材料费：0 元

机械费：0 元

管理费：624/10×50.54=3153.67(元)

利润：624/10×41.85=2611.44(元)

综合单价：(29039.71+3153.67+2611.44)元/280.00=124.30(元/m³)

表 5-1　河南省某人工挖基坑单位估价表

工作内容：挖土，弃土于坑边 5m 以内或装土，修整边底。　　　　　　　　　　单位：10m³

定额编号		1-19	1-20
项 目		人工挖基坑土方(坑深)	
		三类土	
		≤2m	≤4m
基价(元)		720.72	831.27
人工费		465.38	536.71
材料费		—	—
机械使用费		—	—
其他措施费		27.77	32.03
安文费		60.35	69.62
管理费		50.54	58.30
利润		41.85	48.28
规费		74.83	86.33
名　称	单　位	单价(元)	数　量
综合工日	工日	—	(5.34)　　(6.16)

本 章 小 结

　　本章主要介绍了土石方工程，内容涉及挖一般土方、挖沟槽土方、挖基坑土方、冻土开挖、挖淤泥、流沙、管沟土方、石方工程和回填，其中沟槽、基坑、土方的划分以及相应的计算规则和计算方法为重点需要掌握的内容，回填方的计算原理及计算方法也需要重点掌握，土方工程由于是整个土木工程的基础工程，所以尤为重要，在学习本章的时候，一定要注意理解清单和定额相应的计算规则以及相应的解释说明，尤其是放坡系数的选定、工作面的增加、有无挡土板等都是重点，同时要注意结合实际案例进行练习。

实 训 练 习

一、单选题

　　1. 平整场地是指室外设计地坪与自然地坪平均厚度在(　　　)以内的就地挖、填、找平，平均厚度在±0.3m 以外执行土方相应定额项目。

　　　　A. ±0.3m　　　　　　B. 0.3m　　　　　　C. ±0.5m　　　　　　D. 0.5m

　　2. (　　　)是指图示底宽≤7m 且底长＞3 倍底宽。

　　　　A. 挖基坑　　　　B. 挖沟槽　　　　C. 大开挖土方　　　D. 挖一般土方

　　3. 底长≤3 倍底宽且底面积≤150m² 为(　　　)。

    A. 挖基坑　　　　B. 挖沟槽　　　　C. 大开挖土方　　D. 挖一般土方

4.　干土、湿土、淤泥的划分，以地质勘测资料的地下常水位为准。地下常水位以上为干土，以下为湿土。地表水排出后，土壤含水率≥(　　)时为湿土。含水率超过液限，土和水的混合物呈现流动状态时为淤泥。

    A. 20%　　　　B. 28%　　　　C. 30%　　　　D. 25%

5.　桩间挖土不扣除桩所占体积，相应项目人工、机械乘以系数(　　)。

    A. 1.50　　　　B. 2.0　　　　C. 1.8　　　　D. 1.18

6.　余方弃置的工程量等于(　　)。

    A. 挖方量　　　　B. 填方量　　　　C. 挖方量−填方量　　　D. 填方量−挖方量

二、多选题

1.　下列正确的有(　　)。

    A. 宽度≤7m，且长度>3倍底宽，则为挖沟槽

    B. 长度≤3 宽度，且底面积≤150m^2，则为挖基坑

    C. 宽度>7m，或底面积>150m^2，则为挖一般土方

    D. 宽度≤7m，且长度>3倍底宽，则为挖基坑

    E. 以上都不正确

2.　以下属于管沟土方的计算规则正确的是(　　)。

①　以米计量，按设计图示以管道中心线长度计算

②　以立方米计量，按设计图示管底垫层面积乘以挖土深度计算；无管底垫层按管外径的水平投影面积乘以挖土深度计算

③　挖土方按挖土底面积乘以挖土深度以立方米计算

④　挖土底面积按图示垫层外皮加工作面宽度的水平投影面积计算

⑤　挖土深度当室外设计地坪标高与自然地坪标高在±0.3m以外时，从基础垫层下表面标高算至自然地坪标高

    A. ①　　　　B. ②　　　　C. ①②　　　D. ③④⑤　　　E. ①②③④⑤

3.　土方子目按干土编制。人工挖、运湿土时，相应项目人工乘以系数(　　)；机械挖、运湿土时，相应项目人工、机械乘以系数(　　)；采取降水措施后，人工挖、运土相应项目人工乘以系数(　　)，机械挖运土不再乘以系数。

    A. 1.18　　B. 1.8　　C. 1.15　　D. 1.09　　E. 1.5

4.　场区(含地下室顶板以上)回填，相应项目(　　)乘以系数0.90。

    A. 人工、机械　　　　B. 材料、机械　　　　C. 材料

    D. 人工　　　　E. 机械

5.　下列属于二类土的是(　　)。

    A. 黏土　　B. 碎石土　　C. 粉土　　D. 坚硬红黏土　　E. 粉质黏土

三、简答题

1.　土的工程分类是什么？

2.　什么是土的可松性？

3. 土的最佳含水量是什么？

四、计算

如图 5-22 所示，某圆形沟槽，土质类别为三类土，挖深 3.0m，采用 500mm 厚 C25 混凝土垫层，试求人工挖土方工程量和混凝土垫层工程量。

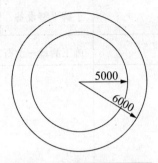

5000

6000

图 5-22 某圆形沟槽示意图

第 5 章 习题答案.pdf

实训工作单一

班级		姓名		日期	
教学项目		参观了解现场场地平整			
任务	了解平整场地		了解平整设备	挖掘机、铲车、推土机、压路机、自卸汽车、装载机	
相关知识		施工测量→土石方调配→填方压实			
其他检测项目					
工程过程记录					
评语				指导教师	

实训工作单二

班级		姓名		日期	
教学项目		现场观看开挖			
任务	了解土方开挖		记录开挖设备	挖掘机、铲车、装载机、自卸卡车、推土机	
相关知识			场地平整		
其他项目					
工程过程记录					
评语				指导教师	

第6章　地基处理与
边坡支护教案.pdf

第6章　地基处理与边坡支护工程　06

【学习目标】

- 了解地基处理的目的和意义。
- 熟悉地基处理方法的分类及应用范围。
- 掌握地基处理的工程量的计算。
- 掌握边坡支护技术。

第6章　地基处理与
边坡支护.pptx

【教学要求】

本章要点	掌握层次	相关知识点
地基处理的方法及计算规则	1. 了解地基处理的方法 2. 掌握地基处理的计算规则	地基处理
基坑处理的方法和计算规则	1. 基坑和边坡支护的方法 2. 掌握基坑与边坡支护的计算规则	基坑与边坡支护

【引子】

　　地基处理在我国有着悠久的历史，早在3000年前就有采用柱子、木头、麦秆等材料加固地基的史料记载。新中国成立后，特别是在近20年来得到迅猛发展。回顾50年来，我国地基处理技术的发展历程大体经历了两个阶段。

　　第一个阶段：20世纪50—60年代为起步应用阶段。第二个阶段，20世纪70年代至今，为应用、发展、创新阶段。大批国外先进技术被引进、开发，并结合我国自身特点，初步形成了具有中国特色的地基处理技术及其支护系统，许多领域达到了国际领先水平。如：大直径灌注桩得到了前所未有的发展，托换技术在手段和工艺上有了显著进展。不仅如此，近年来引人注目的发展还有大桩距的较短钢筋混凝土疏桩复合地基的开发与应用。

我国地基处理技术的发展主流成绩骄人，主要原因是通过吸收国外的先进技术及其原理，从而开发了我国独有的技术工法，使我国的地基处理技术在诸多方面拥有了与国外媲美的先进技术。

6.1 地 基 处 理

6.1.1 地基处理概述

地基处理一般是指用于改善支承建筑物的地基(土或岩石)的承载能力，改善其变形性能或抗渗能力所采取的工程技术措施。地基处理是利用换填、夯实、挤密、排水、胶结、加筋和热学等方法对地基土进行加固，用以改良地基土的工程特性，提高地基土的抗剪强度，降低地基土的压缩性，改善地基土的透水特性和地基的动力特性以及特殊土的不良地基特性。

地基处理.mp4

1. 地基所面临的问题

岩土工程中经常遇到的软弱土和不良土种类有：软黏土、人工填土、部分砂土和粉土、湿陷性土、有机质土和泥炭土、膨胀土、多年冻土、盐渍土、岩溶、土洞、山区地基以及垃圾填埋地基等。这些土质引起的问题主要有以下几个方面。

(1) 承载力及稳定性问题；

(2) 压缩及不均匀沉降问题；

(3) 渗漏问题；

(4) 液化问题；

(5) 特殊土的特殊问题。

当天然地基存在上述五类问题之一或其中几个时，需采用地基处理措施以保证上部结构的安全与正常使用。通过地基处理，达到以下一种或几种目的。

2. 地基处理的目的

1) 提高地基土的承载力

地基剪切破坏的具体表现形式有建筑物的地基承载力不够，由于偏心荷载或侧向土压力的作用使结构失稳；由于填土或建筑物荷载，使邻近地基产生隆起；土方开挖时边坡失稳；基坑开挖时坑底隆起。地基土的剪切破坏主要因为地基土的抗剪强度不足，因此，为防止剪切破坏，就需要采取一定的措施提高地基土的抗剪强度。

地基处理的目的.mp4

2) 降低地基土的压缩性

地基的压缩性表现在建筑物的沉降和沉降性差异，而土的压缩性和土的压缩模量有关。因此，必须采取措施提高地基土的压缩模量，以减少地基的沉降和不均匀沉降。

3) 改善地基的透水特性

基坑开挖施工中，因土层内夹有薄层粉砂或粉土而产生管涌或流沙，这些都是因地下水在土中的运动而产生的问题，故必须采取措施使地基土降低透水性或减少其动水压力。

4)　改善地基土的动力特性

饱和松散粉细砂(包括部分粉土)在地震的作用下会发生液化，在承受交通荷载和打桩时，会使附近地基产生振动下降，这些是土的动力特性的表现。地基处理的目的就是要改善土的动力特性以提高土的抗振动性能。

5)　改善特殊土不良地基特性

对于湿陷性黄土和膨胀土的改善，就是消除或减少黄土的湿陷性或膨胀土的胀缩性。

3. 地基处理的分类

地基处理主要分为：基础工程措施、岩土加固措施。

有的工程，不改变地基的工程性质，而只采取基础工程措施；有的工程还同时对地基的土和岩石进行加固，以改善其工程性质。选定适当的基础形式，不需改变地基的工程性质就可满足要求的地基称为天然地基；反之，已进行加固后的地基称为人工地基。地基处理工程

地基处理的措施.mp4

的设计和施工质量直接关系到建筑物的安全，如处理不当，往往发生工程质量事故，且事后补救大多比较困难。因此，对地基处理要求实行严格的质量控制和验收制度，以确保工程质量。

6.1.2　地基处理的方法和计算规则

1. 常用的地基处理方法

1)　换填垫层法

当建筑物基础下的持力层比较软弱，不能满足上部荷载对地基的要求时，常采用换填垫层法来处理软弱地基。换填垫层法是先将基础底面以下一定范围内的软弱土层挖去，然后回

常用地基处理方法.mp4

换土垫层法.avi

填强度较高、压缩性较低，并且没有侵蚀性的材料，如中粗砂、碎石或卵石、灰土、素土、石屑、矿渣等，再分层夯实后作为地基的持力层。换填垫层按其回填的材料可分为灰土垫层、砂垫层、碎(砂)石垫层等，如图 6-1 所示。

图 6-1　换填垫层法现场示意图

(1) 灰土垫层。

灰土垫层是将基础底面下一定范围内的软弱土层挖去，用按一定体积比配合的石灰和黏性土拌和均匀后在最优含水量情况下分层回填夯实或压实而成。此方法适合于地下水位较低，基槽经常处于较干燥状态下的一般黏性土地基的加固。

(2) 砂垫层和砂石垫层。

砂垫层和砂石垫层是将基础下面一定厚度软弱土层挖除，然后用强度较大的砂或碎石等回填，并经分层夯实至密实，作为地基的持力层，以起到提高地基承载力，减少沉降，加速软弱土层排水固结，防止冻胀和消除膨胀土的胀缩等作用。

2) 夯实地基法

(1) 重锤夯实法。

重锤夯实法是用起重机械将夯锤提升到一定高度后，利用自由下落时的冲击能重复夯打击实基土表面，使其形成一层比较密实的硬壳层，从而使地基得到加固的地基处理方法。此方法适用于处理高于地下水位 0.8m 以上稍湿的黏性土、砂土、湿陷性黄土、杂填土和分层填土地基的加固处理，如图 6-2 所示。

(2) 强夯法。

强夯法是用起重机械将重锤(一般 8～30t)吊起从高处(一般 6～30m)自由落下，对地基反复进行强力夯实的地基处理方法。此方法适用于处理碎石土、砂土、低饱和度的黏性土、粉土、湿陷性黄土及填土地基等的深层加固，如图 6-3 所示。

但强夯所产生的振动和噪声很大，对周围建筑物和其他设施有影响，在城市中心不宜采用，必要时应采取挖防震沟(沟深要超过建筑物基础深)等防震和隔振措施。

重锤夯实法.avi　　　重锤夯实法 1.avi　　　强夯机.avi　　　强夯法 2.avi

图 6-2　重锤夯实法示意图

图 6-3　强夯法示意图

3)　挤密桩施工法

(1)　灰土挤密桩。

灰土挤密桩是利用锤击将钢管打入土中,侧向挤密土体形成桩孔,将管拔出后,在桩孔中分层回填2∶8或3∶7灰土并夯实而成,与桩间土共同组成复合地基以承受上部荷载。此方法适用于处理地下水位以上、天然含水量12%~25%、厚度5~15m的素填土、杂填土、湿陷性黄土以及含水率较大的软弱地基等,如图6-4所示。

灰土挤密桩.avi

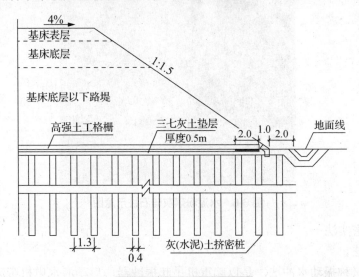

图 6-4　灰土挤密桩示意图

(2)　砂石桩。

砂桩和砂石桩统称砂石桩,是指用振动、冲击或水冲等方式在软弱地基中成孔后,再将砂或砂卵石(或砾石、碎石)挤压入土孔中,形成大直径的由砂或砂卵(碎)石所构成的密实桩体。此方法适用于挤密松散砂土、素填土和杂填土等地基,起到挤密周围土层、增加地基承载力的作用,如图6-5所示。

图 6-5　砂石桩现场施工示意图

（3） 水泥粉煤灰碎石桩。

水泥粉煤灰碎石桩简称 CFG 桩，是近年发展起来的处理软弱地基的一种新方法。它是在碎石桩的基础上掺入适量石屑、粉煤灰和少量水泥，加水拌和后制成的具有一定强度的桩体，如图 6-6 所示。

图 6-6　水泥粉煤灰碎石桩示意图

4）　深层密实法

（1）　振冲法。

振冲法，又称振动水冲法，是以起重机吊起振冲器，启动潜水电机带动偏心块，使振冲器产生高频振动，同时开动水泵，通过喷嘴喷射高压水流成孔，然后分批填以砂石骨料，借振冲器的水平及垂直振动，振密填料，使形成的砂石桩体与原地基构成复合地基。振冲法可以提高地基的承载力，减少地基的沉降和沉降差，是一种快速、经济、有效的加固方法。振冲桩适用于加固松散的砂土地基，如图 6-7 所示。

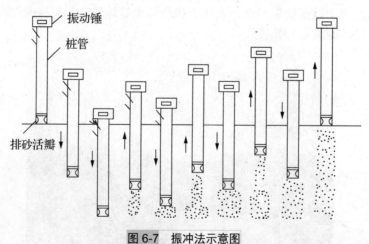

图 6-7　振冲法示意图

（2）　深层搅拌法。

深层搅拌法是利用水泥浆做固化剂，使用深层搅拌机在地基深部就地将软土和固化剂充分拌和，利用固化剂和软土发生一系列物理、化学反应，使之凝结成具有整体性、水稳性好和较高强度的水泥加固体，与天然地基形成复合地基，如图 6-8 所示。

深层搅拌法.avi

深层搅拌法适于加固较深、较厚的淤泥，淤泥质土、粉土和承载力不大于 0.12MPa 的饱和黏土和软黏土、沼泽地带的泥炭土等地基。

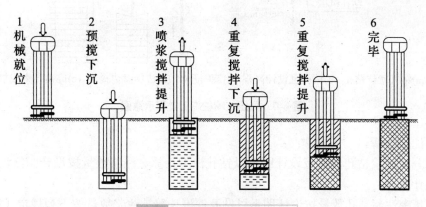

图 6-8 深层搅拌法流程示意图

【案例 6-1】 1913 年加拿大特朗斯康谷仓，当谷仓装到 31822m³ 时，由于地基强度破坏发生了整体滑动。谷仓发生滑动的原因是因地基强度达不到要求，结合上下文分析，可以用什么方法改进？

2. 地基处理计算规则

(1) 换填垫层按设计图示尺寸以体积计算。

(2) 地基强夯按设计图示强夯处理范围以面积计算。设计无规定时，按建筑物外围轴线每边各加 4m 计算。

(3) 低锤满拍按实际面积计算。(注：落锤高度应满足设计夯击能量的要求，否则按低锤满拍计算。举例说明：如果设计要求落锤的高度不低于 8m，实际施工时，落锤只有 7.5m，那么在计算造价时就不能按照强夯项目执行定额，只能按低锤满拍项目执行。)

(4) 振冲桩按设计桩截面乘以桩长以体积计算。

(5) 沉管灌注砂石桩按设计桩顶至桩尖长度加超灌长度(设计没有明确的按 0.25m)乘以设计桩截面积以体积计算，不扣除桩尖虚体积。

(6) 水泥搅拌桩。

深层水泥搅拌桩、双轴水泥搅拌桩、三轴水泥搅拌桩按设计桩长加 50cm 乘以设计桩外径截面积，以体积计算；空孔部分按设计桩顶标高到自然地坪标高减导向沟的深度(设计未明确时按 1m 考虑)以体积计算。

水泥搅拌桩的工程量

计算.mp4

(7) 高压旋喷桩(如图 6-9 所示)。

① 高压旋喷水泥桩按设计桩长加 50cm 乘以设计桩外径截面积以体积计算。

② 高压旋喷水泥桩成孔按设计图示尺寸以桩长计算。

③ 凿桩头按凿桩长度乘以桩断面以体积计算。

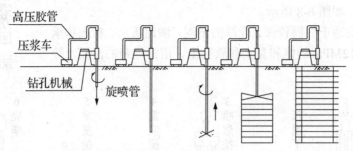

(a)钻机就位钻孔 (b)钻孔至设计高程 (c)旋喷开始 (d)边旋喷边提升 (e)旋喷结束成桩

图 6-9 高压旋喷桩施工过程示意图

(8) 注浆地基。

① 分层注浆钻孔数量按设计图示以钻孔深度计算。注浆数量按设计图纸注明加固土体的体积计算。

② 压密注浆钻孔数量按设计图示以钻孔深度计算。注浆数量按下列规定计算。

● 设计图纸明确加固土体体积的，按设计图纸注明的体积计算。

● 设计图纸以布点形式图示土体加固范围的，则可按两孔间距的一半作为扩散半径，以布点边线各加扩散半径，形成计算平面，计算注浆体积。

● 如果设计图纸注浆点在钻孔灌注桩之间，按两注浆孔的一半作为每孔的扩散半径，以此圆柱体积计算注浆体积。

3. 定额说明

(1) 换填垫层。

① 换填垫层项目适用于软弱地基挖土后的换填材料加固工程。

② 换填垫层夯填灰土就地取土时，应扣除灰土配比中的黏土。

(2) 强夯地基。

① 强夯定额综合了各夯的布点、程序和间隔距离。

② 强夯定额已综合强夯机具的规格和数量、强夯的锤、钩架等材料摊销费。

③ 设计要求在夯坑内填充级配碎石，不论就地取材或由场外运碎石填坑，其填运材料费用另行计算。

④ 设计要求设置防震沟时，按设计要求另行计算。

⑤ 若遇地下水位高，夯坑内需用水泵抽水的，抽水费用另行计算。

⑥ 强夯定额不包括强夯前的试夯工作和夯后检验强夯效果的测试工作，如有发生另行计算。

⑦ 强夯置换套用强夯定额，材料含量按实调整，人工、机械乘以 1.3 系数。

(3) 碎石桩和砂石桩的充盈系数为 1.3，损耗率为 2%。实测砂石配合比及充盈系数不同时可以调整。其中，沉管灌砂石桩除了上述充盈系数和损耗率外，还包括级配密实系数 1.334。

(4) 水泥搅拌桩。

① 深层水泥搅拌桩。

- 深层水泥搅拌桩项目已综合了正常施工工艺需要的重复喷浆(粉)和搅拌。空搅部分按相应项目的人工及搅拌桩机台班乘以系数 0.5 计算。

- 水泥搅拌桩的水泥掺入量按加固土重(1800kg/m³)的 13%考虑,如设计不同时,按每增减 1%项目计算。

- 深层水泥搅拌桩项目按 1 喷 2 搅施工编制,实际施工为 2 喷 4 搅时,项目的人工、机械乘以系数 1.43;实际施工为 2 喷 2 搅、4 喷 4 搅时分别按 1 喷 2 搅、2 喷 4 搅计算。

② 双轴水泥搅拌桩、三轴水泥搅拌桩。

- 双轴水泥搅拌桩、三轴水泥搅拌桩定额中未包含导向沟的土方及置换出的淤泥外运费用,实际发生时另行计算。

- 双轴水泥搅拌桩、三轴水泥搅拌桩项目水泥掺入量按加固土重(1800kg/m³)的 18%考虑,如设计不同时,按深层水泥搅拌桩每增减 1%项目计算;按 2 喷 2 搅施工工艺考虑,设计不同时,每增(减)1 喷 1 搅按相应项目人工和机械费增(减)40%计算。空搅部分按相应项目的人工及搅拌桩机台班乘以系数 0.5 计算。

【案例 6-2】 廊坊管道局是中国石油天然气总公司下属企业,职工医院综合大楼是总公司于 1992 年投资 1 亿多元,为解决石油战线职工看病问题及身体检查而新建的 13 层综合大楼,由于原地基土中存在粉土、粉砂、细砂,有液化土层,且土层承载力低,不能满足设计要求,需对液化土地基进行处理。请说明处理方法。

6.2　基坑与边坡支护

边坡支护是指为保证地下结构施工及基坑周边环境的安全,对基坑侧壁及周边环境采用的支挡、加固与保护措施。采用基坑支护有以下几个目的。

(1) 合适的施工空间。

支护结构能起到挡土的作用,为地下工程的施工提供足够的作业场地。

边坡支护.mp4

(2) 干燥的施工空间。

采取降水、排水、截水等各种措施,保证地下工程施工的作业面在地下水位面以上,方便地下工程的施工作业。当然,也有少量的基坑工程为了基坑稳定的需要,土方开挖采用水下开挖,通过水下浇筑混凝土底板封底,然后排水,创造干燥的工程作业条件。

(3) 安全的施工空间。

在地下工程施工期间,应确保基坑的本体安全和周边环境的安全。常用的基坑支护方法有很多,例如排桩支护、地下连续墙支护、钢板桩、土钉墙、型钢水泥土搅拌墙、内支撑系统等。

1. 常用的基坑与边坡支护方法

1） SMW 工法

SMW 工法是利用专门的多轴搅拌就地钻进切削土体，同时在钻头端部将水泥浆液注入土体，经充分搅拌混合后，在各施工单位之间采取重叠搭接施工，在水泥土混合体未结硬前再将 H 型钢或其他型材插入搅拌桩体内，形成具有一定强度和刚度的、连续完整的、无接缝的地下连续墙体，该墙体可作为地下开挖基坑的挡土和止水结构。最常用的是三轴型钻掘搅拌机。其主要特点是构造简单、止水性能好、工期短、造价低、环境污染小，特别适合城市中的深基坑工程。

SWM 工法.mp4

SMW 支护结构的支护特点主要为：施工时基本无噪音，对周围环境影响小，结构强度可靠，凡是适合应用混凝土搅拌桩的场合都可使用，特别适合于以黏土和粉细砂为主的松软地层；挡水防渗性能好，不必另设挡水帷幕，可以配合多道支撑应用于较深的基坑；此工法在一定条件下可代替作为地下围护的地下连续墙，在费用上如果能够采取一定施工措施成功回收 H 型钢等材料，则成本大大低于地下连续墙，因而具有较大发展前景。

施工步骤：放线定位——挖除障碍物——铺设枕木——钻机安装调试——第一次下沉预拌——第二次提升喷浆搅拌——第三次下沉搅拌——第四次提升搅拌——清洗制浆，管道及钻机——H 型钢涂脱模剂——插 H 型钢，具体如图 6-10 所示。

图 6-10　SMW 工法流程示意图

2) 土钉墙

土钉墙是由天然土体通过土钉墙就地加固并与喷射混凝土面板相结合,形成一个类似的重力挡墙,以此来抵抗墙后的土压力,从而保持开挖面的稳定。

土钉墙的施工方法:第一步,分层开挖,分层挖到基坑深度;第二步:喷第一层混凝土,喷浆第一层混凝土,混凝土厚度控制在 40~50mm。喷射混凝土终凝后及时喷水养护;第三步:安设土钉,包括钻孔、安装钢筋、注浆等几道工序。

钻孔:进行土钉放线确定钻孔位置,土钉布孔距允许偏差 50mm,成孔采用冲击钻,成孔严格按操作规程钻进。安装钢筋:土钉钢筋制作应严格按施工图施工。土钉安装前进行隐蔽性检查验收,安放时应避免杆体扭压、弯曲、注浆管与土钉一起放入孔内,注浆管应插至距孔底 250~500mm,为保证注浆饱满,在孔口部位设置浆塞及排气管。下一步,喷射第二层混凝土,二层混凝土控制厚度 100mm,同时又应将所在的钢筋网盖住,并保证面层有 25mm 厚的钢筋保护层。最后一步是养护,如图 6-11、图 6-12 所示。

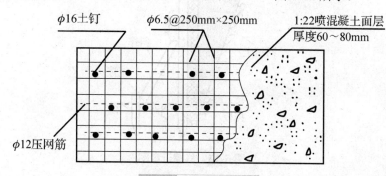

图 6-11 喷混凝土面层

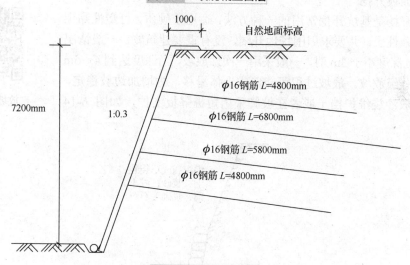

图 6-12 支护结构图

3) 斜撑

斜撑的作用是作为支撑,在维护中用来抵挡基坑主动土压力。它的施工方法是用 H 型钢和灌注桩体间浇筑 C30 细石混凝土,并凿开桩体保护层采用直径为 25mm 的钢筋和桩体主筋可靠焊接以防滑移。钢支撑的稳定有以下四个保证措施，如图 6-13 所示。

斜撑.mp4

(1) 基坑开挖严格遵守分层开挖原则，支撑架设与土方开挖密切配合，开挖时采用中心挖槽法开挖钢支撑附近土方，以防机械碰撞支撑。

(2) 钢支撑稳定性是控制整个基坑稳定的重要因素之一，其架设必须准确到位，并严格按照设计要求施加预应力，另外从基坑钢支撑架设到拆除的整个施工过程中，须对钢支撑严格检测，确保其稳定性。

(3) 钢支撑安装，轴线偏差不大于 5cm，并保证支撑接头的承载力符合设计要求。

(4) 钢支撑在安装前一定要检查加工成型的支撑是否垂直，不垂直的要矫正。

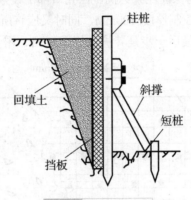

图 6-13　斜撑示意图

4) 放坡开挖

放坡开挖是基坑开挖常用的一种方法，适用于硬质，可塑性黏土和良好的砂性土，并要求周围场地开阔，没有重要建筑物。一般情况下，当基坑深度小于 3m 时，一般采用一次性放坡，当深度达到 4～5m 时，采用分级放坡。放坡过程可能造成土体滑移，为增加边坡稳定，可采用堆放沙袋维护挡土或者在坡脚采用短桩隔板支护，如图 6-14 所示。

放坡开挖.avi

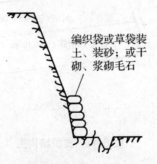

图 6-14　维护示意图

5) 重力式挡土墙

重力式挡土墙又称为重力式支护结构，是依靠支挡结构本身的自重来平衡坑内外的土压力差，保证基坑的顺利开挖。挡土墙是由深层搅拌桩或高压喷桩与桩间土组成。重力式挡土墙适用于淤泥，淤泥质黏土，黏土，粉质黏土，粉土，夹有薄砂层的土，素填土等地基承载力不大于 150kPa 的土层。其构造简单，便于施工，造价低，还可以阻止地下水向基坑内渗透，通常与别的支护结构一起配合使用。其缺点是厚度大，占用建筑红线内一定面积，墙身水平位移较大，一般在基坑的周围环境要求不高的时候用重力式挡土墙。

6) 悬臂式支护结构

悬臂式支护结构采用抗拉强度较高的材料(如钢、钢筋混凝土)抵抗土压力引起的结构内力，保证施工期间基坑侧壁稳定。根据支护结构采用的材料可分为钢板桩，钢筋混凝土板桩，钻孔灌注桩，SMW 工法等。

7) 拉锚式支护结构

拉锚式支护结构由锚杆和支护排桩或墙组成，支护桩或墙采用钢筋混凝土桩或地下连续墙。锚杆需要深入地层中，施工时在基坑土层中钻孔，达到设计深度后，在孔内放入钢筋、钢管或钢丝束、钢绞线或其他抗拉材料，灌入水泥或化学浆液，使之与土层结合成为抗拉(拔)力强的锚杆。拉锚式支护结构的优点是为地下工程施工提供开阔的工作面，方便土方开挖、运输和地下结构施工，能施加预应力，有效控制土体变形，施工时不用大型机械，造价低。拉锚支护结构适用于较硬土层，深度不宜超过 18m。此外，还要求施工范围内应无地下管线、相邻建筑的地下室或基础，如图 6-15 所示。

拉锚式支护结构.mp4

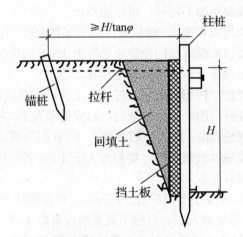

图 6-15　拉锚式支护示意图

2. 计算规则

(1) 打、拔钢板桩按设计桩体以质量计算。

(2) 插拔型钢按设计图示尺寸以质量计算。

(3) 安拆导向夹具按设计图示尺寸以长度计算。

(4) 砂浆土钉、砂浆锚杆的钻孔、注浆，按设计文件或施工组织设计规定(设计图示尺寸)以钻孔深度以长度计算。

(5) 有黏结预应力钢绞线按设计图示尺寸以锚固长度与工作长度的质量之和计算。

(6) 锚杆制作安装按锚杆长度以质量计算。

(7) 喷射混凝土支护区分土层与岩层按设计文件(或施工组织设计)规定尺寸,以面积计算。

(8) 锚头制作、安装、张拉、锁定按设计图示以"套"计算。

(9) 木、钢挡土板按设计文件(或施工组织设计)规定的支挡范围以面积计算。

(10) 袋土围堰按设计图示尺寸以体积计算。

(11) 人工打圆木桩及接桩、送桩按设计长度及截面尺寸套相应的材积表以体积计算。接圆木桩头以"个"计算。

3. 定额说明

(1) 钢板桩。

① 打拔槽钢或钢轨,按钢板桩项目,其机械乘以系数 0.77,其他不变。

② 现场制作的钢板桩,其制作执行预算定额"第六章金属结构工程"中钢柱制作相应项目。

③ 预算定额未包括钢板桩的制作、除锈、刷油。

④ 若单位工程的钢板桩的工程量小于等于 50t 时,其人工、机械量按相应项目乘以系数 1.25 计算。

⑤ 插拔型钢定额已考虑 H 型钢刷减摩剂和围护桩压顶梁之间的隔离处理费用,H 型钢使用费按设计质量、租赁 180 天考虑,实际使用量和租赁时间与定额取定的不同时,可以调整。

插拔型钢定额.mp4

(2) 挡土板项目分为疏板和密板。疏板是指间隔支挡土板,且板间净空小于等于 150cm 的情况;密板是指满堂支挡土板或板间净空小于等于 30cm 的情况。

(3) 钢筋笼按预算定额第五章的有关规定计算。

(4) 单独打试桩、锚桩,按相应定额的打桩人工及机械乘以系数 1.5。

(5) 在桩间补桩或强夯后的地基上打桩的,相应定额人工、机械消耗量乘以系数 1.15。

(6) 预算定额以打直桩为准,如打斜桩斜度在 1 : 6 以内者,相应定额人工、机械消耗量乘以系数 1.25,如斜度大于 1 : 6 者,相应定额人工、机械消耗量乘以系数 1.43。

(7) 预算定额以平地(坡度小于 15°)打桩为准。如在堤坡上(坡度大于 15°)打桩的,相应定额人工、机械消耗量乘以系数 1.15;如在基坑内(基坑深度大于 1.5m)打桩或地坪上打坑槽内(坑槽深度大于 1m)桩时,相应定额人工、机械消耗量乘以系数 1.11。

定额打桩说明.mp4

【案例 6-3】 北京某大厦二期工程,基坑深 15m,采用桩锚支护,钢筋混凝土灌注桩直径为 800mm,桩顶标高-3.0m,桩顶设一道钢筋混凝土圈梁,圈梁上做 3m 高的挡土砖墙,并加钢筋混凝土结构柱。在圈梁下 2m 处设置一层锚杆,用钢腰梁将锚杆固定,其锚杆长 20m,角度为 15° ～18°,锚筋为钢绞线。该场地地质情况从上到下依次为:杂填土、粉质黏土、黏质粉土、粉细砂、中粗砂、石层等。地下水分为上层滞水和承压水两种。基坑开挖完毕后,进行底板施工。一夜的大雨导致基坑西南角 30 余根支护桩折断坍塌,圈梁拉断,锚杆失效拔出,砖护墙倒塌,大量土方涌入基坑。西侧基坑周围地面也出现大小不等的裂缝。

试分析事故原因及处理方法。

本 章 小 结

地基处理和边坡支护在建筑工程中有着十分重要的地位，本章主要介绍了地基处理的相关概念、地基处理的方法和计算规则以及基坑与边坡支护的相关知识，使学生们能够掌握地基处理和边坡支护的相关知识。

实 训 练 习

一、单选题

1. 在下列选项中关于地基处理的目的的说法不正确的是(　　)。
   A. 提高地基土的承载力　　　　　　B. 降低地基土的压缩性
   C. 提高地基的透水特性　　　　　　D. 改善地基土的动力特性

2. 当建筑物基础下的持力层比较软弱，不能满足上部荷载对地基的要求时，常采用(　　)来处理软弱地基。
   A. 强夯法　　　　B. 换土垫层法　　　C. 砂石桩法　　　D. 深层密实法

3. 用振动、冲击或水冲等方式在软弱地基中成孔后，再将砂或砂卵石(或砾石、碎石)挤压入土孔中，形成大直径的密实桩体是(　　)。
   A. 灰土挤密桩　　　　　　　　　　B. 水泥粉煤灰碎石桩
   C. 水泥搅拌桩　　　　　　　　　　D. 砂石桩

4. 构造简单、止水性能好、工期短、造价低、环境污染小，特别适合城市中的深基坑的工程处理方法是(　　)。
   A. 土钉墙　　　　B. SMW 工法　　　C. 斜撑　　　　D. 重力式挡土墙

5. 当建筑物基础下的持力层比较软弱，不能满足上部荷载对地基的要求时，常采用(　　)来处理软弱地基。
   A. 换土垫层法　　B. 灰土垫层法　　C. 强夯法　　　　D. 重锤夯实法

6. 地下水位较低，基槽经常处于较干燥状态下的一般黏性土地基的加固可采用(　　)方法来处理地基。
   A. 换土垫层法　　B. 灰土垫层法　　C. 强夯法　　　　D. 重锤夯实法

7. 对于高于地下水位 0.8m 以上稍湿的黏性土、砂土、湿陷性黄土、杂填土和分层填土地基，常采用(　　)来处理软弱地基。
   A. 换土垫层法　　B. 灰土垫层法　　C. 强夯法　　　　D. 重锤夯实法

8. 用起重机械将重锤吊起从高处自由落下，对地基反复进行强力夯实的地基处理方法是(　　)。
   A. 换土垫层法　　B. 灰土垫层法　　C. 强夯法　　　　D. 重锤夯实法

9. 强夯法一般是用起重机械将重锤吊起到(　　)m 高处自由落下。

    A. 10～30　　　　　B. 10～40　　　　　C. 6～20　　　　　D. 6～40

10. 水泥粉煤灰碎石桩简称(　　)。

    A. CFP 桩　　　　　B. CFG 桩　　　　　C. CFD 桩　　　　　D. CPG 桩

11. 水泥粉煤灰碎石桩是处理(　　)地基的一种新方法。

    A. 软弱　　　　　B. 次坚硬　　　　　C. 坚硬　　　　　D. 松散

12. 深层密实法中的振冲法又称(　　)。

    A. 振动冲洗法　　　B. 振动水冲法　　　C. 振动密实法　　　D. 震动夯实法

13. 振冲桩适用于加固(　　)地基。

    A. 软弱黏土　　　B. 次坚硬的硬土　C. 坚硬的硬土　　D. 松散的砂土

14. 深层搅拌法是利用(　　)做固化剂。

    A. 泥浆　　　　　B. 砂浆　　　　　C. 水泥浆　　　　　D. 混凝土

二、多选题

1. 常用的地基处理方法有(　　)。

    A. 换填垫层法　　　　　B. 夯实地基法　　　　　C. 挤密桩施工法

    D. 深层密实法　　　　　E. 浅层震实法

2. 桩间土的作用是(　　)。

    A. 承担竖向、水平荷载　B. 只承担水平荷载　　C. 只承担竖向荷载

    D. 对桩体进行约束　　　E. 保证桩体正常工作

3. 褥垫层作用有(　　)。

    A. 保证桩土共同承担荷载　　　　B. 调整桩土荷载分担比

    C. 减少基础底面的应力集中　　　D. 调整桩土的水平荷载的分担

    E. 保证桩土分别承担荷载

4. 基坑支护的类型有(　　)。

    A. 水泥土挡墙式　　　　B. 排桩和板墙式　　　　C. 边坡稳定式

    D. 木板墙式　　　　　　E. 新型挡板墙式

5. 地基处理方式选择原则有(　　)。

    A. 技术先进　　　　　B. 施工可行　　　　　C. 安全可靠

    D. 经济合理　　　　　E. 节省财力

三、简答题

1. 垫层法垫层设计内容包括哪些?

2. 简述地基处理的目的。

3. 简述砂石垫层的主要作用。

第 6 章　习题答案.pdf

实训工作单一

班级		姓名		日期	
教学项目		现场观看换填垫层			
任务	观看基坑处理(换填垫层法)		记录处理顺序	将基础地面以下一定范围内的软弱土挖去，然后回填强度高，压缩性较低，并且没有侵蚀性的材料	
相关知识			基坑处理、基坑支护		
其他项目					
工程过程记录					
评语				指导教师	

实训工作单二

班级		姓名		日期	
教学项目		挤密桩施工现场学习			
任务	灰土挤密桩施工流程	流程		灰土挤密桩是利用锤击将钢管打入土中，侧向挤密土体形成桩孔，将管拔出后，在桩孔中分层回填2∶8或3∶7灰土并夯实而成	
相关知识		水泥粉煤灰碎石桩、砂桩施工流程			
其他项目					
工程过程记录					
评语			指导教师		

第 7 章 桩 基 工 程

07

【学习目标】

- 了解桩基工程的分类。
- 掌握预制钢筋混凝土桩基工程工程量的计算。
- 掌握现场灌注桩基础工程工程量的计算。

第 7 章 墙体材料.pptx

【教学要求】

本章要点	掌握层次	相关知识点
桩基工程概述	熟悉桩的分类	桩基工程
预制钢筋混凝土桩基工程的计算	掌握预制钢筋混凝土桩基工程计算规则	预制钢筋混凝土桩基工程
现场灌注桩基混凝土工程	掌握现场灌注桩基混凝土工程的计算规则	现场灌注桩基混凝土工程

【引子】

早在 7000～8000 年前的新石器时代，人们为了防止猛兽侵犯，曾在湖泊和沼泽地里栽木桩、筑平台来修建居住点，这种居住点称为湖上住所。在中国，最早的桩基是在浙江省河姆渡的原始社会居住的遗址中发现的；到宋代，桩基技术已经比较成熟，在《营造法式》中载有临水筑基一节；到了明、清两代，桩基技术更趋完善。如清代《工部工程做法》一书对桩基的选料、布置和施工方法等方面都有了规定。从北宋一直保存到现在的上海市龙华镇龙华塔(建于北宋太平兴国二年，977 年)和山西太原市晋祠圣母殿(建于北宋天圣年间，1023—1031 年)，都是中国现存的采用桩基的古建筑。20 世纪 70 年代，中国曾发生了几次大地震。以其中的唐山大地震为例，凡采用桩基的建筑物一般受害轻微。这说明桩基在地震力作用下的变形小，稳定性好，是解决地震区软弱地基和液化地基抗震问题的一种有效措施。

7.1　概　　述

由桩和连接桩顶的桩承台(简称承台)组成的深基础或由柱与桩基连接的单桩基础，简称桩基。若桩身全部埋于土中，承台底面与土体接触，则称低承台桩基；若桩身上部露出地面而承台底位于地面以上，则称高承台桩基。建筑桩基通常为低承台桩基础。高层建筑中，桩基础应用广泛。

桩基础.avi

桩承台.avi

7.1.1　分类

桩可按承载性状、使用功能、桩身材料、成桩方法和工艺、桩径大小等进行分类。桩基础如图 7-1 所示。

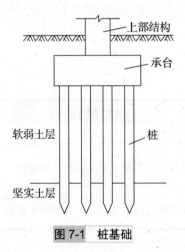

上部结构

承台

软弱土层

桩

坚实土层

图 7-1　桩基础

1. 按承台位置高低分类

(1) 高承台桩基：由于结构设计上的需要，群桩承台底面有时设在地面或局部冲刷线之上，这种桩基称为高承台桩基。这种桩基常用在桥梁、港口等工程中。

按承台位置高低分类.mp4

高承台桩基.avi

低承台桩基.avi

(2) 低承台桩基：凡是承台底面埋置于地面或局部冲刷线以下的桩基称为低承台桩基。房屋建筑工程的桩基多属于这一类。

2. 按承载性质不同分类

1) 摩擦型桩

(1) 摩擦桩：竖向荷载下，基桩的承载力以桩侧摩阻力为主，外部荷载主要通过桩身侧表面与土层之间的摩擦阻力传递给周围的土层，桩尖部分承受的荷载很小。主要用于岩层埋置很深的地基。这类桩基的沉降较大，稳定时间也较长。

摩擦桩.avi

(2) 端承摩擦桩：在极限承载力状态下，桩顶荷载主要由桩侧摩擦阻力承受。即在外荷载作用下，桩的端阻力和侧壁摩擦力同时发挥作用，但桩侧摩擦阻力大于桩尖阻力。如穿过软弱地层嵌入较坚实的硬黏土的桩。

2) 端承型桩

(1) 端承桩：在极限荷载作用下，桩顶荷载由桩端阻力承受的桩。如通过软弱土层桩尖嵌入基岩的桩，外部荷载通过桩身直接传给基岩，桩的承载力由桩的端部提供，不考虑桩侧摩擦阻力的作用。

(2) 摩擦端承桩：在极限承载力状态下，桩顶荷载主要由桩端阻力承受的桩。如通过软弱土层桩尖嵌入基岩的桩，由于桩的细长比很大，在外部荷载作用下，桩身被压缩，使桩侧摩擦阻力得到部分的发挥。

端承摩擦桩.avi　　　　端承桩.avi　　　　摩擦端承桩.avi

摩擦型桩与端承型桩示意图如图 7-2 所示。

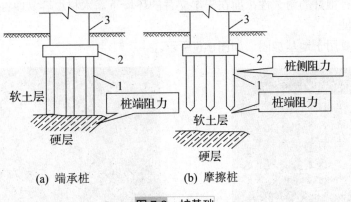

图 7-2　桩基础

1—桩；2—承台；3—上部结构

3. 按桩身材料分类

1) 钢筋混凝土桩

混凝土桩是目前应用最广泛的桩，具有制作方便，桩身强度高，耐腐蚀性能好，价格较低等优点。它可分为预制混凝土方桩、预应力混凝土空心管桩和灌注混凝土桩等，如图7-3所示。

钢筋混凝土桩.mp4

2) 钢桩

由钢管桩和型钢桩组成。钢桩桩身材料强度高，桩身表面积大而截面积小，在沉桩时贯透能力强而挤土影响小，在饱和软黏土地区可减少对邻近建筑物的影响。型钢桩常见有工字型钢桩和H型钢桩。钢管桩由各种直径和壁厚的无缝钢管制成。由于钢桩价格昂贵，耐腐蚀性能差，应用受到一定的限制，如图7-4所示。

图7-3 钢筋混凝土桩示意图

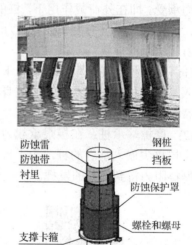

图7-4 钢桩示意图

3) 木桩

目前已经很少使用，只在某些加固工程或能就地取材的临时工程中使用。在地下水位以下时，木材有很好的耐久性，而在干湿交替的环境下，木材很容易腐蚀，如图7-5所示。

4) 灰土桩

灰土桩主要用于地基加固，如图7-6所示。

图7-5 木桩示意图

图7-6 灰土桩示意图

5) 砂石桩

砂石桩主要用于地基加固和挤密土壤。

4. 按桩的使用功能分类

1) 竖向抗压桩

竖向抗压桩主要承受竖向荷载，根据荷载传递特征，可分为摩擦桩、端承摩擦桩、摩擦端承桩及端承桩四类。

2) 竖向抗拔桩

竖向抗拔桩是指主要承受竖向抗拔荷载的桩，在设置竖向抗拔桩时，应进行桩身强度和抗裂性能以及抗拔承载力验算。

3) 水平受荷桩

港口工程的板桩、基坑的支护桩等，都是主要承受水平荷载的桩。桩身的稳定依靠桩侧土的抗力，往往还设置水平支撑或拉锚以承受部分水平力。

4) 复合受荷桩

承受竖向、水平荷载均较大的桩，应按竖向抗压桩及水平受荷桩的要求进行验算。

5. 按成孔方法分类

1) 非挤土桩

非挤土桩是指成桩过程中桩周土体基本不受挤压的桩。在成桩过程中，将与桩体积相同的土挖出，因而桩周围的土很少受到扰动。这类桩主要有干作业法、泥浆护壁法和套管护壁法钻孔灌注桩或钻孔桩、井筒管桩和预钻孔埋桩等。

钻孔桩.avi

2) 部分挤土桩

这类桩在设置过程中，由于挤土作用轻微，故桩周土的工程性质变化不大。这类桩主要有打入的截面厚度不大的工字型和 H 型钢桩、开口钢管桩和螺旋钻孔桩等。

3) 挤土桩

在成桩过程中，桩周围的土被挤密或挤开，使桩周围的土受到严重扰动，土的原始结构遭到破坏，土的工程性质发生很大变化。挤土桩主要有打入或压入的混凝土方桩、预应力管桩、钢管桩和木桩，另外沉管式灌注桩也属于挤土桩，如图 7-7 所示。

6. 按施工方法分类

1) 预制桩

在工厂或施工现场制作，而后用锤击打入、振动沉入、静力压入、水冲送入或旋入等方式沉桩。

振动打桩法.avi

2) 灌注桩

直接在设计桩位地基上用钻、冲、挖成孔，然后在孔内灌注混凝土，如图 7-8 所示。

图 7-7 挤土桩现场示意图

图 7-8 灌注桩示意图

7.1.2 预制桩

1. 预制混凝土桩(如图 7-9 所示)

钢筋混凝土预制桩是我国目前广泛采用的一种桩型,由钢筋混凝土材料制作,分为方形实心断面桩和圆柱体空心断面桩两类。普通方型桩的截面边长一般为 300～500mm,现场预制的长度一般为 25～35m,工厂预制桩的分节长度一般不超过 12m,沉桩时在现场通过接桩连接到所需长度。圆柱体空心断面桩又称管桩,经高压蒸汽养护生产的高强预应力混凝土管桩(PHC),其桩身混凝土强度等级为 C80 或者高于 C80;未经高压蒸汽养护生产的预应力混凝土管桩(PC)和预应力混凝土波比管桩(PTC),其桩身混凝土强度等级为 C60,接近 C80。建筑中常用的 PHC/PC/PTC 管桩的外径一般为 300～600mm,分节长度为 5～13m。

钢筋混凝土预制桩.mp4

预制混凝土桩.avi

它的优点包括承载力较高,受地下水变化影响较小;制作便利,既可以现场预制,也可以工厂化生产;可根据不同地质条件,生产各种规格和长度的桩;桩身质量可靠,施工质量比灌注桩易于保证;施工速度快。缺点是因设计范围内地层分布很不均匀,基岩持力层顶面起伏较大,桩的顶制长度较难掌握;打入时冲击力大,对预制桩本身强度要求高,成本较高。

2. 钢桩

在沿海及内陆冲积平原,土质很厚(深达 50～60m)的软土层,一般采用桩基,沉桩需要很大的冲击力,常规钢筋混凝土桩很难适应,此时多用钢桩,如图 7-10 所示。钢桩由钢材料制作,常用的有开口

钢桩.mp4

或闭口的钢管桩以及 H 型钢桩等。一般钢管桩的直径为 250～1200mm。

图 7-9　预制混凝土桩示意图

图 7-10　钢桩示意图

　　钢桩的优点有重量轻，刚性好，装卸、运输方便，不易损坏；承载力高，桩身不易损坏，并能获得极大的单桩承载力；沉桩接桩方便，施工速度快；缺点是腐蚀性较差；耗钢量大，工程造价较高；打桩机设备比较复杂，振动及噪声较大。

　　【案例 7-1】某商住宅楼位于厦门市思明区，工程用地面积 22 610m²，总建筑面积 51 615m²，拟建三栋 16～20 层高层建筑和小区公建，全场地设置一层地下室。基坑开挖深度约 6m，基坑东侧紧邻小区道路，东面地下室外墙离道路边缘仅 1m。道路下方埋有多条通信电缆，基础采用钢桩基础并加斜撑，请仔细思考下本次钢桩加斜撑的目的和必要性。

3. 木桩

　　木桩由于承载能力低以及木材供应问题，现在只在木材产地和某些应急工程中使用，木桩常用松木、杉木制作，其直径(尾径)为 160～260mm，桩长一般为 4～6m。优点是木材自重小，具有一定的弹性和韧性；便于加工、运输和设置。缺点是承载力很小，在干湿交替的环境中极易腐烂等特点。

木桩.mp4

7.1.3　灌注桩

　　灌注桩是直接在所设计的桩位上开孔，其截面为圆形，成孔后在孔内加放钢筋笼，灌注混凝土而成的。与混凝土预制桩相比，灌注桩一般只根据使用期间可能出现的内力配置钢筋，用钢筋较省。当持力层顶面起伏不平的时候，桩长可以在施工过程中根据要求在某一范围内取定。

1. 沉管灌注桩

　　沉管灌注桩适用于一般黏性土、淤泥质土。沉管灌注桩是利用锤击打桩设备或振动沉桩设

沉管灌注桩.mp4

沉管灌注桩.avi

备，将带有钢筋混凝土的桩尖(或钢板靴)或带有活瓣式桩靴的钢管沉入土中(钢管直径应与桩的设计尺寸一致)，造成桩孔，然后放入钢筋骨架并浇筑混凝土，随之拔出套管，利用拔管时的振动将混凝土捣实，便形成所需要的灌注桩。灌注桩的施工程序为：打桩机就位→沉管→灌注混凝土→边拔管→边振动→安放钢筋笼→继续灌注混凝土→成型，如图 7-11 所示。

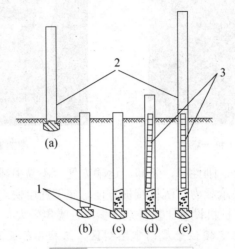

图 7-11　灌注桩的施工程序

(a)沉管；(b)灌注混凝土；(c)边拔管边振动；(d)安放钢筋笼、继续灌注混凝土；(e)成型

沉管灌注桩的优点是在钢管内无水环境中沉放钢筋笼和浇灌混凝土，从而为桩身混凝土的质量提供了保障。

它的缺点是拔除套管时，如提管速度过快会造成缩颈、夹泥，甚至断桩；沉管过程的挤土效应除产生与预制桩类似的影响外，还可能使混凝土尚未结硬的邻桩被剪断。

2. 钻孔灌注桩

各种钻孔在施工时都要把桩孔位置处的土排出地面，然后清除孔内残渣，安放钢筋笼，最后灌注混凝土。直径为 600mm 或 650mm 的钻孔桩，常用回转机具成孔，桩长 10～30m。目前国内的钻(冲)孔灌注桩在钻进时不下钢管套筒，而是利用泥浆保护孔壁以防坍孔，清孔(排走孔底沉渣)后，在水下灌注混凝土。常用桩径为 800mm、1000mm、1200mm 等。泥浆护壁钻孔灌注桩是利用泥浆保护稳定孔壁的机械钻孔方法。它通过循环泥浆将切削碎的泥石渣屑悬浮后排出孔外，适用于成孔深度内没有地下水的一般黏土层、沙土及人工填土地基，不适用于有地下水的土层和淤泥质土，具体设备如图 7-12 所示。

钻孔灌注桩.mp4

钻孔桩.avi

优点：施工过程中无挤土、无振动、噪声小，对邻近建筑物及地下管线危害较小，且桩径不受限制。

缺点：泥浆沉淀不易清除，影响端部承载力的充分发挥，并造成较大沉降。

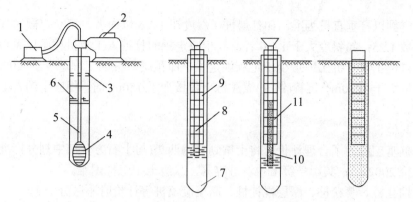

(a) 钻孔　　(b) 下钢筋笼及导管　(c) 灌注混凝土　(d) 成桩

图 7-12　泥浆护壁钻孔灌注桩施工顺序图

1—泥浆泵；2—钻机；3—护筒；4—钻头；5—钻杆；6—泥浆；
7—沉淀泥浆；8—导管；9—钢筋笼；10—隔水塞；11—混凝土

【案例 7-2】　某匝道桥工程，水下灌注桩采用预拌混凝土灌注，每根桩的混凝土量均超过 70m³。施工过程中前期一切正常，但灌注到 170 根以后，3 天中发生了二次堵管事故，并造成断桩。通过现场观察，堵管后拔出的导管在敲击下不仅有混凝土流下，而且还有许多稀浆，说明导管密封不严；另外还从混凝土中找出不少厚度达 20～30mm 且早已硬化的块状物体，一面呈弯曲形且光滑，而另一面则凹凸不平，能够明显看出是附着在导管上未清除干净的混凝土残留物。试简单分析造成断桩的可能原因。

3. 人工挖孔灌注桩

挖孔灌注桩是用人力挖土形成桩孔，并在向下推进的同时，将孔壁衬砌以保证施工安全，在清理完孔底后，浇灌混凝土。人工挖孔桩施工时应人工降低地下水位，每挖深 0.9～1.0m，就浇灌或喷射一圈混凝土(上下圈之间用插筋连接)，达到所需深度时，再进行扩孔，最后在护壁上安装钢筋笼。人工挖孔桩适用于黏性土和地下水位较低的条件，最忌在含水砂层中施工，因易引起流沙坍孔，十分危险。

人工挖孔灌注桩.mp4

优点：施工时可在孔内直接检查成孔质量，观察地质土质变化情况；桩孔深度由地基土层实际情况控制，桩底清孔除渣彻底、干净，易保证混凝土浇筑质量。

缺点：对安全要求特高，如有害气体、易燃气体、空气稀薄等，尤其在有地下水时需边抽边挖，对漏电保护也有特殊要求。

7.1.4　重要说明

(1) 桩基施工前场地平整、压实地表、地下障碍物处理等，定额均未包括，发生时另行计算。

(2) 单独打试桩、锚桩，相应定额的打桩人工及机械乘以系数 1.5。

(3) 补桩、地槽(坑)中打桩与强夯地基上打桩，相应定额的人工及机械乘以系数 1.25。

(4) 定额以打垂直桩为准。如打斜桩，斜度在 1：6 以内者，相应定额的打桩人工及机械乘以系数 1.25；如斜度大于 1：6 者，其相应定额的打桩人工及机械乘以系数 1.43。

(5) 单位工程打桩工程量少于定额规定量，即预制方桩的工程量少于 200m³，预应力管桩工程量少于 1000m，沉管(钻孔)灌注桩工程量少于 150m³ 时，相应定额人工及机械乘以系数 1.25。

(6) 其他说明。

① 桩基工程为了合理计价，将土壤划分为两类(与土石方分部中划分标准不同，详见《综合基价 2002》)，其中一级土中沉桩容易，二级土中沉桩困难。

人工挖孔桩、喷粉桩、深层搅拌桩、高压旋喷桩等计价时不区分土类。

② 实际使用的打桩机与定额规定的规格、型号不同时，不得换算。

③ 桩工程除特别说明外，均按设计桩长选定子目，不考虑送桩或空桩长度。

④ 由于《综合基价 2002》中的参数标准是按正常条件编制的，当单位工程的工程量小于某一限值时，就需要将综合基价标准适当调增。对于桩基工程，若判定为小型工程，则对应子目单价要调增：(人工+机械)×1.25。

⑤ 对于钻孔灌注桩来说，中风化岩和微风化岩需要作入岩计算。

⑥ 定额参数是以平地打桩为标准编制的。当地面坡度大于 15° 时，相应子目人工、机械应乘以 1.15 的系数。当在地坑、槽内打桩，且基坑深度大于 1.5m 或基槽深度大于 1.0m 时，相应子目人工、机械应乘以 1.10 的系数。

7.2 预制钢筋混凝土桩基工程

预制桩主要有混凝土预制桩和钢桩两大类。混凝土预制桩能承受较大的荷载、坚固耐久、施工速度快，是广泛应用的桩型之一，但其施工对周围环境影响较大。常用的有混凝土实心方桩和预应力混凝土空心管桩，钢桩主要是钢管桩和 H 型钢桩两种。

1. 打、压预制钢筋混凝土方桩

1) 定额套用

(1) 预制钢筋混凝土方桩按购入成品桩考虑。如采用自制桩时，桩制作费用按《建筑与装饰工程预算定额》第四章相应定额计算。

(2) 打压预制钢筋混凝土方桩定额已包括就位供桩和场内调运桩，不再另行计算；如发生场内汽车运桩，运距在 200m 以上时，运输费按《建筑与装饰工程预算定额》第四章相应定额执行。

(3) 打压预制钢筋混凝土方桩，单节长度超过 20m，按相应定额乘以系数 1.2。

(4) 打压预制钢筋混凝土方桩定额已综合了接桩所需桩机费用，未包括接桩本身费用，发生时按相应定额执行。

2) 计算规则

(1) 打预制钢筋混凝土桩的体积，按设计桩长以体积计算，长度按包括桩尖的全长计算，桩尖虚体积不扣除。计量单位：m³，体积计算公式如下：

$$V=桩截面积×设计桩长(包括桩尖长度) \tag{7-1}$$

(2) 送钢筋混凝土方桩(送桩)：当设计要求把钢筋混凝土桩顶打入地面以下时，打桩机必须借助工具桩才能完成，这个借助工具桩(一般 2～3m 长，由硬木或金属制成)完成打桩的过程叫"送桩"。计算方法按定额规定以送桩长度即桩顶面至自然地坪另加 0.5m 乘以横截面积以立方米计算，计量单位：m³，公式如下：

$$V=桩截面积×(送桩长度+0.5m) \tag{7-2}$$

送桩.mp4

式中：送桩长度——设计桩顶标高至自然地坪。

(3) 接桩：接桩是指按设计要求按桩的总长分节预制运至现场，先将第一根桩打入，将第二根桩垂直吊起和第一根桩相连后再继续打桩，现场接桩如图 7-13 所示。

图 7-13 现场接桩示意图

2. 打、压预应力钢筋混凝土管桩

1) 定额套用

(1) 预应力钢筋混凝土管桩(包括桩尖)按购入成品桩考虑。

(2) 打压预应力钢筋混凝土管桩定额已包括就位供桩和场内调运桩，不再另行计算；如发生场内汽车运桩，运距在 200m 以上时，运输费按《建筑与装饰工程预算定额》第四章相应定额执行。

(3) 桩头灌芯部分按人工挖孔桩灌芯定额执行；设计设置钢骨架、钢托板按《建筑与装饰工程预算定额》第四章沉管桩钢筋笼、预埋铁件定额执行。

(4) 打压预应力钢筋混凝土管桩定额已包括接桩费用，不再另行计算。

2) 计算规则

按设计桩长以体积计算，长度按包括桩尖的全长计算，桩尖虚体积不扣除，管桩的空心体积应扣除，管桩的空心部分设计要求灌注混凝土或其他填充材料时，应另行计算。计量单位：m³，体积计算公式如下：

桩的工程量.mp4

$$V=桩截面积×设计桩长(包括桩尖长度) \tag{7-3}$$

桩内灌芯工程量计算，计量单位：m³，体积计算公式如下：

$$V=管桩桩孔内径截面积×设计灌芯深度 \tag{7-4}$$

7.3 现场灌注桩基础工程

1. 沉管灌注桩

1) 定额套用

(1) 沉管混凝土灌注桩定额子目包括沉管和灌注内容。

(2) 沉管混凝土灌注桩定额子目未包括桩尖制作、埋设等,应另列定额子目。

(3) 振动式与静压式沉管混凝土灌注桩,若安放钢筋笼,沉管人工和机械乘以系数1.15。钢筋笼另列子目计算。

(4) 沉管混凝土灌注桩空打部分,按相应定额子目的沉管部分套用。

2) 计算规则

(1) 打孔沉管灌注桩单打、复打:计量单位:m³,体积计算公式如下:

$$V=管外径截面积×(设计桩长+加灌长度) \tag{7-5}$$

式中:设计桩长——根据图纸设计长度,如使用活瓣桩尖包括预制桩尖,使用预制钢筋混凝土桩尖则不包括;

加灌长度——用来满足混凝土灌注充盈量,按设计规定;无规定时,按0.25m计取。

(2) 夯扩桩:计量单位:m³,体积计算公式如下:

$$V_1(一、二次夯扩)=标准管内径截面积×设计夯扩投料长度(不包括预制桩尖) \tag{7-6}$$

$$V_2(最后管内灌注混凝土)=标准管外径截面积×(设计桩长+0.25) \tag{7-7}$$

式中:设计夯扩投料长度——按设计规定计算。

(3) 钻孔混凝土灌注桩成孔工程量,计量单位:m³,体积计算公式如下:

$$钻土孔 \ V=桩径截面积×自然地面至岩石表面的深度 \tag{7-8}$$

$$钻岩孔 \ V=桩径截面积×入岩深度 \tag{7-9}$$

混凝土灌入工程量,计量单位:m³,体积计算公式为:

$$V=桩径截面积×有效桩长 \tag{7-10}$$

有效桩长设计有规定按规定,无规定按下列公式:

$$有效桩长=设计桩长(含桩尖长)+桩直径 \tag{7-11}$$

式中:设计桩长——桩顶标高至桩底标高;

基础超灌长度——按设计要求另行计算。

泥浆运输工程量:计量单位:m³,工程量按成孔工程量计取。

【案例 7-3】 某铝合金原料仓库工程采用振动沉管灌注桩基,在施工过程中发生缩颈事故。现场调查设计桩截面为400mm×400mm,用低应变检测发现大部分桩的混凝土有缩颈现象。经挖桩周围检查,实测量断面为 340mm×360mm,比设计值小 24%,则削弱单桩承载力1/4左右。试分析发生缩颈的可能原因。

2. 钻(冲)孔混凝土灌注桩

1) 定额套用

(1) 定额列有成孔与灌注两部分,成孔列有钻孔与冲孔两种形式。其中钻孔定额综合了砂黏土、碎卵石层因素，单列入岩增加费定额；冲孔定额列有砂黏土层、碎卵石层、岩石层。

(2) 桩孔设计回填时应根据施工组织要求套用相关定额，填土按土石方工程松填土方套用，填碎石按砌筑工程碎石垫层定额乘以系数 0.7 套用。

(3) 钻(冲)孔混凝土灌注桩灌注定额采用水下混凝土，如采用非水下混凝土时，混凝土单价换算，其余不变。

2) 工程量计算

(1) 成孔工程量。

① 钻孔桩：计量单位："m³"，体积计算公式为：

$$V = 桩径截面积 \times 成孔长度 \tag{7-12}$$

$$V_{入岩增加} = 桩径截面积 \times 入岩长度 \tag{7-13}$$

式中：成孔长度——自然地坪至设计桩底标高；

入岩长度——实际进入岩石层的长度。

② 冲孔桩：计量单位："m³"，体积计算公式为：

$$V_{砂黏土层} = 桩径截面积 \times 砂黏土层长度 \tag{7-14}$$

$$V_{碎卵石层} = 桩径截面积 \times 碎卵石层长度 \tag{7-15}$$

$$V_{岩石层} = 桩径截面积 \times 岩石层长度 \tag{7-16}$$

其中：砂黏土层长度+碎卵石层长度+岩石层长度=成孔长度。

(2) 成桩工程量：计量单位："m³"，体积计算公式为：

$$V = 桩径截面积 \times 有效桩长 = 设计桩长 + 加灌长度 \tag{7-17}$$

式中：加灌长度——按设计要求。如设计无规定，桩长 25m 以内按 0.5m；桩长 35m 以内按 0.8m；桩长 35m 以上按 1.2m。

(3) 桩孔回填工程量：计量单位："m³"，体积计算公式为：

$$V = 桩径截面积 \times 回填深度 \tag{7-18}$$

式中：回填深度——自然地坪至加灌长度顶面。

(4) 泥浆池建拆与泥浆运输工程量：计量单位："m³"。工程量按成孔工程量计取。

3. 人工挖孔桩

1) 定额套用

(1) 人工挖孔是按桩径 1500mm 划分两项子目。当桩径在 1000mm 以内时，套用桩径 1500mm 以内相应定额，人工和电动葫芦台班乘以系数 1.15，其余不变。当挖淤泥流沙和需入岩石层时，分别按相应增加子目套用。

(2) 挖孔桩护壁不分现浇或预制。若采用钢护筒，每 1000m³ 灌注桩芯混凝土定额增加金属周转材料 2.0kg，混凝土用量和其他机械费乘系数 1.05。

2) 计算规则

(1) 人工挖孔工程量：计量单位：m³，体积计算公式为：

$$V_{人工挖土} = 护壁外围截面积 \times 成孔长度 \tag{7-19}$$

式中：成孔长度——自然地坪至设计桩底标高。

$$V_{(淤泥、流沙、岩石)} = 实际开挖(凿)量 \tag{7-20}$$

（2）砖、混凝土护壁及灌注桩芯混凝土工程量：计量单位：m³。工程量按设计图示尺寸的实际体积计算。

4．其他

（1）水泥搅拌桩、粉喷桩，以立方米计算：

V=(设计桩长+500mm)×设计桩截面面积(长度如有设计要求则按设计长度)

双轴的工程量不得重复计算，群桩间的搭接不扣除。

（2）长螺旋或旋挖法钻孔灌注桩，以立方米计算：

V=(设计桩长+500mm)×设计桩截面面积或螺旋外径面积(长度如有设计要求则按设计长度)

（3）基坑锚喷护壁成孔及孔内注浆，按设计图纸以延长米计算。

（4）护壁喷射混凝土按设计图纸以平方米计算。

7.4 实训课堂

【实训1】计算如图 7-14 所示预制钢筋混凝土方桩的工程量。

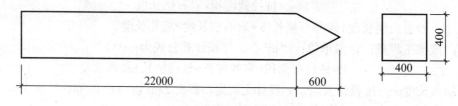

图 7-14　钢筋混凝土方桩

解： 预制钢筋混凝土方桩的工程量=0.4×0.4×2.2+1/3×(0.4×0.4×0.6)

$$=0.384(m^3)$$

套用河南省房屋建筑与装饰工程预算定额(上册)(HA01—31—2016)定额子目 3-2 得：

$$0.3552×2564.90=911.05(元)$$

【实训2】计算如图 7-15 所示沉管灌注桩工程量(桩尖为活瓣桩)。

解： 沉管灌注桩工程量=3.1416×0.225²×9.00+[(0.225²×3.1416×0.50)/3]

$$=1.457(m^3)$$

套用河南省房屋建筑与装饰工程预算定额(上册)(HA01—31—2016)定额子目 3-87 得：

$$0.1457×3506.52=510.90(元)$$

【实训3】计算如图 7-16 所示人工挖孔桩的工程量。

解： 人工挖孔桩的工程量=3.1416×(1.2/2+0.15)²×(10−0.3−0.4)+3.1416×(2.5/2)²×0.4

$$+3.1416×0.3×[(2.5/2)²+(2.5/2)×(1.5/2)+(1.5/2)]$$

$$=16.43+1.9635+0.9621$$

$$=19.36(m^3)$$

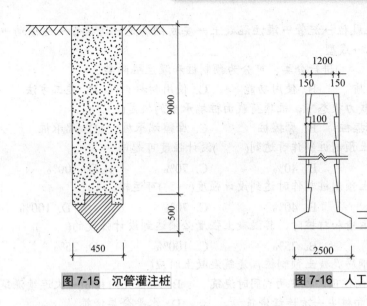

图 7-15 沉管灌注桩   图 7-16 人工挖孔桩

本 章 小 结

桩基工程在高层建筑中应用广泛，本章通过对桩基工程基本概念以及预制钢筋混凝土桩基工程和现场灌注桩的基础工程的计算规则和定额的介绍，帮助同学们了解桩基工程的有关知识。

实 训 练 习

一、单选题

1. 经高压蒸汽养护生产的高强预应力混凝土管桩(PHC)，其桩身混凝土强度等级为( )。

   A. C80   B. 低于 C80   C. C80 或者高于 C80   D. C80 或者低于 C80

2. 下列选项中不属于钢桩的优点的是( )。

   A. 重量轻，刚性好，装卸、运输方便，不易损坏

   B. 承载力高，桩身不易损坏，并能获得极大的单桩承载力

   C. 沉桩接桩方便，施工速度快

   D. 制作便利，既可以现场预制，也可以工厂化生产

3. 灌注桩的正确施工程序是( )。

   A. 打桩机就位→沉管→灌注混凝土→边拔管→边振动→安放钢筋笼→继续灌注混凝土→成型

   B. 打桩机就位→安放钢筋笼→沉管→灌注混凝土→边拔管→边振动→继续灌注混凝土→成型

   C. 打桩机就位→安放钢筋笼→灌注混凝土→沉管土→边拔管→边振动→继续灌注混凝土→成型

  D. 打桩机就位→沉管→灌注混凝土→安放钢筋笼→边拔管→边振动→继续灌注
   混凝土→成型
4. 根据桩的(　　)进行分类,可分为预制桩和灌注桩两类。
  A. 承载性质 B. 使用功能 C. 使用材料 D. 施工方法
5. 在极限承载力状态下,桩顶荷载由桩端承受的桩是(　　)。
  A. 端承摩擦桩 B. 摩擦桩 C. 摩擦端承桩 D. 端承桩
6. 钢筋混凝土预制桩制作时达到(　　)设计强度可起吊。
  A. 30%   B. 40%   C. 70%   D. 100%
7. 钢筋混凝土预制桩制作时达到设计强度(　　)可运输。
  A. 30%   B. 40%   C. 70%   D. 100%
8. 预制桩在运输和打桩时,其混凝土强度必须达到设计强度的(　　)。
  A. 50%   B. 75%   C. 100%   D. 25%
9. 现场制作钢筋混凝土预制桩,浇筑混凝土时应(　　)。
  A. 从中间向桩顶、桩尖两端同时浇筑 B. 从桩尖向桩顶一次连续浇筑
  C. 从桩顶向桩尖一次连续浇筑   D. 水平分层浇筑
10. 采用重叠间隔制作预制桩时,重叠层数不符合要求的是(　　)。
  A. 二层   B. 五层   C. 三层   D. 四层
11. 邻桩及上层桩制作时,要求已浇完的邻桩及下层桩混凝土强度应达到设计强度的
(　　)。
  A. 30%   B. 50%   C. 75%   D. 100%

二、多选题

1. 在计算土石方工程量时,土石方计算规则正确的有(　　)。
  A. 以设计图示净量计算
  B. 以设计图示净量加损耗计算
  C. 爆破超挖量由投标人根据施工方案考虑在报价中
  D. 放坡操作工作面由投标人根据施工方案考虑在报价中
  E. 支挡土板等其他措施按清单规则列项
2. 地下室、商店、车站、地下指挥部(　　)等及相应的出入口建筑面积,按其上口外
墙外围水平面积计算。
  A. 半地下室 B. 仓库 C. 采光井 D. 地下车间 E. 检查井
3. 按1/2计算建筑面积的项目有(　　)。
  A. 单排柱车棚、站台   B. 水塔 C. 层高小于2.2m的管道设备层
  D. 伸出外墙等于1.5m的有顶无柱走廊 E. 用菱形铁丝网围起的挑阳台
4. 建筑面积包括(　　)。
  A. 使用面积 B. 辅助面积 C. 结构面积 D. 公共面积 E. 楼层面积

三、简答题

1. 什么是人工挖孔桩?
2. 预制桩与现浇桩的区别在哪里?
3. 桩可按哪些形式进行分类?

第7章 习题答案.pdf

实训工作单一

班级		姓名		日期	
教学项目		现场打桩机(冲击钻、旋挖钻、长螺旋钻)的操作检修			
任务	钻头钻具的检测		打桩机型号	长螺旋：KD1200，成孔直径 1.2m，功率 36.4kW	
相关知识			冲击钻、旋挖钻		
其他检测项目					
工程过程记录					
评语				指导教师	

实训工作单二

班级		姓名		日期	
教学项目		预制桩加工工艺(预制厂学习)			
任务	预制桩的成桩要点	预制桩沉桩施工	清除地上或地下障碍物→平整场地→定位放线、定桩位、设置水准点→通电、通水→安设打桩机→打试桩→确定打桩顺序		
相关知识		冲击钻、旋挖钻			
其他检测项目					
工程过程记录					
评语				指导教师	

第 8 章 砌筑工程教案.pdf

第 8 章　砌 筑 工 程

08

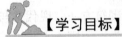【学习目标】

- 砖基础、砖墙基础知识及清单定额计算方法。
- 砖柱、其他砌筑的简单知识。
- 砌块墙和砌块柱的分类和基本概念及简单计算。
- 石基础、石勒脚、石墙、其他石砌体的基础知识和计算。
- 垫层作用及技术要点。

第 8 章　砌筑工程.pptx

第 8 章　学习目标.mp4

【教学要求】

本章要点	掌握层次	相关知识点
砖基础、砖墙	1. 了解砖基础、砖墙的基本含义 2. 掌握砖基础、砖墙的计算	砖砌体
砖柱、其他砌筑	1. 知道砖柱、其他砌筑的分类 2. 掌握砖柱、其他砌筑的计算	砌块砌体
砌块墙和砌块柱	1. 了解砌块墙和砌块柱的基本知识 2. 掌握砌块墙和砌块柱的计算	砌块砌体
石基础、石勒脚、石墙、其他石砌体	1. 了解石基础、石勒脚、石墙、其他石砌体的基础概念 2. 掌握石基础、石勒脚、石墙、其他石砌体的简单计算	石砌体
垫层	掌握垫层的作用及技术要点	垫层

【引子】

约在公元 1 世纪，中国东汉时，砖石结构就有所发展。在汉墓中已可见到从梁式空心砖逐渐发展为券拱和穹隆顶。根据荷载的情况，有单拱券、双层拱券和多层券。每层券上卧铺一层条砖，移为"伏"。这种券伏相结合的方法在后来的发券工程中普遍采用。自公元 4 世纪北魏中期，砖石结构已用于地面上的砖塔、石塔建筑及其他方面，公元 6 世纪建于河南登封的嵩岳寺塔，是中国现存最早的密檐砖塔。砖石结构是现代建筑必不可少的部分。

8.1　砖　砌　体

8.1.1　砖基础

1. 砖基础的定义

以砖为砌筑材料形成的建筑物基础，是我国传统的砖木结构砌筑方法，现代常与混凝土结构配合修建住宅、校舍、办公等低层建筑。常见的砌筑方法为：一顺一丁、梅花丁或三顺一丁砌法。砌筑时为保证最底层的整体性良好，底层采用"全丁法"砌筑。

砖基础主要指由烧结普通砖和毛石砌筑而成的基础，均属于刚性基础范畴。这种基础的特点是抗压性能好，整体性、抗拉、抗弯、抗剪性能较差，材料易得，施工操作简便，造价较低。适用于坚实、均匀的地基，上部荷载较小，七层和七层以下的一般民用建筑和墙承重的轻型厂房基础工程。砖基础示意图如图 8-1 所示。

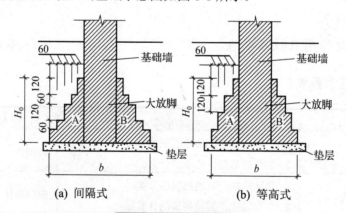

图 8-1　砖基础示意图

砖基础定义.mp4

砖墙.avi

砖基础.avi

一皮一收.avi

2. 砖基础施工技术要求

砖基础施工技术要求详见二维码。

扩展资源 1.pdf

3. 砖基础与墙的界定划分

(1) 基础与墙(柱)身使用同一种材料时，以设计室内地面为界(有地下室的，以地下室室内设计地面为界)，以下为基础，以上为墙(柱)身。

(2) 基础与墙(柱)身使用不同材料时，位于设计室内地面±300mm 以内时，以不同材料为分界线，以下为基础，以上为墙(柱)身；超过±300mm 时，以设计室内地面为分界线。

(3) 砖、石围墙，以设计室外地坪为界线，以下为基础，以上为墙身。

4. 砖基础的计算规则

1) 砖基础工程量包括的范围

(1) 条形砖基础工程量为基础墙体积与大放脚体积之和。

(2) 砖柱独立砖基础工程量为基础部分柱身体积与大放脚体积之和。

2) 工程量计算方法

(1) 砖基础计算公式：

$$砖基础工程量=砖基础长度×砖基础断面面积 \tag{8-1}$$

(2) 砖基础长度的确定。

外墙砖基础按外墙中心线长度计算；内墙砖基础按内墙净长线计算。遇有偏轴线时，应将轴线移为中心线计算。

(3) 砖基础断面面积确定：

$$砖基础断面面积=基础墙厚度×基础高度+大放脚折算断面积 \tag{8-2}$$

$$砖基础断面面积=基础墙厚度×(基础高度+大放脚折加高度) \tag{8-3}$$

(4) 大放脚折算断面积。

砖基础大放脚分为等高式和不等高式两种。等高式放脚，每步放脚层数相等，高度为 126mm(两皮砖加两灰缝)；每步放脚宽度相等，为 62.5mm(一砖长加一灰缝的 1/4)，其大放脚折算断面积为 A、B 两部分叠加为矩形的面积。

不等高放脚，每步放脚高度不等，为 63mm 与 126mm 互相交替间隔放脚，每步放脚宽度相等，为 62.5mm；其大放脚折算断面积为 A、B 两部分叠加为矩形的面积，如图 8-1 所示。

砖基础和墙的划分界限.mp4　　　大方脚折算断面面积.mp4　　　大放脚.avi

(5) 基础大放脚折加高度及断面面积，可按表查取，如表 8-1 和表 8-2 所示。

表 8-1　砖墙基础大放脚折加高度和增加断面面积计算表

放脚层数	折加高度(m) 基础墙厚砖数量												增加断面ΔS	
	1/2(0.15)		1(0.24)		3/2(0.365)		2(0.49)		5/2(0.615)		3(0.74)			
	等高	不等高	等高	不等高	等高	不等高	等高	不等高	等高	不等高	等高	不等高		
1	0.137	0.137	0.066	0.066	0.043	0.043	0.032	0.032	0.026	0.026	0.021	0.021	0.01575	0.01575
2	0.411	0.342	0.197	0.164	0.129	0.108	0.096	0.080	0.077	0.064	0.064	0.053	0.04725	0.03938
3			0.394	0.328	0.259	0.216	0.193	0.161	0.154	0.128	0.128	0.106	0.0945	0.07875
4			0.656	0.525	0.432	0.345	0.321	0.253	0.256	0.205	0.213	0.170	0.1575	0.1260
5			0.984	0.788	0.647	0.518	0.482	0.380	0.384	0.307	0.319	0.255	0.3263	0.1890
6			1.378	1.083	0.906	0.712	0.672	0.530	0.538	0.419	0.447	0.351	0.3308	0.2599
7			1.838	1.444	1.208	0.949	0.900	0.707	0.717	0.563	0.596	0.468	0.4410	0.3465
8			2.363	1.838	1.553	1.208	1.157	0.900	0.922	0.717	0.766	0.596	0.5670	0.4411
9			2.953	2.297	1.942	1.510	1.447	1.125	1.153	0.896	0.958	0.745	0.7088	0.5513
10			3.610	2.789	2.372	1.834	1.768	1.366	1.409	1.088	1.171	0.905	0.8663	0.6694

以上为基础大放脚系数，其中增加的面积为最右边两列数据，只是增加的折加厚度变化，增加面积是相同的。

表 8-2　砖柱基础四周大放脚折加高度和断面积计算表

矩形砖柱断面尺寸(m)	断面积(m²)	形式	大放脚层数						
			一层	二层	三层	四层	五层	六层	七层
0.24×0.24	0.0576	等高	0.168	0.564	1.271	2.344	3.502	5.858	8.458
		不等高		0.488	1.075	1.896	3.108	4.675	6.720
0.24×0.365	0.0876	等高	0.126	0.444	0.969	1.767	2.863	4.325	0.195
		不等高		0.370	0.815	1.437	2.315	3.451	4.912
0.24×0.49	0.1176	等高	0.112	0.378	0.821	1.477	2.389	3.581	5.079
		不等高		0.321	0.689	1.203	1.924	2.843	4.026
0.24×0.615	0.1476	等高	0.104	0.337	0.733	1.312	2.100	3.133	4.423
		不等高		0.285	0.613	1.065	1.698	2.448	3.051
0.365×0.365	0.1332	等高	0.099	0.333	0.724	1.306	2.107	3.158	4.483
		不等高		0.284	0.668	1.063	1.703	2.511	3.556

续表

矩形砖柱断面尺寸(m)	断面积(m^2)	形式	大放脚层数						
			一层	二层	三层	四层	五层	六层	七层
0.365×0.49	0.1789	等高	0.087	0.279	0.606	1.089	1.734	2.581	3.646
		不等高		0.236	0.506	0.880	1.396	2.049	2.890
0.49×0.49	0.2401	等高	0.074	0.234	0.501	0.889	1.415	2.096	2.950
		不等高		0.198	0.418	0.717	1.414	1.666	2.319
0.49×0.616	0.3044	等高	0.063	0.206	0.488	0.773	1.225	1.805	2.532
		不等高		0.173	0.369	0.624	0.986	1.434	2.001

在计算时应注意，设计图纸中，往往习惯以 60mm 或 120mm 标注大放脚的放出高度及放出宽度，工程量计算时，均按表计算。当设计图纸中的不等高大放脚为非标准 63mm 与 126mm 互相交替间隔放脚时，亦可按前面讲述的每层放高、放宽数据，根据设计图纸的规定计算大放脚断面面积。

在计算工程量时，大放脚 T 形接头处的重叠部分，嵌入基础的钢筋、铁件、管道、基础防潮层等所占的体积不予扣除，但靠墙暖气沟的挑砖亦不增加；穿过墙基的孔洞，面积在 $0.3m^2$ 以上的洞口所占的体积应予以扣除，其洞口上的混凝土过梁或砖平碹亦应另列项目计算。

T 形搭接-.avi

8.1.2　砖墙

1. 砖墙的定义

砖墙指的是用砖块和混凝土砌筑的墙，具有较好的承重、保温、隔热、隔声、防火、耐久等性能，为低层和多层房屋广泛采用。砖墙可作承重墙、外围护墙和内分隔墙，如图 8-2 所示。

砖墙的定义.mp4

图 8-2　砖墙示意图

2. 砖墙的施工工艺

砖墙的施工工艺详见二维码。

对于砖墙来说，砌筑方法包括"三一"砌砖法、"二三八一"砌砖法、挤浆法、刮浆法和满口灰法。

1)　"三一"砌砖法

"三一"砌砖法就是一块砖、一铲灰、一揉压并随手将挤出的砂浆刮去的砌筑方法。这种砌法的优点：灰缝容易饱满，黏结性好，墙面整洁，故实心砖砌体宜采用"三一"砌砖法。

扩展资源 2.pdf

2)　"二三八一"砌砖法

"二三八一"操作法就是把瓦工砌砖的动作过程归纳为二种步法，三种弯腰姿势，八种铺灰手法，一种挤浆动作，叫作二三八一砌砖动作规范，简称二三八一操作法。采用此法能较好地保证砌筑质量。

3)　挤浆法

即用灰勺、大铲或铺灰器在墙顶上铺一段砂浆，然后双手拿砖或单手拿砖，用砖挤入砂浆中一定厚度之后把砖放平，达到下齐边、上齐线、横平竖直的方法。此法的特点是可以连续挤砌几块砖，减少烦琐的动作；平推平挤可使灰缝饱满；效率高；保证砌筑质量。

4)　满口灰法

满口灰砌筑法是建筑砌筑施工作业中经常使用的一种砌筑方法，是指将砂浆刮满在砖面和砖棱上，随即砌筑的方法。这种方法砌筑质量好，但效率低。

"三一"砌砖法.avi　　"二三八一"砌砖法.avi　　挤浆法.avi　　　填充墙.avi

【案例 8-1】　2008 年 8 月 13 日 7 时 28 分，某市的某酒店工程基础施工现场，因砖模墙墙体坍塌造成 3 人死亡。该酒店工程主体为地下一层、地上七层、局部八层的建筑，工程于 2008 年 8 月 1 日正式施工，开挖基坑。8 月 6 日，在基坑的北侧开始砌筑一道砖模墙。施工中砖模墙基础按基坑标高打了垫层，至 8 月 12 日，砖模墙砌完。8 月 13 日早 5 点左右近 20 名施工人员进入基坑内清理垫层沙子，其中有 5 名工人在砖模墙附近作业。7 时 28 分，砖模墙整体突然向基坑内侧倾倒，将 3 名作业人员埋在墙下，1 人当场死亡，2 人送往医院后经抢救无效死亡。

砖模墙及基坑护壁桩基本情况。基坑护壁桩为钢管桩，桩距 600mm，原基坑护壁喷射有素混凝土，事故现场基坑护壁的素混凝土严重脱落。原砖模墙为独立墙体，墙长 40m，东西走向，墙高约 3600mm，墙下部为 370 墙体，高约 2.0m，上部为 240 墙体，墙体北侧 750mm 为基坑护壁桩，墙体南侧为基坑。砖模墙与基坑护壁桩之间填有 1m 高左右的砂土。砖模墙朝向基坑侧进行了抹灰处理。试分析此事故发生的主要原因。

多顺一丁.avi　　　　砖墙的组砌方式.mp4　　　　砌筑细部构造要求.mp4

3. 在计算工程量之前，应先明确资料

1) 标准砖墙厚

在进行砌筑工程量计算时，标准砖墙厚如表 8-3 所示。

表 8-3　标准砖墙厚度

砖数	1/4 砖	1/2 砖	3/4 砖	1 砖	3/2 砖	2 砖	5/2 砖	3 砖
墙厚/mm	53	115	180	240	365	490	615	740

2) 墙身界线

砖、石围墙，以设计室外地坪为界线，以下为基础，以上为墙身。

4. 工程计量计价规则

计算墙体工程量时，应分内外墙及厚度不同以 m³ 计算，扣除门窗洞口、过人洞、空圈、平行嵌入墙身的钢筋混凝土柱、梁、过梁、圈梁、板头、砖过梁及暖气包壁龛所占体积，但不扣除每个面积在 0.3m² 以内的孔洞、梁头、垫块、木砖、墙内加固筋、铁件、钢管等所占体积；突出墙面的窗台虎头砖、压顶线、山墙泛水、门窗套、二出檐以内腰线、挑檐等体积亦不增加，凸出墙体的砖垛、二出檐以上腰线、挑檐等体积则并入墙身体积内计算。

(1) 砌筑一般墙体计算的公式：

$$V=墙厚×(墙长×墙高-门窗洞口所占的面积)-应扣构件所占的体积\qquad(8-4)$$

式中：墙厚，不论设计有无注明，均按规定取值计算。外墙，斜(坡)屋面无檐口天棚者算至屋面板底；有屋架且室内、外有天棚者算至屋架下弦底另加 200mm；无天棚者算至屋架下弦底另加 300mm，出檐宽度超过 600mm 时按实砌高度计算；有钢筋混楼板隔层者算至板顶。平屋顶算至钢筋混凝土板底。内墙，位于屋架下弦者，算至屋架下弦底；无屋架者算至天棚底另加 100mm；有钢筋混凝土楼板者算至楼板顶；有框架梁时算至梁底。

共同的特征是：包括板厚在内(注意砖混结构坡屋顶内外墙的计算高度)。

框架墙不分内外墙，均按净高计算。

墙长：外墙按中心线长度计算，内墙按净长计算，附加砖垛按折加长度合并计算。

框架墙不分内、外墙，均按净长计算。

(2) 其他砌筑构件计算。

① 女儿墙按不同墙厚以 m³ 计算，套相应墙定额。女儿墙高度应算至顶板底，如图 8-3 所示。

② 空花墙(如图 8-4 所示)按空花部分外形体积以 m³ 计算，空花部分不予扣除，按相应空花墙定额执行。

③ 空斗墙(如图 8-5 所示)按外形尺寸以 m³ 计算,其门窗和过人洞口、墙角、梁支座等的实砌部分和地面以上、圈梁或板底以下三皮实砌砖,均已包括在定额内,其工程量应并入空斗墙内计算;砖垛工程量应另行计算,套实砌墙相应定额;设计要求实砌的窗间墙、窗下墙的工程量另计,套零星砌体定额项目。

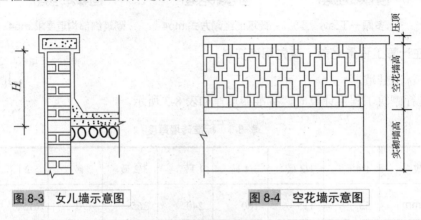

图 8-3 女儿墙示意图   图 8-4 空花墙示意图

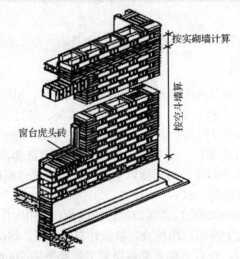

图 8-5 空斗墙示意图

④ 适用于厕所蹲台、水槽腿、灯箱、垃圾箱、台阶挡墙或梯带、花台、花池、地垄墙及支撑地墚的砖墩、房上烟囱、屋面架空隔热层的砖墩等,以 m³ 按实砌体积计算,套零星砌体定额项目。

⑤ 砖柱不分柱基、柱身,工程量合并以 m³ 计算,执行砖柱定额。

(3) 计算砌体工程量时,特别注意以下两点。

① 应扣除门窗洞口、过人洞、每个面积在 $0.3m^2$ 以上的孔洞和钢筋混凝土梁、板、柱等平行嵌入时所占的体积。

② 不扣除防潮层、承台桩头、屋架、檩条、梁等伸入砌体的头子、钢筋混凝土过梁板(厚 7cm 以内)、混凝土垫块、沿柚木、木砖等所占的体积。

砖柱.avi

8.1.3　砖柱

1. 砖柱基础知识

砖柱是指用砖和砂浆砌筑成的柱。在砌体结构房屋中，砖柱主要用作受压构件，如图 8-6 所示。

砖柱的基础知识.mp4

剪力墙约束边缘柱.av 柱

图 8-6　砖柱示意图

(1) 砖柱的截面尺寸应以砖的尺寸为模数。在中国，用普通黏土砖砌筑的砖墙、砖柱的截面尺寸，常以半砖长(12cm)为模数。砖柱的截面形状通常为方形或矩形。承重的独立砖柱的截面尺寸不应小于 24×37(cm^2)。

(2) 砖柱的设计，除应符合使用和建筑上的需求，满足热工和构造要求外，还应进行抗压强度、高厚比及局部抗压强度计算。

(3) 砖柱基础大放脚，是指沿砖柱四边阶梯形地放出部分。与砖墙基础大放脚相同，砖柱基础大放脚也分为等高式和不等高式两种。其每步放脚的高度及宽度，也与砖墙基础大放脚相同。

2. 砖柱清单计算规则

砖柱按设计图示尺寸以体积计算。扣除混凝土及钢筋混凝土梁垫、梁头、板头所占体积。

3. 砖柱定额计算规则

砖柱的计算规则.mp4

基础与墙身(柱身)的划分：基础与墙(柱)身使用同一种材料时，以设计室内地坪为界(有地下室者，以地下室内设计地面为界)，以下为基础，以上为墙(柱)身。

基础与墙身(柱身)使用不同材料时，分界线位于设计室内地坪±30cm 以内的，以不同材料自然分界，超过 30cm 时，以设计室内地面分界。

砖石围墙是以设计室外地坪为界，以下为基础，以上为墙身。

砖柱按设计图示尺寸以体积计算，扣除混凝土及钢筋混凝土梁垫、梁头、板头所占体积。

8.1.4 其他砌筑

1. 砖检查井

(1) 检查井的基本概念。

检查井是为城市地下基础设施的供电、给水、排水、排污、通信、有线电视、煤气管、路灯线路等维修、安装方便而设置的。一般设在管道交汇处、转弯处、管径或坡度改变处以及直线管段上每隔一定距离处，便于定期检查附属构筑物。

其他构件检查井
概念.mp4

砖砌检查井，可分为砖砌矩形检查井和砖砌圆形检查井两大类。

(2) 传统砖砌检查井，已经成为影响排水管道施工的主要瓶颈，其主要有以下缺点。

① 施工速度慢，对环境和城市交通的影响大，不符合文明施工、快速施工的要求。

② 质量稳定性差，砖砌井强度低，特别是在塑料管与检查井的接合处，容易渗漏。上海的一项研究报告显示，造成流沙地区管道坍塌的原因首先是接口渗漏，其次是检查井的损坏。

③ 使用黏土砖耗用宝贵的土地资源，不符合国家的土地和环保政策。中华人民共和国建设部 2004 年(218)号文件公布，明确规定禁止使用黏土实心砖。

【案例 8-2】 深圳龙岗区布龙路转吉华路辅道方向，某日下午出现地陷，塌陷原因初步判断为雨水检查井垮塌，事故未造成人员伤亡，但一度造成该路段车流拥堵，运管单位正连夜抢修。深圳交警官方微博通报称，布龙路转吉华路辅道方向，因地面塌陷(宽约 30m^2，深约 4m)，占据两条车道，剩余一车道，造成该路段车多拥堵，相关部门正在现场抢修。 记者赶至事发现场，看到事发地点的柏油路面开口处约 1m^2，顺着开口处往下看，是一个巨大的漏洞。龙岗区水务局运管单位深圳国祯环保公司调来大型挖掘机，连夜勘察维修。据抢修现场负责人介绍，事发布吉街道布龙路转吉华路辅道约 150m 处(丽湖花园对面)，路面出现塌陷，经勘察发现，塌陷原因为雨水检查井(用于检查地下管网的井)垮塌，检查井规格为 2m×3m，深约 3.5m，雨水管直径 1.35m，垮塌面积约 5×6m^2。试分析此次事故的原因。

(3) 清单计算规则。

按设计图示数量计算。

2. 零星砌砖

(1) 零星构件：现浇混凝土小型池槽、压顶、扶手、垫块、台阶、门框等，预制混凝土小型池槽、压顶、扶手、垫块、隔热板、花格等，0.3m^2 空洞填塞等。

(2) 零星砖砌体项目适用于台阶、台阶挡墙、梯带、锅台、炉灶、蹲台、池槽、池槽腿、花台、花池、楼梯栏板、阳台栏板、地垄墙、屋面隔热板下的砖墩、0.3m^2 以内的孔洞填塞等。计算时可按零星砖砌体计算规则计算。

(3) 清单计算规则

① 以立方米计量，按设计图示尺寸截面积乘以长度计算；

② 以平方米计量，按设计图示尺寸水平投影面积计算；

③　以米计量，按设计图示尺寸长度计算；

④　以个计量，按设计图示数量计算。

3. 砖散水、地坪、明沟

1)　概述

(1)　散水：为保护墙基不受雨水侵蚀，常在外墙四周将地面做成向外倾斜的坡面，以便将屋面雨水排至远处，这一坡面称为散水或护坡。散水坡度约为 5%，宽一般为 600～1000mm。当屋面排水方式为自由落水时，要求其宽度较屋顶出檐200mm。

(2)　砖地坪：普通黏土砖铺满地面，是把砖按一定的几何形状，有规律地进行排列，组成异形的花格纹。

(3)　砖明沟：明沟是设置在外墙四周的排水沟，将屋面落水和地面积水有组织地导向地下排水井，保护外墙基础。明沟可用砖砌筑，水泥砂浆粉面。明沟一般设置在墙边。当屋面为自由落水时，明沟外移，其中心线与屋面檐口对齐。

明沟的修筑可以使用人工开挖，也可用机械施工。明沟排水维修管理任务较大，要处理好开挖弃土的堆放，预防沟道塌坡和冲淤，防止沟内杂草丛生等。

2)　清单工程量计算

(1)　砖散水、砖地坪清单工程量计算。

①　清单工程内容。

砖散水、砖地坪清单工程内容包括：a. 地基找平、夯实；b. 铺设垫层；c. 砌砖散水、地坪；d. 抹砂浆面层。

②　清单工程量计算规则。

砖散水、砖地坪：按设计图示尺寸以面积计算。

(2)　砖明沟清单工程量计算。

①　清单工程内容。

砖明沟清单工程内容包括：a. 挖运土石；b. 铺设垫层；c. 底板混凝土制作、运输、浇筑、振捣、养护；d. 砌砖；e. 勾缝、抹灰；f. 材料运输。

②　清单工程量计算规则。

砖明沟：以米计量，按设计图示以中心线长度计算。

3)　定额计算规则

(1)　零星砌体、砖碹按设计图示尺寸以体积计算。

(2)　砖散水、砖地坪按设计图示尺寸以面积计算。

8.2　砌　块　砌　体

8.2.1　砌块墙

砌块墙是指用砌块和砂浆砌筑成的墙体，可作工业与民用建筑的承重墙和围护墙。砌块墙根据砌块尺寸的大小可分为小型砌块、中型砌块和大型砌块墙体；按材料分有加气混凝土墙、硅酸盐砌块墙、水泥煤渣空心墙、石灰石等，如图 8-7 所示。

砌块墙的基础知识.mp4

图 8-7　砌块墙示意图

1. 砌块墙清单计算规则

1)　以体积计算

砌块墙工程量计算按设计图示尺寸以体积计算，但要扣除门窗、洞口、嵌入墙内的钢筋混凝土柱、梁、圈梁、挑梁、过梁及凹进墙内的壁龛、管槽、暖气槽、消火栓箱所占体积，不扣除梁头、板头、檩头、垫木、木楞头、沿缘木、木砖、门窗走头、砌块墙内加固钢筋、木筋、铁件、钢管及单个面积≤0.3m² 的孔洞所占的体积。凸出墙面的腰线、挑檐、压顶、窗台线、虎头砖、门窗套的体积亦不增加。凸出墙面的砖垛并入墙体体积内计算。

2)　以长度计算

外墙按中心线、内墙按净长计算。

3)　墙高度的计算

(1) 外墙：斜(坡)屋面无檐口天棚的，算至屋面板底；有屋架且室内外均有天棚的，算至屋架下弦底另加 200mm；无天棚的，算至屋架下弦底另加 300mm，出檐宽度超过 600mm 时按实砌高度计算；与钢筋混凝土楼板隔层的，算至板顶；平屋面算至钢筋混凝土板底。

(2) 内墙：位于屋架下弦的，算至屋架下弦底；无屋架的，算至天棚底另加 100mm；有钢筋混凝土楼板隔层的，算至楼板顶；有框架梁时算至梁底。

(3) 女儿墙：从屋面板上表面算至女儿墙顶面(如有混凝土压顶时算至压顶下表面)。

(4) 内、外山墙：按其平均高度计算。

4)　框架间墙

不分内外墙的，按墙体净尺寸以体积计算。

5)　围墙

高度算至压顶上表面(如有混凝土压顶时算至压顶下表面)，围墙柱并入围墙体积内。

2. 定额计算规则

按图示尺寸以立方米计算。

8.2.2　砌块柱

1. 砌块柱的概念

混凝土砌块柱的结构体系是用配筋的混凝土砌块作为承重柱应用于一、二层建筑，形成混凝土砌块柱的框架结构体系、排架结构体系。在同等节能保温条件下，混凝土砌块柱造价最低。混凝土砌块柱砌筑施工方便，由于施工方法主要是砌筑，不需支模板，虽然有钢筋但数量少，砌块柱内孔洞浇筑的混凝土量少，施工方便。混凝土砌块柱安全耐久，可满足作为压弯构件承压强度和侧向刚度的结构设计安全要求。

2. 清单工程量计算规则

按设计图示尺寸以体积计算，扣除混凝土及钢筋混凝土梁垫、梁头、板头所占体积。

8.3 石 砌 体

8.3.1 石基础

1. 石基础基础知识

石基础主要指由烧结普通砖和毛石砌筑而成的基础，属于刚性基础范畴。这种基础的特点是抗压性能好，整体性、抗拉、抗弯、抗剪性能较差，材料易得，施工操作简便，造价较低。适用于地基坚实、均匀，上部荷载较小，六层和六层以下的一般民用建筑和墙承重的轻型厂房基础工程，如图 8-8 所示。

石基础的基础知识.mp4

(a) 干砌示意图   (b) 浆砌示意图

图 8-8 石基础示意图

20 世纪 50—90 年代的石基础有干砌与浆砌两种，石材按规格不同又可分为整毛石，方整石和毛条石以及乱毛石。乱毛石不能作为柱基础，但可砌成大墩台。

2. 石基础施工注意事项

石基础施工注意事项详见二维码。

3. 清单计算规则

按设计图示尺寸以体积计算，包括附墙垛基础宽出部分体积，不扣除基础砂浆防潮层及单个面积≤0.3m^2 的孔洞所占体积，靠墙暖气

扩展资源 3.pdf

沟的挑檐不增加体积。基础长度：外墙按中心线、内墙按净长计算。

4. 定额计算规则

定额计算规则如下。

(1) 石基础、石墙的工程量计算规则参照砖砌体相应规则。

(2) 石勒脚、石挡土墙、石护坡、石台阶按设计图示尺寸以体积计算，石坡道按设计图示尺寸以水平投影面积计算，墙面勾缝按设计图示尺寸以面积计算。

石砌体定额计算规则.mp4

(3) 垫层工程量按设计图示尺寸以体积计算。

【案例8-3】 四川省某市玻璃厂 2014 年 4 月为增加生产规模扩建厂房，在原来天然坡度约 22° 的岩石地表平整场地，即在原地表向下开挖近 5m，并距水厂原蓄水池 3m 左右，该蓄水池长 12m、宽 9m、深 8.2m，容水约 900m³。玻璃厂及水厂厂方为安全起见，聘请一高级工程师对玻璃厂扩建开挖坡角是否会影响水厂蓄水池安全做技术鉴定。该工程师在其出具的书面技术鉴定中认定："该水池地基基础稳定，不可能产生滑移形成滑坡，可以从距水池 3m 处按 5%开挖放坡，开挖时沿水池边先打槽隔开，用小药量浅孔爆破，只要施工得当，不会影响水池安全。平整场地后，沿陡坡砌筑条石护坡……本人负该鉴定的技术法律责任。"最后还盖了县勘察设计室的"图纸专用章"予以认可。工程于 7 月初按此方案平基结束后，就开始厂房工程施工，至 9 月 6 日建成完工。但工程才刚刚完工一天，边坡岩体突然倒塌。试分析事故发生的可能原因。

8.3.2 石勒脚、石墙

1. 石勒脚基础知识

勒脚的作用是防止地面水、屋檐滴下的雨水反溅到墙面，对墙面造成腐蚀破坏。结构设计中对窗台以下一定高度范围进行外墙加厚，从而保护墙面，保证室内干燥，提高建筑物的耐久性，这段加厚部分称为勒脚，如图 8-9 所示。

勒脚的概念.mp4　　　　石勒脚.avi

勒脚的高度一般为室内地坪与室外地坪的高差。一般来说，勒脚的高度不应低于 700mm。

勒脚部位外抹水泥砂浆或外贴石材等防水耐久的材料，应与散水、墙身水平防潮层形成闭合的防潮系统。是否设勒脚，与室内外高差没有直接的关系，现在的许多建筑外墙都是水泥砂浆抹面，因此不单独设勒脚了。

2. 石墙

石墙采用大小和形状不规则的乱毛石或形状规则的料石砌筑而成，石墙具有坚固耐用，可就地取材，砌筑方便，造价低廉等优点。一般用于建筑二层以下的居住房屋以及围护墙、挡土墙等石墙工程，如图 8-10 所示。

石墙的砌筑要求详见二维码。

3. 清单计算规则

(1) 石勒脚：按设计图示尺寸以体积计算，扣除单个面积＞0.3m^{2}的孔洞所占的体积。

扩展资源 4.pdf

(2) 石墙同 8.2.1 节砌块墙的计算规则。

图 8-9　石勒脚

图 8-10　石墙

8.3.3　其他石砌体

1. 石挡土墙

1) 石挡土墙的基础知识

石挡土墙是采用石块砌筑的用于支承路基填土或山坡土体、防止填土或土体变形失稳的构造物。工程所用石料，其材质要均匀、坚硬、不易风化、无裂纹，表面的污渍予以清除。片石形状不受限制，但其中部厚度不得小于 15cm。宜使用普通硅酸盐水泥，不同品种的水泥不得混合使用，严禁使用过期失效水泥。细集料采用坚硬耐久，粒径在 5mm 以下的天然黄沙，沙的含泥量不大于 3%，如图 8-11 所示。

图 8-11　石挡土墙示意图

2)　石挡土墙施工流程

石挡土墙施工流程详见二维码。

3)　抹面

挡土墙在砌筑完毕后要对墙顶抹面，抹面砂浆不低于 M10，抹面厚度一般为 20～30mm。抹面顶的流水横坡坡度宜为 2%。抹面段落沉降缝的设置要求同墙体，待顶面沉降缝完工后再予抹面，抹面结束后用 C30 水泥浆在沉降缝顶面勾出流水条。抹面宽度应超出墙体顶面外侧边线 2cm，俗称"戴帽子"，"帽子"应沿墙体下延与墙体连成整体，帽厚宜为 6cm。

扩展资源 5.pdf

沉降缝.avi

2. 石柱、石护坡、石台阶清单工程量计算

1)　料石柱构造

料石柱有整石柱和组砌柱两种。整石柱每一皮料石为整块，即叠砌面与柱断面相同，只有水平灰缝无竖向石缝。组砌柱每皮由几块料石组砌，上下皮竖缝相互错开。

2)　清单工程内容

其他石砌体的清单
计算规则.mp4

(1)　石挡土墙清单工程内容包括：①砂浆制作、运输；②砌石；③压顶抹灰；④勾缝；⑤材料运输。

(2)　石柱、石护坡清单工程内容包括：①砂浆制作、运输；②砌石；③石表面加工；④勾缝；⑤材料运输。

(3)　石台阶清单工程内容包括：①铺设垫层；②石料加工；③砂浆制作、运输；④砌石；⑤石表面加工；⑥勾缝；⑦材料运输。

3)　清单工程量计算规则

石挡土墙、石柱、石护坡、石台阶工程量按设计图示尺寸以体积计算。

3. 石栏杆清单工程量计算

1)　清单工程内容

石栏杆清单工程内容包括：①砂浆制作、运输；②砌石；③石表面加工；④勾缝；⑤材料运输。

2)　清单工程量计算规则

石栏杆工程量按设计图示以长度计算。

4. 石坡道清单工程量计算

1)　坡道的构造

坡道一般均采用实铺，垫层的强度和厚度应根据坡道长度及上部荷载的大小进行选择，严寒地区的坡道同样需要在垫层设置砂垫层。

2)　清单工程内容

石坡道清单工程内容包括：①铺设垫层；②石料加工；③砂浆制作、运输；④砌石；⑤石表面加工；⑥勾缝；⑦材料运输。

3)　清单工程量计算规则

石坡道工程量按设计图示尺寸以水平投影面积计算。

5. 石地沟、石明沟清单工程量计算

1) 清单工程内容

石地沟、石明沟清单工程内容包括：①土石挖运；②砂浆制作、运输；③铺设垫层；④砌石；⑤石表面加工；⑥勾缝；⑦回填；⑧材料运输。

2) 清单工程量计算规则

石地沟、石明沟工程量按设计图示以中心线长度计算。

8.4　垫　层

1. 垫层的基本概念

垫层是介于基层与土基之间的结构层，在土基水稳状况不良时，用以改善土基的水稳状况，提高路面结构的水稳性和抗冻胀能力，并可扩散荷载，以减少土基变形。因此，通常在土基湿温状况不良时设置。垫层材料的强度要求不一定高，但是其水稳定性必须好。

垫层厚度要按当地经验确定，在季节性冰冻地区路面总厚度小于防冻最小厚度时，应以垫层材料补足，如图 8-12 所示。

垫层的基础知识.mp4

图 8-12　垫层示意图

2. 垫层的作用

垫层主要起找平、隔离和过渡作用。

(1) 方便施工放线、支基础模板。

(2) 确保基础底板筋的有效位置，保护层好控制；使底筋和土壤隔离不受污染。

(3) 方便基础底面做防腐层。

(4) 找平，通过调整厚度弥补土方开挖的误差，使底板受力在一个平面，也不浪费基础的高标号混凝土。

3. 技术要点

技术要点详见二维码。

扩展资源 6.pdf

8.5 实训课堂

【实训1】一层建筑物，如图 8-13 所示，M5 水泥砂浆实砌一砖厚标准砖墙，求内外墙砌筑工程量并计价。

已知：C1 洞口尺寸 1500mm×1500mm，M1 洞口尺寸 900mm×2400mm，门窗上设圈梁一道(内外墙)断面 240mm×300mm。

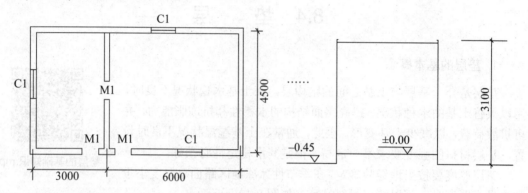

图 8-13 建筑平面图及剖面图

解：

(1) 列项：

一砖厚标准砖墙砌筑(M5 水泥砂浆)，可知套用定额子目 4-10。

(2) 计算工程量：

由图 8-13 可知：墙厚(一砖墙)=0.24(m)

墙高=3.1-0.45=2.65(m)

墙长=(3+6+4.5)×2+4.5-0.24=31.26(m)

门窗面积=1.5×1.5×3+0.9×2.4×3=13.23(m²)

圈梁体积=31.26×0.24×0.3=2.25(m³)

砌筑工程量：V=(31.26×2.65-13.23)×0.24-2.25=14.46(m³)

(3) 确定基价：

套用河南省房屋建筑与装饰工程预算定额(上册)(HA01—31—2016)定额子目 4-10 可得：

$$14.46×4264.87=61670.02(元)$$

【实训2】如图 8-14 所示为一加气混凝土砌块墙，墙厚 240mm，试计算砌块墙工程量。

解： (1) 清单工程量。

清单工程量计算规则：按设计图示尺寸以体积计算，并扣除门窗、洞口、嵌入墙内的钢筋混凝土柱、梁、圈梁、挑梁、过梁及凹进墙内的壁龛、管槽、暖气槽、消火栓箱所占体积。

① 墙总面积：7.0×8.0=56(m²)

② 需扣除的构造柱面积：0.225×8=1.8(m²)

③ 砌块墙面积：S=56-1.8=54.2(m²)

砌块墙工程量：$V=Sh$=54.2×0.24=13.008(m³)

(2) 定额工程量。

定额工程量计算规则同清单。

定额工程量为 13.008m³。

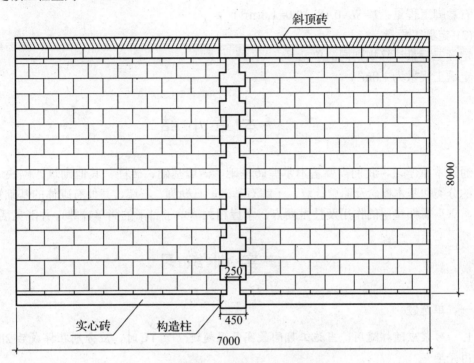

图 8-14 加气混凝土砌块墙

【实训3】如图 8-15 所示为一石勒脚墙体示意图，墙长 10.0m，试计算石勒脚工程量。

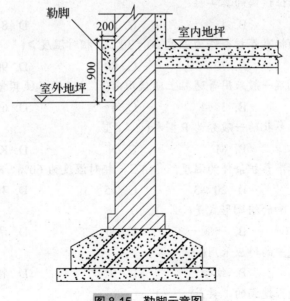

图 8-15 勒脚示意图

解： (1) 清单工程量。

清单工程量计算规则：按设计图示尺寸以体积计算，扣除单个面积＞$0.3m^2$ 的孔洞所占的体积。

石勒脚面积：$S=0.9m×0.2m=0.18(m^2)$

石勒脚工程量：$V=SL=0.18×10.0=1.8(m^3)$

(2) 定额工程量。

定额工程量计算规则同清单。

定额工程量为 $1.8m^3$。

本 章 小 结

通过本章学习，我们需要基本掌握砖基础、砖墙基础、砖柱、其他砌筑、砌块墙和砌块柱的分类和基本概念及简单计算，了解石基础、石勒脚、石墙、其他石砌体的基础知识和计算，重点掌握垫层的作用及技术要点，掌握相关清单子目下的简单计算，并能灵活运用。

实 训 练 习

一、单选题

1. 砂浆应随拌随用，当施工期间最高气温超过( )℃时，应分别在拌成后 2h 和 3h 内使用完毕。

　　A. 20　　　　　　B. 25　　　　　　C. 30　　　　　　D. 35

2. 砂浆试块( )块为一组，试块制作见证取样，建设单位委托的见证人应旁站，并对试块做出标记以保证试块的真实性。

　　A. 2　　　　　　B. 4　　　　　　C. 6　　　　　　D. 8

3. 水泥砂浆的标准养护条件为温度 20±30℃，相对湿度≥( )%。

　　A. 60　　　　　　B. 70　　　　　　C. 80　　　　　　D. 90

4. 砖墙砌体砌筑一般采用普通黏土砖使用前( )d 浇水使其含水率为 10%～15%。

　　A. 1～2　　　　　B. 3～4　　　　　C. 4～5　　　　　D. 6～7

5. 承重的烧结多孔砖一般分为 P 型和( )型。

　　A. O　　　　　　B. M　　　　　　C. N　　　　　　D. K

6. 混合砂浆标准养护条件为温度( )℃，相对湿度为 60%～80%。

　　A. 15±3　　　　B. 20±3　　　　　C. 5±3　　　　　D. 30±3

7. 砖基础大方脚的组砌形式是( )。

　　A. 三顺一丁　　　B. 一顺一丁　　　C. 梅花丁　　　　D. 两平一侧

8. 砌筑用砂浆中的砂应采用( )。

　　A. 粗砂　　　　　B. 细砂　　　　　C. 中砂　　　　　D. 特细砂

9. 检查夹缝是否饱满的工具是( )。

A. 楔形塞尺　　　B. 方格网　　　　　C. 靠尺　　　　　D. 拖线板

10. 砖砌体水平缝的砂浆饱满度应不低于(　　)。

A. 50%　　　　　B. 80%　　　　　C. 40%　　　　　D. 60%

二、多选题

1. 砖墙每日砌筑高度不应超过(　　)。

A. 1.5m　　B. 2.1m　　C. 1.2m　　D. 1.8m　　E. 2.4m

2. 砖基础大放脚的组砌形式是(　　)。

A. 三顺一丁　　　　　　B. 一顺一丁　　　　　C. 梅花丁

D. 两平一侧　　　　　　E. 二顺一丁

3. 下列不属于砌砖施工过程的是(　　)。

A. 芯柱浇筑　　　　　　B. 材料运输　　　　　C. 脚手架搭设

D. 砖墙砌筑　　　　　　E. 施工图审核

4. 实心砖墙和烧结普通砖平拱式过梁的砌筑砂浆稠度应是(　　)。

A. 70～80mm　　　　　B. 70～100mm　　　　C. 50～60mm

D. 60～70mm　　　　　E. 70～90mm

5. 砌筑用砂浆中的砂应采用(　　)。

A. 粗砂　　B. 细砂　　C. 中砂　　D. 特细砂　　E. 特粗砂

三、填空题

1. 用普通砖砌筑的砖墙，依其墙面组砌形式不同，常用(　　)。

2. 砖墙砌体施工过程为(　　)。

3. 砖基础大放脚采用等高形式时，应为(　　)，两边各收进(　　)砖长。

4. 砌筑砖墙时，应采用三一砌筑法，即(　　)。

四、简答题

1. 砖基础施工技术要求有哪些？

2. 墙体厚度有哪些？

3. 传统砖砌检查井有哪些缺点？

4. 简述石挡土墙施工流程。

第 8 章 习题答案.pdf

实训工作单一

班级		姓名		日期	
教学项目		砖基础的施工方法与工艺			
任务	砖基础大放脚组砌形式			组砌形式	三顺一丁
相关知识			一砖一丁		
其他项目					
工程过程记录					
评语				指导教师	

实训工作单二

班级		姓名		日期	
教学项目		砌块墙、柱现场施工			
任务	砌块墙、柱的施工流程		实习要点	掌握砌块墙、柱的工艺要点及施工要注意的事项以及常见问题的处理方法	
相关知识		其他砌筑			
其他项目					
工程过程记录					
评语				指导教师	

第 9 章　混凝土及钢筋混凝土工程　09

 【学习目标】

- 掌握现浇混凝土工程量的计算方法。
- 掌握后浇带工程量的计算方法。
- 掌握预制混凝土工程量的计算方法。
- 掌握钢筋工程及螺栓铁件工程量的计算方法。

第 9 章　混凝土与钢筋混凝土.ppt

 【教学要求】

本章要点	掌握层次	相关知识点
现浇混凝土工程量的计算	掌握现浇混凝土工程量的计算方法	现浇混凝土计算
后浇带工程量的计算	掌握后浇带工程量的计算方法	后浇带计算
预制混凝土工程量的计算	掌握预制混凝土工程量的计算方法	预制混凝土计算
钢筋工程及螺栓铁件工程量的计算	掌握钢筋工程及螺栓铁件工程量的计算方法	钢筋计算

【引子】

　　1796 年，英国人 J. 帕克用泥灰岩烧制出了一种水泥，外观呈棕色，很像古罗马时代的石灰和火山灰混合物，命名为罗马水泥。因为它是采用天然泥灰岩作原料，不经配料直接烧制而成的，故又名天然水泥。这种水泥具有良好的水硬性和快凝性，特别适用于与水接触的工程。1813 年，法国的土木工程师毕加发现了石灰和黏土按 3∶1 混合制成的水泥性能最好。1824 年，英国建筑工人 J. 阿斯普丁取得了波特兰水泥的专利权。他以石灰石和黏土为原料，按一定比例配合后，在类似于烧石灰的立窑内煅烧成熟料，再经磨细制成水泥。

因水泥硬化后的颜色与英格兰岛上波特兰用于建筑的石头相似，故被命名为波特兰水泥。它具有优良的建筑性能，在水泥史上具有划时代意义。

9.1 现浇混凝土工程

9.1.1 现浇混凝土基础

基础是建筑物上部承重结构向下的延伸和扩大，基础承受建筑物的全部荷载，并把这些荷载连同本身的重量一起传递到地基上。地基是承受由基础传递来荷载的土层，但它不是建筑物的组成部分。其中具有一定的地基承载力，直接承受建筑物的荷载，并需要进行力学计算的土层为持力层。持力层以下的土层为下卧层，如图 9-1 所示。

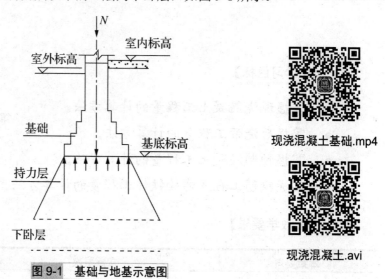

现浇混凝土基础.mp4

现浇混凝土.avi

图 9-1 基础与地基示意图

1. 地基的分类

地基按土层性质的不同，分为天然地基和人工地基两大类。凡是天然土层具有足够的承载力，不需经人工加固或改良便可以作为建筑物地基的被称为天然地基。当建筑物上部的荷载较大或地基的承载力较弱时，必须预先对土壤进行人工加固或改良才能作为建筑物地基的称为人工地基。人工加固地基通常采用压实法、换土法、打桩法以及化学加固法等。

2. 地基与基础的设计要求

1) 地基应具有足够的承载力和均匀程度

建筑物应尽量选择地基承载力较高而且均匀的地段。地基土质应均匀，否则基础处理不当会使建筑物发生不均匀沉降，引起墙体开裂，严重时会影响建筑物的正常使用。

2) 基础应具有足够的强度和耐久性

基础是建筑物的重要承重构件，基础承受着上部结构的全部荷载，是建筑物安全的重要保证。因此基础必须具有足够的强度，才能保证将建筑物的荷载可靠地传递给地基。

3)　经济技术要求

要求设计时尽量选择土质好的地段、优先选用地方材料、合理的构造形式、先进的施工技术方案，以降低消耗，节约成本。

【案例 9-1】 某工程为三层钢筋混凝土框架结构，建筑面积 262m²，坐落在淤泥塘中。施工中先在池内抛石做垫层，然后打 3m 长木桩，桩直径为 8～10cm，间距 50cm。当主体结构完成后，建筑物即向池中倾斜，并倒入池中。事故后钻探，发现池塘中淤泥层厚达 9～10m，建筑物的后排柱就坐落在淤泥层上，其允许地基承载力为 50kPa，但实际荷载已达 115kPa，所打木桩也不能起支承作用，造成地基严重下沉，房屋倾倒。由于当时正在进行房屋装修收尾工程，当场造成 5 人死亡，1 人重伤的重大事故。这是一起无证设计和无证施工造成的重大事故。试分析此次事故发生的主要原因。

扩展资源 1.pdf

3. 基础的计量

1)　现浇混凝土基础清单计算规范

现浇混凝土基础工程量清单项目设置、项目特征描述的内容、计量单位、工程量计算规则按表 9-1 的规定执行，详见二维码。

基础的计量.mp4

2)　现浇混凝土基础定额计算规则

(1)　条形基础也称带形基础。

它分为无梁式(板式基础)和有梁式(有肋条形基础)两种。当其梁(肋)高 h 与梁(肋)宽 b 之比在 4:1 以内的按有梁式条形基础计算。超过 4:1 时，条形基础底板按无梁式计算，以上部分按钢筋混凝土墙计算，如图 9-2 所示。

条形基础.avi

其工程量可用下式计算：

$$条形基础体积 = 基础长度 \times 基础断面积$$

基础长度按外墙中心线计算，内墙按内墙净长线计算。

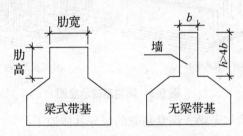

图 9-2　梁式和无梁式基础示意图

T 形搭接部分是带型基础的丁字相连处和十字相连处，既没有计入外墙带形基础工程量内，又没有计入内墙带形基础工程量内的那一部分搭接体积，如图 9-3 所示。

(2)　独立式基础。

当建筑物上部结构采用框架结构或单层排架及门架结构承重时，其基础常采用方形或矩形的单独基础，这种基础称为独立式基础或柱式基础，如图 9-4(a)所示。

独立式基础是柱下基础的基本形式。当柱采用预制构件时，则基础做成杯口形，然后将柱子插入。并嵌固在杯口内，故称为杯形基础，如图 9-4(b)所示。

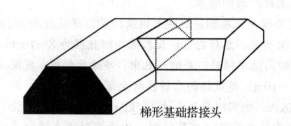

独立基础.avi

梯形基础搭接头

图 9-3　梯形基础搭接头示意图

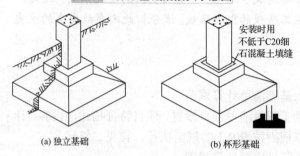

安装时用
不低于C20细
石混凝土填缝

(a) 独立基础　　　　　　　　(b) 杯形基础

图 9-4　独立式基础示意图

独立柱基、桩承台工程量的计算，按图示尺寸实体积以立方米算至基础扩大顶面。

(3) 满堂基础。

当建筑物上部荷载较大，或地基土质很差，承载能力小，采用独立式基础或井格式基础不能满足要求时，可以采用片筏式基础。片筏式基础有平板式和梁板式之分，如图 9-5 所示。

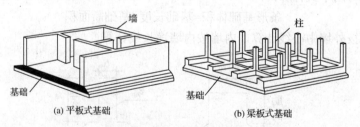

墙　　　　　　　　　　　柱

基础　　　　　　　　　　基础

(a) 平板式基础　　　　　　　　(b) 梁板式基础

图 9-5　满堂基础示意图

① 有梁式满堂基础与无梁式满堂基础的区分具体如下。

a. 有梁式满堂基础是指有凸出板面的梁的满堂基础。

b. 无梁式满堂基础是指无凸出板面的梁的满堂基础。无梁式满堂基础，形似倒置的无梁楼盖。但应注意，带有嵌入板内暗梁的满堂基础，不属于有梁式满堂基础，应划入无梁式满堂基础。

有梁式满堂基础与无梁
式满堂基础的区分.mp4

c. 满堂基础底面向下加深的梁或承台，可分别按带形基础或独立承台计算。即满堂基础底板仍执行无梁式满堂基础，其向下凸出部分执行带形基础或独立桩承台。

　　d. 满堂基础顶面仅局部设梁的(主轴线设梁不足 1/3 的)不能视为有梁式满堂基础,应执行无梁式满堂基础子目,梁部分按基础梁计算。

　　② 工程量计算,具体如下。

　　a. 有梁式满堂基础:按图示尺寸梁板体积之和,以"m³"计算。

　　有梁式满堂基础与柱子的划分:柱高应从柱基的上表面计算。即以梁的上表面为分界线,梁的体积并入有梁式满堂基础,不能从底板的上表面开始计算柱高。

　　b. 无梁式满堂基础:按图示尺寸,以"m³"计算。边肋体积并入基础工程量内计算。

　　无梁式满堂基础与柱子的划分:无梁式满堂基础以板的上表面为分界线,柱高从底板的上表面开始计算,柱墩体积并入柱内计算。

　　(4) 箱形基础。

　　箱形基础是由钢筋混凝土底板、顶板和若干纵横墙组成的,形成中空箱体的整体结构,共同来承受上部结构的荷载。箱形基础整体空间刚度大,对抵抗地基的不均匀沉降有利,一般适用于高层建筑或在软弱地基上建造的上部荷载较大的建筑物。当基础的中空部分尺寸较大时,可用作地下室。

箱形基础.avi

　　箱式满堂基础应分别按满堂基础的柱、墙、梁、板有关规定计算,套相应定额项目,如图 9-6 所示。

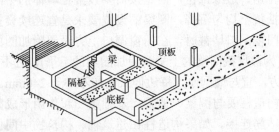

图 9-6　箱形基础示意图

　　(5) 桩承台。

　　桩承台是指一种当建筑物采用桩基础时,在群桩基础上将桩顶用钢筋混凝土平台或者平板连成整体基础,以承受其上荷载的结构。

　　工程量计算按图示桩承台尺寸,以"m³"计算。

　　(6) 设备基础。

　　设备基础除块体以外,其他类型设备基础分别按基础、梁、柱、板、墙等有关规定计算,套相应的定额项目。

　　(7) 基础垫层工程量,按设计图示尺寸以体积计算。

9.1.2　现浇混凝土柱

1. 现浇混凝土柱基本知识

　　矩形柱仅用于柱截面尺寸为 400mm×600mm 以内的柱,此外柱牛腿以上部分、轴心受压柱以及现浇柱常采用矩形截面柱。矩形柱的特点是受弯性能好、施工方便、质量容易保证，但柱截面中间部分受力较小，不能充分发挥混凝土的承受能力，混凝土用量多，自重也重，仅适用于中小型厂房。

异形柱是异形截面柱的简称。这里所谓"异形截面"是指柱截面的几何形状与常用普通的矩形截面相比而言。异形柱截面几何形状为 L 形、T 形和十字形，且截面各肢的肢高肢厚比不大于 4。

构造柱(建筑图纸里符号为 GZ)，通常称为混凝土构造柱，是在砌体房屋墙体的规定部位，按构造配筋，并按先砌墙后浇灌混凝土柱的施工顺序制成的混凝土柱。构造柱主要承担的不是竖向荷载，而是抗剪力、抗震等横向荷载的。

| 异形柱.mp4 | 构造柱.mp4 | 构造柱(1).avi | 构造柱 (2).avi |

构造柱通常设置在楼梯间的休息平台处，纵横墙交接处，墙的转角处，墙长达到 5m 的中间部位。为提高砌体结构的承载能力或稳定性而又不增大截面尺寸，墙中的构造柱已不仅仅设置在房屋墙体转角、边缘部位，而是按需要设置在墙体的中间部位。圈梁可以提高建筑物的整体刚度，抵抗不均匀沉降，圈梁的设置要求是宜连续设置在同一水平面上，不能截断，不可避免有门窗洞口堵截时，在门窗洞口上方设置附加圈梁，附加圈梁伸入支座不得小于 2 倍的高度(为被堵截圈梁的上平到附加圈梁的下平)，且不得小于 1000mm，过梁设置在门窗洞口的上方，宜与墙同厚，每边伸入支座不小于 240mm。

从施工角度讲，构造柱要与圈梁、地梁、基础梁一起作用形成整体结构，与砖墙体要在结构工程有水平拉结筋连接。如果构造柱在建筑物、构筑物中间位置，要与分布筋做连接。构造柱不作为主要受力构件。

2. 现浇混凝土柱清单计算规范

现浇混凝土柱工程量清单项目设置、项目特征描述的内容、计量单位、工程量计算规则按表 9-2 的规定执行，详见二维码。

扩展资源 2.pdf

3. 现浇混凝土柱定额计算规则

柱按图示断面尺寸乘柱高以立方米计算，柱高按下列规定确定。

(1) 有梁板的柱高，应自柱基上表面(或楼板上表面)至上一层楼板上表面之间的高度计算；

(2) 无梁板的柱高，应自柱基上表面(或楼板上表面)至柱帽下表面之间的高度计算；

(3) 框架柱的柱高，应自柱基上表面至柱顶高度计算；

(4) 构造柱(抗震柱)按全高计算，嵌接墙体部分马牙槎并入柱身体积；

| 混凝土柱计算.mp4 | 马牙槎.avi |

(5) 依附柱上的牛腿并入柱身体积计算。

9.1.3 现浇混凝土梁

1. 现浇混凝土梁的基本介绍

钢筋混凝土梁是用钢筋混凝土材料制成的梁。钢筋混凝土梁既可做成独立梁，也可与钢筋混凝土板组成整体的梁-板式楼盖，或与钢筋混凝土柱组成整体的单层或多层框架。钢筋混凝土梁形式多种多样，是房屋建筑、桥梁建筑等工程结构中最基本的承重构件，应用范围极广。

现浇混凝土梁的分类.mp4

钢筋混凝土梁按其截面形式，可分为矩形梁、T 形梁、工字梁、槽形梁和箱形梁；按其施工方法，可分为现浇梁、预制梁和预制现浇叠合梁；按其配筋类型，可分为钢筋混凝土梁和预应力混凝土梁；按其结构简图，可分为简支梁、连续梁、悬臂梁、主梁和次梁等。

【案例 9-2】 某工程为混合结构，屋盖采用现浇钢筋混凝土梁板，梁跨度 9m，为矩形截面，高 800mm，宽 400mm，混凝土为 C30。配筋情况为：梁跨中受力钢筋 4Φ25，支座受力钢筋 2Φ18，浇筑后 14d 拆模，发现梁上有 0.1～0.35mm 宽的裂缝。试分析裂缝出现的原因。

2. 现浇混凝土梁清单计算规范

现浇混凝土梁工程量清单项目设置、项目特征描述的内容、计量单位、工程量计算规则按表 9-3 的规定执行，详见二维码。

扩展资源 3.pdf

3. 现浇混凝土梁定额计算规则

现浇混凝土梁按设计图示尺寸以体积计算。不扣除构件内钢筋、预埋铁件所占体积，伸入墙内的梁头、梁垫并入梁体积内。

(1) 梁长。

① 梁与柱连接时，梁长算到柱侧面，伸入墙内的梁头，应计算在梁内的长度内。

② 与主梁连接的次梁，长度算到主梁的侧面；现浇梁头处有现浇垫块者，垫块体积并入梁内计算。

(2) 梁高。

梁底至顶面的距离。

(3) 圈梁外墙按中心线，内墙按净长线计算；圈梁带挑梁时，以墙的结构外皮为分界线，伸出墙外部分按梁计算；墙内部分按圈梁计算，圈梁与构造柱(柱)连接时，算至柱侧面。

(4) 梁、圈梁带宽度≤300mm 线脚的按梁计算；梁、圈梁带>300mm 线脚或带遮阳板的，按有梁板计算。

9.1.4 现浇混凝土墙

1. 现浇混凝土墙基本介绍

钢筋混凝土墙是指以承受水平荷载为主要目的(同时也承受相应范围内的竖向荷载)而

在房屋结构中设置的成片钢筋混凝土墙体。

在高层和超高层房屋结构中，水平荷载将起主要作用，房屋需要很大的抗侧移能力。框架结构的抗侧移能力较弱，混合结构由于墙体材料强度低和自重大，只限于多层房屋中使用，故在高层和超高层房屋结构中，需要采用新的结构体系，这就是剪力墙结构体系。剪力墙按结构材料可以分为钢筋混凝土剪力墙、钢板剪力墙、型钢混凝土剪力墙和配筋砌块剪力墙，其中以钢筋混凝土剪力墙最为常用。

2. 现浇混凝土墙清单计算规范

现浇混凝土墙工程量清单项目设置、项目特征描述的内容、计量单位及工程量计算规则按表 9-4 的规定执行，详见二维码。

扩展资源 4.pdf

3. 现浇混凝土墙定额计算规则

现浇混凝土墙按图示尺寸以"m³"计算，应扣除门窗洞口>0.3m² 的洞口所占体积。墙垛及突出部分、三角八字、附墙柱(框架柱除外)并入墙体积内计算，执行墙项目。

(1) 外墙长度按外墙中心线长度计算，内墙长度按内墙净长线计算。墙身与框架柱连接时，墙长算至框架柱的侧面。

(2) 墙与现浇板连接时其高度算到板顶面。

(3) 挡护墙厚度≤300mm 时，按墙计算。

9.1.5 现浇混凝土板

1. 现浇混凝土板基本介绍

钢筋混凝土板即用钢筋混凝土材料制成的板，是房屋建筑和各种工程结构中的基本结构或构件，常用作屋盖、楼盖、平台、墙、挡土墙、基础、地坪、路面、水池等，应用范围极广。钢筋混凝土板按平面形状分为方板、圆板和异形板。按结构的受力作用方式分为单向板和双向板。最常见的有单向板、四边支承双向板和由柱支承的无梁平板。板的厚度应满足强度和刚度的要求，如图 9-7 所示。

图 9-7 现浇混凝土楼板示意图

2. 现浇混凝土板清单计算规范

现浇混凝土板工程量清单项目设置、项目特征描述的内容、计量单位及工程量计算规则按表 9-5 的规定执行，详见二维码。

3. 现浇混凝土板定额计算规则

现浇混凝土板按设计图示尺寸以体积计算。不扣除构件内钢筋、预埋铁件及单个面积 ≤0.3m² 的孔洞所占体积。

扩展资源 5.pdf

(1) 有梁板(包括主、次梁与板)按梁、板体积之和计算，各类板墙内的板头并入有梁板体积内计算。

(2) 无梁板系指不带梁(圈梁除外)直接用柱支撑的板，按板和柱帽体积之和计算。

(3) 平板工程量，按板的体积，以"m³"计算。

(4) 挑檐、天沟(檐沟)与板(包括屋面板、楼板)连接时，以外墙外边线为分界线，雨篷、阳台板按设计图示尺寸以墙外部分体积计算，包括伸出墙外的牛腿和雨篷反挑檐的体积。

现浇板定额计算
规则.mp4

【案例 9-3】 某公司生产附属楼采用现浇钢筋混凝土框剪结构，结构安全等级二级，抗震重要性类别为丙类，设防烈度为六度，按三级框架、三级剪力墙进行抗震设计。建筑平面呈 L 形，桩基础、梁、板均为现浇，混凝土设计强度等级均为 C35，板厚度为 120mm。楼板主要受力钢筋的混凝土保护层厚度为 20mm，首层层高为 4.75m，楼层建筑面积为 1544.88m²，在一层楼板浇筑前后，天气晴，气温 26～33℃，2011 年 8 月 20 日上午 7 点开始浇筑一层楼板，25 日凌晨 4 点浇筑结束。监理工程师在 25 日上午便发现有板面出现裂缝，督察施工单位人工表面揉搓，裂缝仍继续发生。9 月 28 日拆模后在板面和板底发现大量的网状裂缝并有明显的渗水现象，梁只有少量裂缝。9 月 29 日二层楼板开始施工，施工方法与一层相同，10 月 12 日完工，第二天下午即发现部分楼板有大量裂缝，情况严重，至拆模时，发现很多裂缝都贯穿至板底。试分析楼板出现大量裂缝的原因。

9.1.6　现浇混凝土楼梯

1. 现浇混凝土楼梯基本介绍

现浇钢筋混凝土楼梯是将楼梯段、平台和平台梁现场浇筑成一个整体，其整体性好，抗震性强。其按构造的不同又分为板式楼梯和梁式楼梯两种，如图 9-8(a)所示。

板式楼梯：是一块斜置的板，其两端支承在平台梁上，平台梁支承在砖墙上。梁式楼梯：是指在楼梯段两侧设有斜梁，斜梁搭置在平台梁上。荷载由踏步板传给斜梁，再由斜梁传给平台梁，如图 9-8(b)所示。

楼梯的基本介绍.mp4

板式楼梯.avi

梁式楼梯.avi

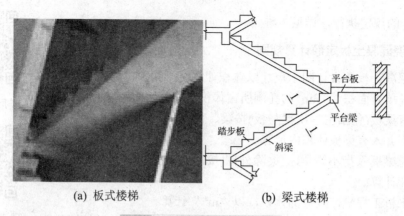

(a) 板式楼梯　　　　(b) 梁式楼梯

图 9-8　现浇混凝土楼梯示意图

2. 现浇混凝土楼梯清单计算规范

现浇混凝土楼梯工程量清单项目设置、项目特征描述的内容、计量单位及工程量计算规则按表 9-6 的规定执行，详见二维码。

扩展资源 6.pdf

3. 现浇混凝土楼梯定额计算规则

现浇混凝土楼梯按设计图示尺寸以水平投影面积计算，楼梯及楼梯井的长度和宽度以图 9-9 所示为准。整体楼梯(包括休息平台、平台梁、斜梁和楼层板的连接梁)分层按水平投影面积计算，不扣除宽度小于 500mm 的楼梯井，伸入墙内部分项目已包括，不另计算。整体楼梯与现浇楼层板无楼梯梁连接时，以楼层的最后一个踏步外边缘加 300mm 为界。

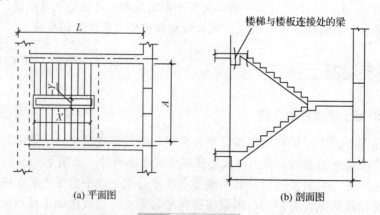

(a) 平面图　　　　　　　　(b) 剖面图

图 9-9　楼梯示意图

9.1.7　现浇混凝土其他构件

1. 现浇混凝土其他构件基本介绍

现浇混凝土台阶、现浇混凝土栏杆、现浇混凝土扶手、现浇混凝土压顶、现浇零星构件在工程中占的比例较少，但是其工程量仍要仔细计算。

2. 现浇混凝土其他构件清单计算规范

现浇混凝土其他构件工程量清单项目设置、项目特征描述的内容、计量单位及工程量计算规则按表 9-7 的规定执行，详见二维码。

扩展资源 7.pdf

3. 现浇混凝土构件定额计算规则

1) 台阶

(1) 以平方米计量，按设计图示尺寸以水平投影面积计算；

(2) 以立方米计量，按设计图示尺寸以体积计算。

2) 扶手、压顶

(1) 以米计量，按设计图示的中心线以延长米计算；

(2) 以立方米计量，按设计图示尺寸以体积计算。

3) 其他构件

(1) 按设计图示尺寸以体积计算；

(2) 以座计量，按设计图示数量计算。

9.2 后 浇 带

1. 现浇后浇带基本介绍

后浇带是建筑施工中为防止现浇钢筋混凝土结构由于自身收缩不均或沉降不均可能产生的有害裂缝，按照设计或施工规范要求，在基础底板、墙、梁相应位置留设的临时施工缝。

后浇带的基本介绍.mp4

后浇带将结构暂时划分为若干部分，经过构件内部收缩，在若干时间后再浇捣该施工缝混凝土，将结构连成整体的地带。后浇带的浇筑时间宜选择气温较低时，可用浇筑水泥或水泥中掺微量铝粉的混凝土，其强度等级应比构件强度高一级，防止新老混凝土之间出现裂缝，造成薄弱部位。设置后浇带的部位还应该考虑模板等措施不同的消耗因素，如图 9-10 所示。

后浇带.avi

图 9-10 后浇带示意图

2. 后浇带清单计算规范

后浇带工程量清单项目设置、项目特征描述的内容、计量单位及工程量计算规则按表 9-8 的规定执行，详见二维码。

3. 后浇带定额计算规则

后浇带按设计图示尺寸以体积计算，计量单位为"m³"。

扩展资源 8.pdf

9.3 预制混凝土工程

1. 预制混凝土工程清单计算规则

包含有预制混凝土柱、预制混凝土梁、预制混凝土屋架、预制混凝土板、预制混凝土楼梯、其他预制构件。

预制混凝土柱工程量清单项目设置、项目特征描述的内容、计量单位及工程量计算规则详见二维码；

预制混凝土梁工程量清单项目设置、项目特征描述的内容、计量单位及工程量计算规则详见二维码；

预制混凝土屋架工程量清单项目设置、项目特征描述的内容、计量单位及工程量计算规则详见二维码；

预制混凝土板工程量清单项目设置、项目特征描述的内容、计量单位及工程量计算规则详见二维码；

预制混凝土楼梯工程量清单项目设置、项目特征描述的内容、计量单位及工程量计算规则详见二维码；

其他预制构件工程量清单项目设置、项目特征描述的内容、计量单位及工程量计算规则详见二维码；

表 9-9～表 9-14 详见二维码。

扩展资源 9～14.pdf

【案例 9-4】 某高速公路上跨京沪铁路线高架桥，采用现场预制 40m 的箱形简支梁，在箱梁进行预应力张拉时，编号为 B32-33-1、B32-33-2 和 B32-33-3 共计片梁出现了裂纹，其中 B32-33-3 片梁最为严重，共计出现 8 处裂纹，有 3 处裂纹为从梁顶板开始的裂纹，长度分别为 1.3m 至 1.45m，通过采用超声波检测裂纹深度为 45mm 左右，在裂纹处钻探取芯发现裂纹为贯通箱梁顶板的裂纹，考虑到可能将影响箱梁的使用寿命，因此对该片箱梁进行了报废处理，其余两片梁存在少量裂纹，裂纹深度较浅，确定为温度裂纹，将来进行桥面铺装层浇筑后箱梁顶板将受压应力作用，温度裂纹将自动闭合，不影响箱梁的使用寿命，决定可以使用。试分析下 B32-33-3 预制箱梁质量事故出现的原因。

2. 混凝土工程定额计算规则

(1) 预制柱、梁、屋架、檩、枋、椽、沟盖板、井盖板、井圈等均按设计图示尺寸以体积计算。不扣除构件内钢筋、预埋铁件所占体积。

(2) 预制平板、槽形板、网架板、折线板、带肋板、大型板按设计图示尺寸以体积计算。不扣除构件内钢筋、预埋铁件及单个尺寸≤0.3m² 的孔洞所占体积。

(3) 预制楼梯按设计图示尺寸以体积计算。不扣除构件内钢筋、预埋铁件所占体积，但应扣除空心踏步板空洞体积。

(4) 其他预制构件、水磨石构件均按设计图示尺寸以体积计算。不扣除构件内钢筋、预埋铁件及单个尺寸≤0.3m² 的孔洞所占体积。

(5) 花格、花窗均按外围尺寸以"m²"计算。

9.4　钢筋工程及螺栓铁件

9.4.1　钢筋工程

钢筋工程应区别现浇、预制构件，不同钢种和规格，分别按设计长度乘以单位重量，以吨计算。

计算钢筋工程量时，设计已规定钢筋搭接长度的，按规定搭接长度计算；设计未规定搭接长度的，已包括在钢筋的损耗率之内，不另计算搭接长度。钢筋电渣压力焊接、套筒挤压等接头，以个计算。

1. 各类钢筋计算长度的确定

钢筋长度=构件图示尺寸−保护层总厚度+两端弯钩长度
　　　　　+(图纸注明的搭接长度、弯起钢筋斜长的增加值)

钢筋工程量的计算.mp4

下面介绍式中保护层厚度、钢筋弯钩长度、弯起钢筋斜长的增加值以及各种类型钢筋设计长度的计算方法。

2. 钢筋的混凝土保护层厚度

(1) 受力钢筋的混凝土保护层厚度，应符合设计要求，当设计无具体要求时，不应小于受力钢筋直径，并应符合表 9-15 的要求。

扩展资源 15.pdf

表 9-15　钢筋的混凝土保护层厚度(单位：mm)

环境条件	构件名称	混凝土强度等级		
		低于 C25	C25 及 C30	高于 C30
室内正常环境	板、墙、壳	15		
	梁、柱	25		
露天或室内高温度环境	板、墙、壳	35	25	15
	梁、柱	45	35	25
有垫层	基础	35		
无垫层		70		

注：轻骨料混凝土的钢筋保护层厚度应符合国家现行标准《轻骨料混凝土结构设计规程》。

(2) 处于室内正常环境由工厂生产的预制构件，当混凝土强度等级不低于 C20 且施工质量有可靠保证时，其保护层厚度可按表中规定减少 5mm，但预制构件中的预应力钢筋的保护层厚度不应小于 15mm；处于露天或室内高湿度环境的预制构件，当表面另作水泥砂浆抹面且质量有可靠保证措施时，其保护层厚度可采用表中室内正常环境中的构件的保护层厚度数值。

(3) 钢筋混凝土受弯构件，钢筋端头的保护层厚度一般为 10mm；预制的肋形板，其主肋的保护层厚度可按梁考虑。

(4) 板、墙、壳中分布钢筋的保护层厚度不应小于 10mm；梁、柱中的箍筋和构造钢筋的保护层厚度不应小于 15mm。

3. 钢筋的弯钩长度

Ⅰ级钢筋末端需要做 180°、135°、90° 弯钩时，其圆弧弯曲直径 D 不应小于钢筋直径 d 的 2.5 倍，平直部分长度不宜小于钢筋直径 d 的 3 倍；HRB335 级、HRB40 级钢筋的弯弧内径不应小于钢筋直径 d 的 4 倍，弯钩的平直部分长度应符合设计要求。180° 的每个弯钩长度=6.25d；135° 的每个弯钩长度=4.9d；90° 的每个弯钩长度=3.5d（d 为钢筋直径，单位为 mm）。

4. 弯起钢筋斜长的增加值

弯起钢筋的弯起角度一般有 30°、45°、60° 三种，其弯起增加值是指钢筋斜长与水平投影长度之间的差值，见表 9-16。

表 9-16　弯起钢筋斜长及增加长度计算表

形　状		30°	45°	60°
计算方法	斜边长 S	$2h$	$1.414h$	$1.155h$
	增加长度 $S-L-\Delta L$	$0.268h$	$0.414h$	$0.577h$

5. 箍筋的长度

箍筋的末端应作弯钩，弯钩形式应符合设计要求。当设计无具体要求时，用Ⅰ级钢筋或低碳钢丝制作的箍筋，其弯钩的弯曲直径 D 不应大于受力钢筋直径，且不小于箍筋直径的 2.5 倍，弯钩的平直部分长度，一般结构的，不宜小于箍筋直径的 5 倍，有抗震要求的结构构件箍筋弯钩的平直部分长度不应小于箍筋直径的 10 倍，如图 9-11 所示。

箍筋弯钩.mp4

箍筋长度的两种计算方法。

(1) 可按构件断面外边周长减去 8 个混凝土保护层厚度再加 2 个弯钩长度计算；

(2) 可按构件断面外边周长加上增减值计算，具体增减值参考有关规定。

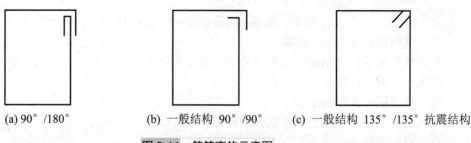

(a) 90°/180°　　(b) 一般结构 90°/90°　　(c) 一般结构 135°/135° 抗震结构

图9-11　箍筋弯钩示意图

6. 钢筋的锚固长度

钢筋的锚固长度是指各种构件相互交接处彼此的钢筋应互相锚固的长度。设计图有明确规定的，钢筋的锚固长度按图计算；当设计无具体要求时，则按《混凝土结构设计规范》的规定计算。

注： 当符合下列条件时，计算的锚固长度应进行修正。

(1) 当 HRB335、HRB400 及 RRB400 级钢筋的直径大于 25mm 时，其锚固长度应乘以修正系数 1.1；

(2) 当 HRB335、HRB400 及 RRB400 级的钢筋为环氧树脂涂层钢筋时，其锚固长度应乘以修正系数 1.25；

(3) 当 HRB335、HRB400 及 RRB400 级钢筋在锚固区的混凝土保护层厚度大于钢筋直径的 3 倍且配有箍筋时，其锚固长度应乘以修正系数 0.8；

(4) 经上述修正后的锚固长度不应小于按公式计算锚固长度的 0.7，且不应小于 250mm；

(5) 纵向受压钢筋的锚固长度不应小于受拉钢筋锚固长度的 0.7。

1) 纵向受拉钢筋的抗震锚固长度

纵向受拉钢筋的抗震锚固长度 l_{aE} 应按下列公式计算：

一、二级抗震等级：　　　　　$l_{aE}=1.15L_a$ 　　　　　　　(9-1)

三级抗震等级：　　　　　　　$l_{aE}=1.05L_a$ 　　　　　　　(9-2)

四级抗震等级：　　　　　　　$l_{aE}=L_a$ 　　　　　　　　　(9-3)

2) 圈梁、构造柱钢筋锚固长度

圈梁、构造柱钢筋锚固长度应按最新《建筑抗震结构详图》进行参考，同时根据图纸上的要求进行调整，但是其图纸上的要求不得低于其强度、刚度等硬性要求。

9.4.2　螺栓、铁件

在计算钢筋用量时，还要注意设计图纸未画出以及未明确表示的钢筋，如楼板中双层钢筋的上部负弯矩钢筋的附加分布筋、满堂基础底板的双层钢筋在施工时支撑所用的马凳及钢筋混凝土墙施工时所用的拉筋等。这些都应按规范要求计算，并入其钢筋用量中。

1. 混凝土构件钢筋、预埋铁件工程量计算

1) 现浇构件钢筋制作、安装工程量

钢筋按理论重量计算：

$$\text{钢筋工程量}=\text{钢筋长度}\times\text{钢筋理论质量} \tag{9-4}$$

2) 预制钢筋混凝土工程量

凡是标准图集构件钢筋，可直接查表，其工程量=单件构件钢筋理论重量×件数；而非标准图集构件钢筋计算方法同上式。

3) 预埋铁件工程量

预埋铁件工程量按图示尺寸以理论重量计算。

4) 螺栓工程量

螺栓按实际工程量进行计算。

2．预制混凝土构件运输及安装

1) 一般规定

(1) 预制混凝土构件运输及安装，均按构件图示尺寸以实际体积计算；

(2) 钢构件按构件设计图示尺寸以吨计算；所需螺栓、焊条等重量不另计算；

(3) 木门窗以外框面积按平方米计算。

2) 构件制作、运输、安装损耗率

预制钢筋混凝土构件制作、运输、安装损耗率，按表9-17规定计算后并入构件工程量内。其中预制混凝土屋架、桁架及长度在9m以上的梁、板、柱不计算损耗率。

表 9-17　预制钢筋混凝土构件制作、运输、安装损耗率表

名　　称	制作废品率	运输对方损耗率	安装(打桩)损耗率
各类预制构件	0.2%	0.8%	0.5%
预制钢筋混凝土柱	0.1%	0.4%	1.5%

综合上述规定和表9-17的规定，预制构件含各种损耗率的工程量计算方法如下：

$$\text{预制构件制作工程量}=\text{图示尺寸实体积}\times(1+1.5\%) \tag{9-5}$$

$$\text{预制构件运输工程量}=\text{图示尺寸实体积}\times(1+1.3\%) \tag{9-6}$$

$$\text{预制构件安装工程量}=\text{图示尺寸实体积}\times(1+0.5\%) \tag{9-7}$$

9.5　实训课堂

【实训1】如图9-12所示，某框架结构采用C30的混凝土，水泥42.5级。底层柱基顶面至楼板上表面5.6m，框架柱KZ1的截面尺寸为600mm×600mm，框架梁KL1的截面尺寸为400mm×400mm，楼板厚120mm。试计算框架柱、梁和楼板清单工程量和定额综合单价。

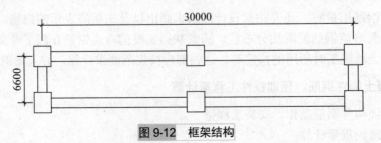

图 9-12　框架结构

解：(1) 清单工程量。

① 现浇柱工程量 $V_柱$：

$V_柱 = 0.6 \times 0.6 \times 5.6 \times 6$

$V_柱 = 12.096 m^3$

② 现浇板工程量 $V_板$：

$V_板 = (6.6+0.3+0.3) \times (30+0.3+0.3) \times 0.12$

$V_板 = 26.438 m^3$

③ 现浇梁工程量 $V_梁$：

$V_梁 = 0.4 \times 0.4 \times 6.6 \times 2 + 0.4 \times 0.4 \times 30 \times 2$

$V_梁 = 11.712 m^3$

(2) 定额工程量。

① 现浇柱工程量 $V_柱$：

$V_柱 = 0.6 \times 0.6 \times 5.6 \times 6$

$V_柱 = 12.096 m^3$

② 现浇板工程量 $V_板$：

$V_板 = (6.6+0.3+0.3) \times (30+0.3+0.3) \times 0.12$

$V_板 = 26.438 m^3$

③ 现浇梁工程量 $V_梁$：

$V_梁 = 0.4 \times 0.4 \times 6.6 \times 2 + 0.4 \times 0.4 \times 30 \times 2$

$V_梁 = 11.712 m^3$

(3) 框架柱为矩形柱，以此查得定额对应子目的综合单价为 4146.83 元/$10m^3$，定额含量为 9.797m^3/$10m^3$，单价为 260 元/m^3，其中定额混凝土强度为 C20，与设计混凝土 C30 强度不符，需要对子目进行换算，C30 的混凝土单价为 280 元/m^3。

现浇柱换算后综合单价=4146.83+(280-260)×9.797

$\qquad\qquad = 4342.77(元/10m^3)$

现浇板为平板，以此查得定额对应子目的综合单价为 3492.39 元/$10m^3$，定额含量为 10.100m^3/$10m^3$，单价为 260 元/m^3，其中定额混凝土强度为 C20，与设计混凝土 C30 强度不符，需要对子目进行换算，C30 的混凝土单价为 280 元/m^3。

现浇板换算后综合单价=3492.39+(280-260)×10.100

$\qquad\qquad = 3694.39(元/10m^3)$

现浇梁为矩形梁，以此查得定额对应子目的综合单价为 3318.21 元/$10m^3$。

(4) 定额综合单价合计。

现浇柱综合单价合计=4342.77×12.096

$\qquad\qquad = 52530.15(元)$

现浇板综合单价合计=3694.39×26.438

$\qquad\qquad = 97672.28(元)$

现浇梁综合单价合计=3318.21×11.712

$\qquad\qquad = 38862.88(元)$

【实训 2】如图 9-13 所示，某带形独立基础采用 C30 混凝土，带形基础长 100m，柱宽 240mm，大放脚宽度为 62.5mm，第一皮砖高度为 126mm，二皮砖高度为 63mm。试求独立基础的定额和清单工程量。

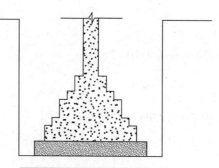

图 9-13　带形基础断面积

解：(1) 清单工程量：

独立基础清单工程量=[(126×(240+62.5×2)+63×(240+62.5×4)+126×(240+62.5×6)
　　　　　　　　+63×(240+62.5×8)+126×(240+62.5×10)]×100÷1000÷1000
　　　　　　　　=30.996(m³)

(2) 定额工程量：

独立基础定额工程量=[(126×(240+62.5×2)+63×(240+62.5×4)+126×(240+62.5×6)
　　　　　　　　+63×(240+62.5×8)+126×(240+62.5×10)]×100÷1000÷1000
　　　　　　　　=30.996(m³)

【实训 3】如图 9-14 所示，某平行双跑楼梯采用 C25 混凝土，楼梯井宽度为 600mm，长度为 2.5m，试求某平行双跑楼梯的定额和清单工程量，楼梯的长度 L 为 3.7m，楼梯的宽度 A 为 3m。试求平行双跑楼梯的定额、清单工程量和定额综合单价。

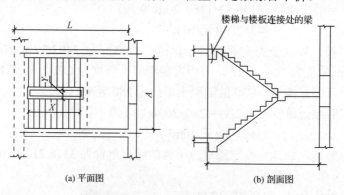

(a) 平面图　　　　　　　　(b) 剖面图

图 9-14　钢筋混凝土现浇板示意图

解：(1) 清单工程量：

$S_{梯井}$=0.6×2.5

$S_{楼梯投影面积}$=3.7×3-$S_{梯井}$=9.6m²

(2) 定额工程量：

$S_{梯井}$=0.6×2.5

$S_{楼梯投影面积}=3.7\times3-S_{梯井}=9.6(m^2)$

(3) 现浇楼梯为直形楼梯，以此查得定额对应子目的综合单价为 1254.26 元/10m³，定额含量为 2.586m³/10m³，单价为 260 元/m³，其中定额混凝土强度为 C20，与设计混凝土 C30 强度不符，需要对子目进行换算，C30 的混凝土单价为 280 元/m³。

换算后的现浇楼梯=1254.26+(280-260)×2.586

$\qquad$ =1305.98(元/10m³)

(4) 定额综合单价合计：

现浇楼梯=1305.98×9.6

$\qquad$ =12537.408(元)

本章小结

通过本章的学习，同学们可以系统地学习现浇混凝土工程、后浇带、预制混凝土工程、钢筋工程及螺栓铁件清单计算规范和定额计算规则。为以后从事造价工程行业的工作打下一个坚实的基础。

实训练习

一、单选题

1. 模板设计要求所设计的模板必须满足(　　)。
   A. 刚度要求　　　　B. 强度要求　　　　C. 刚度和强度要求　　　　D. 变形协调要求
2. 梁的截面较小时，木模板的支撑形式一般采用(　　)。
   A. 琵琶支撑　　　　B. 井架支撑　　　　C. 隧道模　　　　D. 桁架
3. 下列组合钢模板尺寸不符合常用模数的是(　　)。
   A. 300×1500　　B. 250×1000　　C. 200×900　　　　D. 150×1050
4. 大模板角部连接方案采用(　　)。
   A. 小角模方案　　B. 大角模方案　　C. 木板镶缝　　　　D. A+B
5. 滑升模板组成(　　)。
   A. 模板系统、操作系统和液压系统　　B. 操作平台、内外吊架和外挑架
   C. 爬杆、液压千斤顶和操纵装置　　D. B+C
6. 当梁跨度大于 4m 时，梁底模应起拱，起拱高度为跨度的(　　)。
   A. 0.8%～1%　　B. 1%～3%　　　C. 3%～5%　　　　D. 0.1%～0.3%

二、多选题

1. 模板及支架应具有足够的(　　)。
   A. 刚度　　　B. 强度　　　C. 稳定性　　　D. 密闭性　　　E. 湿度
2. 用作模板的地坪、胎膜等应平整光洁，不得产生影响构件的质量的(　　)。
   A. 下沉　　　B. 裂缝　　　C. 起砂　　　D. 起鼓　　　E. 坡度

3. 模板拆除的顺序一般是( )。

A. 先支的先拆   B. 先支的后拆   C. 后支的先拆

D. 后支的后拆   E. 先拆模板后拆柱模

4. 在使用绑扎接头时,钢筋下料强度为外包尺寸加上( )。

A. 钢筋末端弯钩增长值   B. 钢筋末端弯折增长值   C. 搭接长度

D. 钢筋中间部位弯折的量度差值   E. 钢筋末端弯折的量度差值

5. 钢筋锥螺纹连接方法的优点是( )。

A. 丝扣松动对接头强度影响小   B. 应用范围广   C. 不受气候影响

D. 扭紧力矩不准对接头强度影响小   E. 现场操作工序简单、速度快

6. 某大体积混凝土采用全面分层法连续浇筑时,混凝土初凝时间为 180min,运输时间为 30min。已知上午 8 时开始浇筑第一层混凝土,那么可以在上午( )开始浇筑第二层混凝土。

A. 9 时   B. 9 时 30 分   C. 10 时   D. 11 时   E. 11 时 30 分

三、简答题

1. 简述地基与基础的设计要求。

2. 简述钢筋混凝土板的划分。

3. 什么是后浇带?

4. 简述钢筋的锚固长度。

四、案例题

1. 钢筋混凝土现场现浇如图 9-15 所示,计算 10 块板的钢筋工程量。

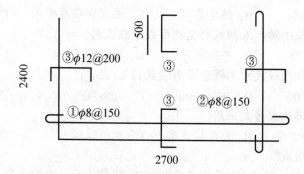

图 9-15 板的钢筋量

2. 根据施工图计算出的预应力空心板为 2.78m³,计算空心板的制作、运输、安装工程量。

第 9 章 习题答案.pdf

实训工作单一

班级		姓名		日期	
教学项目		现浇混凝土施工要点			
任务		现浇施工时模板、混凝土浇筑、养护、拆模		浇筑形式	现浇
相关知识			预制混凝土		
其他项目					
工程过程记录					
评语				指导教师	

实训工作单二

班级		姓名		日期	
教学项目		钢筋绑扎、焊接			
任务	绑扎方法以及焊接方法	焊接形式		电阻点焊、闪光对焊、电弧焊、电渣压力焊、埋弧压力焊和气压焊	
相关知识		预制混凝土焊接			
其他项目					
工程过程记录					
评语			指导教师		

第 10 章 金属结构、木结构工程 10

 【学习目标】

- 钢网架、钢屋架、钢托架、钢桁架、钢架桥基础知识及计算方法。
- 钢柱、钢梁的分类及清单定额计算方法。
- 钢板楼板、墙板计算。
- 钢构件、金属制品基本特点和计算。

第 10 章 金属结构、木结构工程.pptx

 【教学要求】

本章要点	掌握层次	相关知识点
钢网架、钢屋架、钢托架、钢桁架、钢架桥的计算	1. 了解钢网架、钢屋架、钢托架、钢桁架、钢架桥的基本含义 2. 掌握上述各种钢架的计算	钢网架、钢屋架、钢托架、钢桁架、钢架桥
钢柱、钢梁的计算	1. 知道钢柱、钢梁的分类 2. 掌握钢柱、钢梁的计算	钢柱、钢梁
钢板楼板、墙板的计算	1. 了解钢板楼板、墙板基本知识 2. 掌握钢板楼板、墙板计算	钢板楼板、墙板
钢构件、金属制品	1. 了解钢构件、金属制品特点 2. 掌握钢构件、金属制品的计算	钢构件、金属制品

 【引子】

2000 多年前，我国劳动人民就已经知道从矿物中冶炼铜和铁，铸造出铜器和铁器。自从掌握了冶炼技术以来，人们从矿物中提取出了许多有用的金属，如铜、铁、铝等。现在，利用金属制成的工具、机器等随处可见。

中国古建筑以木材、砖瓦为主要建筑材料,以木构架结构为主要的结构方式。这种结构方式,由立柱、横梁、顺檩等主要构件建造而成,各个构件之间的节点以榫卯相吻合,构成富有弹性的框架。中国古代木构架有抬梁、穿斗、井干三种不同的结构方式。木构架结构有很多优点,首先,承重与围护结构分工明确,屋顶重量由木构架来承担,外墙起遮挡阳光、隔热防寒的作用,内墙起分割室内空间的作用。由于墙壁不承重,这种结构赋予建筑物极大的灵活性。其次,有利于防震、抗震,木构架结构很类似今天的框架结构,由于木材具有的特性,而构架的结构所用斗拱和榫卯又都有相当地伸缩余地,因此在一定限度内可减少地震对这种构架所引起的危害。"墙倒屋不塌"形象地表达了这种结构的特点。

10.1　金属结构工程

10.1.1　钢网架、钢屋架、钢托架、钢桁架、钢架桥

1. 钢网架、钢屋架、钢托架、钢桁架、钢架桥基础知识

(1) 钢桁架:可以理解为若干钢梁与构件组成的空间主钢梁。钢桁架可以是相冠线(钢管相冠焊接),一般机场候机厅多用此类;也可以是由角钢组成,比如简易的自行车棚。

(2) 钢屋架:包括了钢网架屋架、钢桁架屋架、H 形钢等结构形式。

金属结构.avi

(3) 钢网架:主要分为螺栓球和焊接球网架两种,还有板节点的,是按照一定的网格形式通过节点连接而成的空间结构。钢网架不仅可以应用于屋面,还可以用来做柱、墙、造型等。普通人最常见的是应用于加油站顶棚。

(4) 钢托架:在工业厂房中,由于工业或者交通需要,需要去掉某轴上的柱子,这就要在大开间位置设置托架,支托去掉柱子的屋架,托架安装在两端的柱子上,托架因起梁的作用所以也叫托架梁。这个很少出现在常规工程项目中。

(5) 钢架桥:是用型钢架的刚架桥,是指桥梁上部结构的梁和墩台固结成整体,形成刚性结构的桥梁。钢架桥的钢架构件既能承受弯矩,也能承受轴向力,梁的高度较矮,适合用作跨线桥。钢架桥一般可分为连续钢架、斜腿钢架和 T 形钢架三种类型,其中连续钢架桥有较好的抗震性能;斜腿钢架桥造型轻巧美观;T 型钢架桥是从桥墩上伸出悬臂,形如 T 型,故此得名。这种桥型能减小振动,提高弹性,在跨越深水、深谷、大河、急流的大跨度桥梁中常被使用。

【案例 10-1】2014 年 8 月 3 日 13 时 30 分,黑龙江省绥化市第七中学新建项目(艺体馆)工程施工现场,屋面钢结构网架在安装过程中发生坍塌,造成 3 名施工人员死亡。试分析屋面钢结构网架坍塌的可能原因。

2. 钢网架、钢屋架、钢托架、钢桁架、钢架桥清单分项

钢网架、钢屋架、钢托架、钢桁架、钢架桥清单分项详见二维码。

扩展资源 1.pdf

3. 钢网架、钢屋架、钢托架等的定额计算规则

(1) 球节点钢网架制作工程量按钢网架整个重量计算，即钢杆件、球节点、支座等重量之和，不扣除球节点开孔所占重量。

(2) 计算钢屋架制作的工程量时，依附于屋架上的檩托、角钢重量并入钢屋架重量内。

(3) 计算钢托架制作工程量时，依附于托架上的牛腿或悬臂梁的重量应并入钢托架重量内。

(4) 计算钢墙架制作工程量时，墙架柱、墙架梁及连系拉杆重量并入钢墙架重量内。

(5) 金属结构构件制作按设计图示钢材尺寸以吨计算，不扣除孔眼、切边的重量，焊条、铆钉、螺栓等重量已包括在项目内，不另计算。在计算不规则或多边形钢板重量时按其最小外接矩形面积计算。

10.1.2　钢柱

1. 钢柱的基础知识

1) 钢柱的概念

钢柱是用钢材制造的柱。大中型工业厂房、大跨度公共建筑、高层房屋、轻型活动房屋、工作平台、栈桥和支架等的柱，大多采用钢柱。

2) 钢柱的分类

钢柱.mp4

钢柱按截面形式可分为实腹柱和格构柱。实腹柱具有整体的截面，最常用的是工形截面；格构柱的截面分为两肢或多肢，各肢间用缀条或缀板连系，当荷载较大、柱身较宽时钢材用量较省。

3) 钢柱的设计要求

钢柱截面应满足强度、稳定和长细比限制等要求，截面的各组成部件还应满足局部稳定的要求。

4) 钢柱的荷载

柱的最大受压或受拉正应力应不超过钢材的设计强度。对轴心受压柱，轴心压力在截面内引起均匀的受压正应力；对偏心受压柱，由于弯矩的作用，在截面内引起不均匀的正应力，通常在截面偏心一侧的最外层纤维应力为最大压应力，另一侧最外层纤维应力为最小压应力，弯矩较大时可能出现最大拉应力，如图 10-1 所示。

图 10-1　钢柱示意图

工程上用的钢柱常有缺陷，如钢材热轧和结构焊接过程中不均匀加热和冷却所产生的截面残余应力、构件初弯曲等制造偏差，以及构件连接初偏心等安装偏差等。这些缺陷将降低临界应力和稳定系数，对于不同截面形式的钢柱，稳定系数的降低情况各不相同。

2. 钢柱清单分项

钢柱清单分项详见二维码。

扩展资源 2.pdf

(1) "实腹柱"项目适用于实腹钢柱和实腹式型钢混凝土柱。

(2) "空腹柱"项目适用于空腹钢柱和空腹型钢混凝土柱。

(3) "钢管柱"项目适用于钢管柱和钢管混凝土柱。

3. 钢柱定额计算规则

(1) 实腹柱、H 型钢按图示尺寸计算，其中腹板及翼板宽度按每边增加 10mm 计算。

(2) 计算钢柱制作工程量时，依附于柱上的牛腿及悬臂梁的重量应并入柱身的重量内。

10.1.3　钢梁

1. 钢梁基础知识

钢梁是用钢材制造的梁。厂房中的吊车梁和工作平台梁、多层建筑中的楼面梁、屋顶结构中的檩条等，都可以采用钢梁。钢梁上承受固定集中荷载处(包括梁的支座处)，当荷载作用在翼缘上时，该处翼缘与腹板交界部位的腹板水平截面，应具有足够的抗竖向局部压力的能力。钢梁截面的大小都须经计算确定，并满足强度、整体稳定和刚度三个主要要求。钢梁的强度包括抵抗弯曲、剪切以及竖向局部承压的能力。钢梁加劲肋是焊在腹板两侧用以防止腹板丧失局部稳定的条形钢板。

钢梁.mp4

限于运输条件，在工厂将梁分段制成，运至工地再拼接成整体，称工地拼接。因钢材尺寸不足，在制造厂中把梁的各个组成部分接长或加宽而完成的拼接，称工厂拼接。在拼接处，应保证梁的强度不被削弱和变形的连续性。组合梁的工厂拼接应使翼缘板和腹板的接缝分散在不同截面处。为了便于运输，工地拼接中翼缘板和腹板的接缝可设在同一截面上，但宜设在受力较小的部位。拼接方法一般采用坡口对焊焊缝连接，省工省料；但对重型梁的工地拼接，也可用拼接板高强螺栓连接，以提高拼接质量和改善梁的动力性能，如图 10-2 所示。

【案例 10-2】 2014 年 5 月 1 日 18 时左右，河南省新乡市河南中部医药物流产业园 2 号分拣中心工程施工现场，钢构厂房钢梁在安装过程中发生失稳倒塌，造成 3 名施工人员死亡。试分析钢梁在安装过程中发生失稳的可能原因。

图 10-2　钢梁示意图

2. 钢梁分类

1) 型钢梁

用热轧成型的工字钢或槽钢等制成(见热轧型钢)，檩条等轻型梁还可以采用冷弯成型的 Z 形钢和槽钢(见冷弯型钢)。型钢梁加工简单、造价较廉，但型钢截面尺寸受到一定规格的限制。当荷载和跨度较大，采用型钢截面不能满足强度、刚度或稳定要求时，则采用组合梁。

2) 组合梁

由钢板或型钢焊接或铆接而成。由于铆接费工费料，常以焊接为主。常用的焊接组合梁是由上、下翼缘板和腹板组成的工形截面和箱形截面，后者较费料，且制作工序较繁，但具有较大的抗弯刚度和抗扭刚度，适用于有侧向荷载和抗扭要求较高或梁高受到限制等情况。

3. 钢梁清单分项

钢梁清单分项详见二维码。

4. 钢梁定额计算规则

(1) 实腹柱、吊车梁、H 形钢按图示尺寸计算，其中腹板及翼板宽度按每边增加 10mm 计算。

扩展资源 3.pdf

(2) 计算吊车梁制作工程量时，依附于吊车梁的连接钢板重量并入吊车梁重量内，但依附于吊车梁上的钢轨、车挡、制动梁的重量，应另列项目计算。

(3) 单梁悬挂起重机轨道工字钢含量及垃圾斗、出垃圾门的钢材含量，项目规定与设计不同时，可按设计规定调整，其他不变。

(4) 钢制动梁的制作工程量包括制动梁、制动桁架、制动板重量。

10.1.4　钢板楼板、墙板

1. 钢板楼板、墙板基础知识

压型钢板与混凝土组合楼板是指由压型钢板上浇筑混凝土组成的组合楼板，根据压型钢板是否与混凝土共同工作可分为组合板和非组合板。组合板是指压型钢板除用作浇筑混凝土的永久性模板外，还充当板底受拉钢筋的现浇混凝土楼(屋面)板。非组合板是指压型钢板仅作为混凝土楼板的永久性模板，不考虑参与结构受力的现浇混凝土楼(屋面)板，如图 10-3 所示。

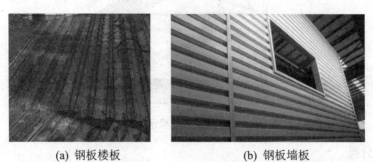

(a) 钢板楼板　　　　　　　　　(b) 钢板墙板

图 10-3　钢板楼(墙)板示意图

2. 钢板楼板、墙板清单分项

钢板楼板、墙板清单分项详见二维码。

扩展资源 4.pdf

10.1.5 钢构件、金属制品

1. 钢构件、金属制品基础知识

1) 钢构件

钢构件是指用钢板、角钢、槽钢、工字钢、焊接或热轧 H 型钢冷弯或焊接通过连接件连接而成的能承受和传递荷载的钢结构组合构件。

钢构件.mp4

钢构件体系具有自重轻、工厂化制造、安装快捷、施工周期短、抗震性能好、投资回收快、环境污染少等综合优势，与钢筋混凝土结构相比，更具有"高、大、轻"三个方面的独特优势，在全球范围内，特别是发达国家和地区，钢构件在建筑工程领域中得到合理、广泛的应用。

为了保证钢构件安全可靠地工作，构件必须具有足够的承载能力，即具有足够的强度、刚度和稳定性，这是保证构件工作安全的三个基本要求。

2) 金属制品

金属制品行业包括结构性金属制品制造、金属工具制造、集装箱及金属包装容器制造、不锈钢及类似日用金属制品制造等。随着社会的进步和科技的发展，金属制品在工业、农业以及人们生活的各个领域的运用越来越广泛，也给社会创造越来越大的价值。

金属制品行业在发展过程中也遇到很多困难，例如技术单一、技术水平偏低、缺乏先进的设备、人才短缺等，这些因素制约了金属制品行业的发展。为此，可以采取提高企业技术水平，引进先进技术设备，培养适用人才等方法来提高中国金属制品业的发展。

目前，金属制品行业的产品越来越趋向于多元化，随着业界的技术水平越来越高，产品质量会稳步提高，竞争与市场将进一步合理化。加上国家对行业的进一步规范，以及相关行业优惠政策的实施，未来金属制品行业将有巨大的发展空间。

2. 钢构件、金属制品清单分项

钢构件、金属制品清单分项详见二维码。

3. 钢构件、金属制品定额计算规则

扩展资源 5～6.pdf

(1) 钢支撑制作项目包括柱间、屋架间水平及垂直支撑，以吨为单位计算。

(2) 计算钢平台制作工程量时，平台柱、平台梁、平台板(花纹钢板或箅式)、平台斜撑、钢扶梯及平台栏杆等的重量，应并入钢平台重量内。

(3) 钢漏斗制作工程量，矩形按图示分片，圆形按图示展开尺寸，并依钢板宽度分段计算，依附漏斗的型钢并入漏斗重量内计算。

(4) 计算天窗挡风架制作工程量时，柱侧挡风板及挡雨板支架重量并入天窗挡风架重量内，天窗架应另列项目计算，天窗架上的横挡支爪、檩条爪应并入天窗架重量计算。

10.2　木结构工程

10.2.1　木结构

1. 木结构的基础知识

木结构因为是由天然材料组成，受着材料本身条件的限制，因而木结构多用在民用和中小型工业厂房的建造中。木屋构造结构包括木屋架、支撑系统、吊顶、挂瓦条及屋面板等。

木构件.mp4

木结构是用木材制成的结构。木材是一种取材容易，加工简便的结构材料。木结构自重较轻，木构件便于运输、装拆，能多次使用，故广泛地用于房屋建筑中，也用于桥梁和塔架。近代胶合木结构的出现，更扩大了木结构的应用范围。

木材受拉和受剪皆是脆性破坏，其强度受木节、斜纹及裂缝等天然缺陷的影响很大，但在受压和受弯时具有一定的塑性。木材处于潮湿状态时，将受木腐菌侵蚀而腐朽，在空气温度、湿度较高的地区，白蚁、蛀虫、家天牛等对木材危害颇大。木材能着火燃烧，但有一定的耐火性能。因此木结构应采取防腐、防虫、防火措施，以保证其耐久性，如图 10-4 所示。

图 10-4　木结构示意图

2. 木结构分类

木结构按连接方式和截面形状分为齿连接的原木或方木结构，裂环、齿板或钉连接的板材结构和胶合木结构。齿连接的原木或方木结构是以手工操作为主的工地制造的结构。其加工简便，发展最早，应用也最广。在中国应用最多的也是这种结构形式。原木或带髓心的方木在干燥过程中，多发生顺纹开裂。当裂缝与桁架受拉下弦连接处受剪面重合时，将降低木结构的安全度，甚至导致破坏。故在采用原木或方木结构时，应采取可靠措施，尽量减少裂缝对结构的不利影响。

木结构分类.mp4

1) 裂环连接的板材结构

裂环能传递较大的内力，既能用于节点连接，又能用于接头的连接。裂环能标准化生产，环槽可用机具开凿，可使木结构的制作进入工业化生产。裂环通过环槽承压和连接靠木材受剪传力，其安全度受木材脆性破坏的抗剪强度控制。裂环安装后处于隐蔽状态，不易检查，因此被齿板逐渐取代。

2) 齿板连接的板材结构

冲压而成的齿板用油压机直接压入木材，制造简便，与裂环连接相比，具有较高的紧密性，减小了结构的变形，且便于检查。齿板通过众多的齿分散承压传力，有很好的韧性，比裂环连接可靠。国外多将齿板应用于桁架节点和接头的连接。

3) 钉连接的板材结构

多在工地制造，由于加工方便，可以制成弧形桁架等合理的结构形式。中国曾用于体育馆、仓库等跨度较大的屋盖结构。由于钉连接的后期变形较大，应用受到一定的限制。

4) 胶合木结构

胶合木结构包括层板胶合结构和胶合板结构。由于胶合木结构能较好地利用木材的优点并克服其缺点，使木材在结构中的应用更为合理，所以在一些技术发达的国家得到较大的发展，已成为木结构的主要形式，多用于大跨度的房屋。美国相继建成直径为153m、162m及208m的胶合木圆顶。

5) 螺栓球节点连接的木结构

螺栓球节点连接的木结构是于2010年提出的新型木结构，其特点在于将木结构同钢结构杂交，以木材为主材，钢结构螺栓球节点为连接，通过铰接的形式形成空间铰接杆件体系，从而将木结构的应用领域从传统房屋拓展到大跨度空间结构。

【案例10-3】 某建筑建于20世纪40年代，属于老建筑。建筑物长度为36m，总宽度为21m，层数为二层。结构形式为砖木结构，纵墙承重；楼盖、屋盖、楼梯及一层顶挑檐外廊均为木结构；除了沿大街一侧外墙为水泥砂浆抹灰墙体外，其余承重墙均为清水砖墙；门窗过梁有砖砌弧拱过梁，也有砖砌平拱过梁。由于建造年代较久，该楼破损比较严重；并且因建筑物地基发生不均匀沉降，出现局部墙体开裂破坏等现象，尤其在门窗洞口部位；砌体的砂浆强度较低，木结构部分也多处损坏。试分析该建筑木构件破坏的原因。

10.2.2 木屋架

1. 木屋架的基础知识

1)　概念

木屋架是由木材制成的桁架式屋盖构件，一般分为三角形和梯形两种。

木屋架的支撑系统分为水平支撑和垂直支撑，水平支撑指下弦与下弦用杆件连在一起，可于一定范围内，在屋架的上弦和下弦、纵向或横向连续布置。垂直支撑指上弦与下弦用杆件连在一起垂直支撑，可在屋架中部连续设置，或每隔一个屋架节间设置一道剪刀撑，如图 10-5 所示。

木结构.avi

图 10-5　木屋架示意图

2)　木料选择

屋架形式的选择除考虑用料是否节省外，还应依据屋面的流水坡度。

木料选择.mp4

黏土平瓦、水泥平瓦或小青瓦要求较大的坡度，需选用三角形屋架；石棉水泥瓦要求的坡度较缓，可选用梯形屋架；卷材或铁皮屋面宜选用梯形或多边形屋架。为使木屋架在荷载长期作用下不产生明显的挠度，应在制作时预起拱度。

用原木或方木制作的豪式桁架多用齿连接。由于齿连接只能传递压力，因此三角形屋架的斜腹杆从支座到跨中应向下倾斜；梯形屋架的斜腹杆一般应向上倾斜，但在中部节间应设置反向斜杆，因为在不同的荷载组合下，反向斜杆可能受压。受拉竖杆用圆钢，以便拼装时拧紧螺帽，消除节点处手工操作的偏差，并用以预起拱度。当屋架的内力较大，支座节点采用齿连接不足以传递内力时，应加强支座节点。

木结构的用料，必须符合当地规范对各类木材缺陷的允许程度和各类构件使用木材的等级范围等各项规定，严格遵守制作承重木结构用的木材质量标准。选料时应考虑以下几点因素：下弦比上弦重要；上弦的下段比上段重要，上弦的下面比上面重要；下弦的两端比中间重要；下弦的下面比上面重要；端节点的上面比下面重要。重要的部位应用材料好的木料。

3) 木屋架的稳定性

为了保证各种屋架的刚度，应根据所用材料、制造条件以及连接方式，确定适当的高跨比(h/l)。对于采用半干材手工制作的齿连接原木或方木屋架，三角形屋架的高跨比 $h/l \geqslant 1/5$，梯形和多边形屋架的高跨比 $h/l \geqslant 1/6$ 时，可不必验算挠度。

【**案例 10-4**】 某市简易电影院，建筑面积约 500m²，有观众厅、舞台和放映室。采用木屋架，跨度 9m，矢高为 14，即 2.25m，木屋架间距 3.5m，屋架为三角形圆木豪式屋架，其上架檩条再铺小青瓦。屋架支于墙砌体上，外墙体下部为 400mm 毛石墙，高 3m，以上为 190mm 的混凝土空心砌块墙体，支承屋架的檐口标高处有一道圈梁。2010 年 6 月 29 日晚，300 多名观众正在影院中看电影时，屋盖突然塌落，部分圈梁及墙体被拉掉，当场砸死 8 人，重伤 14 人，轻伤 121 人。该工程是由一位给排水专业的人员设计，先后由三个当地施工队施工，工程于 2010 年 6 月 5 日竣工验收，仅放映过 9 场电影便倒塌，造成重大伤亡事故。试分析木屋架倒塌的可能原因。

2. 木屋架的清单分项

木屋架的清单分项详见二维码。

3. 木屋架的定额计算规则

(1) 木屋架制作安装均按设计图示尺寸以竣工木料体积计算，其后备长度及配制损耗均不另外计算。

扩展资源 7.pdf

(2) 附属于屋架的夹板、垫木等已并入相应的屋架制作项目中，不另计算；与屋架连接的挑檐木、支撑等，其工程量并入屋架竣工木料体积内计算。圆木屋架使用部分方木时，其方木体积乘以系数 1.5，并入竣工木料体积中。单独挑檐木，按方檩条计算。

(3) 钢木屋架区分圆、方木，按设计图示尺寸以竣工木料体积计算。型钢、钢板按设计图示尺寸以质量计算，与定额子目含量不符时，允许调整。

(4) 圆木屋架连接的挑檐木、支撑等如为方木时，其方木部分应乘以系数 1.7，折合成圆木并入屋架竣工木料体积内。单独的方木挑檐，按矩形檩木计算。

10.2.3 木构件

木构件是木结构中一个独立的受力单元体，如：木柱、木梁、木檩、木楼梯等，都属于木构件。

1. 木构件清单分项

木构件清单分项详见二维码。

2. 木构件定额计算规则

(1) 木梁、木柱，按设计图示尺寸以竣工木料体积计算。檩木按

扩展资源 8.pdf

设计图示尺寸以竣工木料体积计算。简支檩长度按设计要求计算，如设计无明确要求者，按屋架或山墙中距增加 200mm 计算，如两端出山，檩条长度算至博风板；连续檩条的长度按设计长度计算，其接头长度按全部连续檩木总体积的 5% 计算。檩条托木已计入相应的檩

木制作安装子目中，不另计算。

(2) 木楼梯按设计图示尺寸以水平投影面积计算，不扣除宽度小于 300mm 的楼梯井，其踢脚板、平台和伸入墙内部分，不另计算。楼梯及平台底面需钉天棚的，其工程量按楼梯水平投影面积乘以系数 1.1 计算。

(3) 檩木按设计图示尺寸以竣工木料体积计算。简支檩长度按设计要求计算，如设计无明确要求者，按屋架或山墙中距增加 200mm 计算，如两端出山，檩条长度算至博风板；连续檩条的长度按设计长度计算，其接头长度按全部连续檩木总体积的 5% 计算。檩条托木已计入相应的檩木制作安装子目中，不另计算。

10.2.4 屋面木基层

1. 屋面木基层基础知识

1) 屋面木基层

屋面木基层包括木檩条、椽子、屋面板、油毡、挂瓦条、顺水条等。屋面系统的木结构是由屋面木基层和木屋架(或钢木屋架)两部分组成的。

屋面木基层.mp4

2) 屋面坡度

表示屋面倾斜程度的大小，可用角度、比值(高 B/半跨 A)等表示，如图 10-6 所示。坡度大于 10%的(坡度角为 5° 42′)为坡屋面，其他为平屋面。

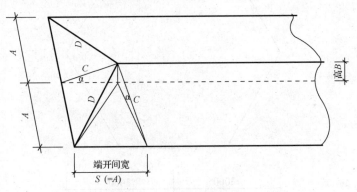

图 10-6　屋面木基层示意图

3) 延尺系数 C

等于三角形屋架的上弦长与半跨之比，也等于斜坡面的面积与其水平投影面积之比。

4) 隅延尺系数 D

等于坡屋顶的斜脊长与半跨之比(端开间长=半跨)。

2. 屋面木基层清单分项

屋面木基层清单分项详见二维码。

扩展资源 9.pdf

3. 屋面木基层定额计算规则

(1) 屋面木基层，按屋面设计图示的斜面积计算，不扣除屋面烟囱及斜沟部分所占面积。

(2) 封檐板按设计图示檐口外围长度计算，博风板按设计图示斜长度计算，每个大刀头增加长度 500mm。

(3) 定额子目未包括屋面木基层油漆、镀锌铁皮泛水及油漆。

(4) 人孔木盖板按设计图示数量(套)计算。

10.3 实 训 课 堂

【实训 1】如图 10-7 所示，一边长相等的正六边形钢板，厚度为 12mm，试求其工程量。

解：(1) 清单工程量。

钢板清单工程量计算规则：按钢板外接矩形面积计算。

$S=(3+3)\times(3+3)=36(m^2)$

清单工程量：$94.2\times36=3391.2(kg)=3.391t$

注解：(3+3)为正六边形外接矩形的长与宽，$94.2kg/m^2$ 为 12mm 厚度的钢板理论质量。

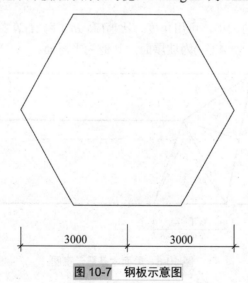

图 10-7 钢板示意图

(2) 定额工程量。

定额工程量钢板计算规则：按钢板最大对角线乘以最大宽度的矩形面积计算。

先求最大对角线：$2\sqrt{3^2+3}=2\times2\sqrt{3}=4\sqrt{3}$ (m)

$S=4\sqrt{3}\times6=24\sqrt{3}$ (m^2)

定额工程量：$94.2\times24\sqrt{3}=3915.7(kg)=3.916t$

注意：钢板为不规则多边形时，应注意清单工程量和定额工程量的计算不同之处。

套用《河南省房屋建筑与装饰工程预算定额(上册)》(HA01—31—2016)定额子目 6-30
可得：

总价=3.916×6979.05=27329.96(元)

【实训 2】如图 10-8 所示为一 H 形实腹柱，其长度为 2m，求其清单及定额工程量。

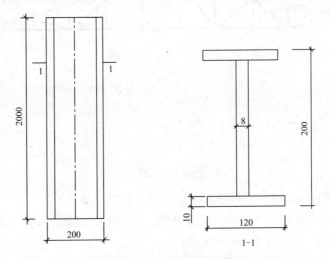

图 10-8 H 形实腹柱示意图

解：(1) 清单工程量。

清单工程量计算规则：按图示尺寸计算。

① 翼缘板工程量：78.60×2×0.12×2=37.728(kg)

② 腹翼板工程量：62.80×2×(0.2-0.01×2)=22.608(kg)

③ 清单总工程量：37.728+22.608=60.336(kg)=0.060(t)

注解：78.6kg/m² 为 10mm 厚度的钢板理论质量，2×0.12 为翼缘板面积，上下 2 个需乘以 2；62.80kg/m² 为 8mm 厚腹翼板钢板理论质量，(0.2-0.01×2)为腹翼板的高。

(2) 定额工程量。

定额工程量计算规则：按图示尺寸计算，但需考虑 25mm 厚的增加厚度。

① 翼缘板工程量：78.60×2×(0.12+0.025×2)×2=53.448(kg)

② 腹翼板工程量：62.80×2×(0.2-0.01×2+0.025×2)=28.888(kg)

③ 清单总工程量：53.448+28.888=82.336(kg)=0.082(t)

套用《河南省房屋建筑与装饰工程预算定额(上册)》(HA01—31—2016)定额子目 6-13 可得：

总价=0.082×6525.98=535.13(元)

【实训 3】如图 10-9 所示，某杉木木屋架，跨度为 18m，木屋架刷底油一遍，调和漆 2 遍，每榀体积按 20m³ 算，试求其清单工程量并计价。

解：由项目编码 010701001 子目可知：

木屋架的计算规则有 2 个，一是以榀计算，直接按图示数量计算。二是以立方米计算，按设计图示尺寸计算，一般木屋架计算主要包括以下部分。

(1) 木屋架上弦工程量：上弦屋架的长度乘以上弦屋架的截面宽度乘以上弦屋架的截面长度。

(2) 木屋架下弦工程量：下弦屋架的长度乘以下弦屋架的截面面积。

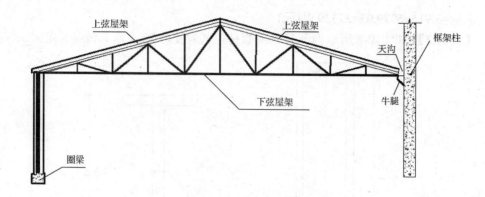

图 10-9　木屋架示意图

(3) 斜撑工程量：斜撑可以根据图直接计算，相对简单。

本题，图中并没有给出具体的尺寸来计算，但具体的计算过程并不难，这里不再赘述。

由图 10-9 可知：清单工程量为 18 榀。

套用《河南省房屋建筑与装饰工程预算定额(上册)》(HA01—31—2016)定额子目 7-2 可得：

总价=(20×18)m³×39133.15 元/10m³=1408793.4(元)

本 章 小 结

通过对本章的学习，我们可以了解钢网架、钢屋架、钢托架、钢桁架、钢架桥、钢柱、钢梁、钢板楼板、墙板、钢构件、金属制品等的基本概念、特点以及相关清单定额的计算规则和说明，掌握相关清单子目下的简单计算，并能灵活运用，为我们之后的工作和学习打下坚实的基础。

实 训 练 习

一、单选题

1. 金属结构刷油以(　　)为计量单位。

    A. 10kg   B. 100kg   C. 10m²   D. 100m²

2. 金属构架是以(　　)为主体制造的结构。

    A. 型材   B. 板材   C. 管材   D. 板材和型材

3. 根据《建设工程工程量清单计价规范》，金属结构工程量的计算，正确的是(　　)。

    A. 钢网架连接用铆钉、螺栓按质量并入钢网架工程量中计算

    B. 依附于实腹钢柱上的牛腿及悬臂梁不另增加质量

    C. 压型钢板楼板按设计图示尺寸以质量计算

    D. 钢平台、钢走道按设计图示尺寸以质量计算

4. 可用于检验表面及表面缺陷的无损检验方法是( )。

　　A. 射线检验　　　B. 超声波探伤　　C. 磁粉探伤　　　D. 渗透探伤

5. 表面预处理及涂装施工时,基体金属表面温度应不低于大气露点以上( )。

　　A. -3℃　　　　　B. 3℃　　　　　　C. 5℃　　　　　　D. 10℃

6. 一般情况下,木结构民用建筑与砖混结构民用建筑之间的防火间距不应小于( )m。

　　A. 6　　　　　　　B. 8　　　　　　　C. 9　　　　　　　D. 7

二、多选题

1. 水利水电工程中金属结构的主要类型包括( )。

　　A. 闸门　　　　　　　　　B. 启闭机　　　　　　C. 拦污栅

　　D. 柴油发电机　　　　　　E. 压力钢管

2. 在金属结构安装工程质量评定中,单元工程的检查项目分为( )。

　　A. 重点项目　　　　　　　B. 主要项目　　　　　　C. 一般项目

　　D. 普通项目　　　　　　　E. 次要项目

3. 按建筑结构类型和材料,房屋可分为( )。

　　A. 砖木结构　　　　　　　B. 混合结构　　　　　　C. 钢筋混凝土结构

　　D. 其他结构　　　　　　　E. 砖混结构

4. 木结构子分部工程由( )与木结构的防护组成。

　　A. 方木和原木结构　　　　B. 板材结构　　　　　　C. 胶合木结构

　　D. 轻型木结构　　　　　　E. 齿板连接的板材结构

5. 扑救砖木结构建筑火灾,为防止建筑倒塌,不能使用大口径水枪直接冲击的部位有( )。

　　A. 承重墙　　B. 柱　　　C. 吊顶　　　D. 楼板　　　E. 屋盖

三、简答题

1. 钢梁分类都有哪些?

2. 钢构件有哪些?

3. 木屋架的木料选择原则是什么?

4. 木构件都有哪些分类?

5. 请简述坡度、延尺系数、隔延尺系数的概念。

第 10 章 习题答案.pdf

实训工作单

班级		姓名		日期	
教学项目		木屋架组装工艺及要点			
任务	熟悉木屋架组装流程		组装	割锯、打眼、屋架及檩条安装	
相关知识			相关木构件组装		
其他项目					
工程过程记录					
评语			指导教师		

第 11 章 屋面及防水
工程教案.pdf

第 11 章　屋面及防水工程 　　11

【学习目标】

- 了解屋面工程的内容，卷材的粘贴方法。
- 熟悉常见屋面防水材料的品种和质量要求。
- 掌握屋面及防水工程的工程量的计算方法。
- 掌握屋面及防水的综合单价分析计算方法。

第 11 章　屋面及其
防水图片.pptx

【教学要求】

本章要点	掌握层次	相关知识点
瓦、型材及其屋面	1. 了解屋面的类型 2. 掌握屋面的工程量清单规范 3. 掌握屋面的定额规范	型材屋面 瓦屋面
屋面防水	1. 了解屋面的基本结构 2. 了解屋面防水的常用材料与方法 3. 熟悉屋面的工程量清单规范 4. 熟悉屋面的定额规范	屋面卷材防水 屋面涂膜防水 满贴法 条粘法
墙面防水、防潮	1. 了解墙身防潮层常用的材料 2. 了解防潮层的做法 3. 掌握墙面防水、防潮的工程量清单规范 4. 掌握墙面防水、防潮定额规范	防水砂浆防潮层 油毡防潮层
楼地面防水、防潮	1. 熟悉楼地面防水、防潮的工程量清单规范 2. 熟悉楼地面防水、防潮定额规范	楼(地)面防水、防潮工程量 清单规范、定额规范

【引子】

中国建筑防水史长达上万年，是辉煌的中国建筑文化的重要组成部分。先人们在实践中积累了丰富的建筑防水经验，创造了良好的防水材料。茅草屋面的房屋形式让先民走出洞穴，离开穴居，这一阶段的防水材料是干燥的植物；瓦的诞生使屋面防水技术向前迈进了一大步，是屋面防水的一次技术革命，在今后的几千年里，瓦一直作为刚性防水材料而被用于各种建筑物；柔性防水材料的发现，是对构造防水的瓦进行的彻底的革命，使屋顶不再因为构造防水而成为坡屋顶，促进了平屋顶的诞生，进而可以产生多功能的屋面；防水卷材和防水涂料可以做到全封闭的材料防水，不用再依赖坡度防水，已成为未来防水材料的主宰。

11.1 屋 面 工 程

11.1.1 屋面的基本知识

1. 屋面的概念

屋面工程是建筑工程的一个分部工程，是指屋盖面层的施工内容，它包括了屋面的防水工程和屋面的保温隔热工程。它由结构层以上的屋面找平层、隔气层、保温隔热层、防水层、保护层或使用面层等结构层次组成。其中，根据房屋所处的环境气温和使用条件，有时在设计上不设置隔气层和保护层；若将保温层设置在防水层以上时，则称倒置式屋面，如图 11-1 所示。

屋面.mp4

图 11-1 屋面示意图

2. 屋面的分类

屋面按其形式可分为平屋面、坡屋面和异形屋面；按其使用功能可分为非上人屋面和上人屋面；按其保温隔热的功能可分为保温隔热屋面和非保温隔热屋面。屋面防水工程根据所采用的防水材料不同材性可分为刚性防水屋面和柔性防水屋面。刚性防水屋面是指采用浇筑防水混凝土，涂抹防水砂浆或铺设烧结平瓦、水泥平瓦进行防水的屋面；柔性防水屋面是指采用铺设防水卷材、油毡瓦、涂刷防水涂料等进行防水的屋面。屋面依据其防水层所采用的防水材料材质不同，又

屋面的分类.mp4

可分为刚性混凝土防水屋面、平瓦屋面、卷材防水屋面、涂膜防水屋面、油毡瓦防水屋面、金属板材防水屋面；按其防水方法的不同，还可分为复合防水结构及自防水结构。

3. 屋面的功能

屋面的主要功能有两点：一是防水，即能够迅速排除屋面水，并能够防止雨水渗漏；二是保护房屋不受日晒、雨淋、风雪的侵入，并对房屋顶部起到保温、隔热作用。

4. 屋面的组成

屋面工程由屋面、屋面保温层、隔热层和屋面排水层四部分组成。屋面及防水工程分为 3 个子项，分别是瓦、型材屋面，屋面防水，墙、楼(地)面防水、防潮。

11.1.2　瓦、型材及其他屋面

【**案例 11-1**】　德国汉堡网球场膜结构展开面积约 10000m^2，采用 PVC(PVDF 面层)膜材，并且选用能够满足要求的最薄的膜材型号。屋盖是可开合式的膜结构，可缩进的膜结构棚盖可以在任何恶劣的天气时，将棚盖关上；在天气转好时打开。以确保在任何季节里网球比赛的举行，或避免重要的赛事中断或延迟。请分析一下采用膜结构的优点。

1. 屋面的类型

1)　瓦屋面

屋面瓦种类很多，主要的分类方法是按照使用的材料不同来分类，有黏土瓦、彩色混凝土瓦、石棉水泥波瓦、玻纤镁质波瓦、玻纤增强水泥波瓦、玻璃瓦、彩色聚氯乙烯瓦、玻纤增强聚酯采光制品、聚碳酸酯采光制品、彩色铝合金压型制品、彩色涂层钢压型制品、彩钢沥青油毡瓦、彩钢保温材料夹芯板、琉璃瓦等，如图 11-2 所示。

其中黏土瓦、彩色混凝土瓦、玻璃瓦、玻纤镁质波瓦、玻纤增强水泥波瓦、油毡瓦主要用于民用建筑的坡型屋顶，聚碳酸酯采光制品、彩色铝合金压型制品、彩色涂层钢压型制品、彩钢保温材料夹芯板等多用于工业建筑，石棉水泥波瓦、钢丝网水泥瓦等多用于简易或临时性建筑，琉璃瓦主要用于园林建筑和仿古建筑的屋面或墙瓦。

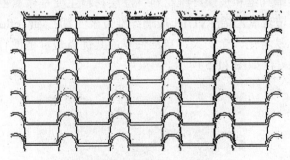

图 11-2　瓦屋面示意图

瓦屋面清单项目的组成子目为：檩条、椽子制作安装、基层铺设、铺防水层、安顺水条和挂瓦条、安瓦、刷防护材料等。

2) 卷材屋面

卷材屋面是指在平屋面结构层上用卷材(油毡、玻璃布)和沥青、油膏等黏结材料铺贴而成的屋面。卷材防水、涂膜防水清单项目的组成子目为：基层处理和找平层、卷材防水或涂膜防水、涂膜防水嵌缝、铺保护层等，如图 11-3 所示。

图 11-3　卷材屋面示意图

3) 型材屋面

型材屋面按照使用的材料不同，常用的有金属压型板屋面和轻质隔热彩钢夹芯板屋面两种，适用于压型钢板、金属压型夹心板、阳光板等，如图 11-4 所示。

图 11-4　型材屋面示意图

4) 膜结构

膜结构屋面是以膜材作为覆盖材料的屋面，膜结构屋面适用于膜布屋面，膜材具有高强度、耐腐蚀、自重轻、造型自由飘逸等优点。膜结构所用膜材料由基布和涂层两部分组成，基布主要采用聚酯纤维和玻璃纤维材料，涂层材料主要是聚氯乙烯和聚四氟乙烯，而常用膜材为聚酯纤维覆聚氯乙烯(PVC)和玻璃纤维覆聚四氟乙烯(Teflon)。PVC 材料的缺点是强度低、弹性大、易老化、徐变大、自洁性差；其优点是价格便宜，容易加工制作，色彩丰富，抗折叠性能好，如图 11-5 所示。

图 11-5　膜结构示意图

2. 清单规范

瓦、型材及其他屋面工程量清单项目设置、项目特征描述、计量单位及工程量计算规则详见二维码。

扩展资源 1.pdf

3. 定额规范

(1) 平瓦、波瓦屋面、金属压型板(含挑檐部分)均按图示尺寸水平投影面积乘以屋面坡度系数如表 11-1 所示，以 m² 计算。不扣除房上烟囱、竖风道、风帽底座、屋顶小气窗和斜沟等所占面积，屋面小气窗的出檐部分亦不增加。屋脊已包括在定额内，不得另行计算。

表 11-1　屋面坡度系数表

坡度 B(A=1)	坡度 B/2A	坡度角度α	延尺系数 C(A=1)	隔延尺系数 C(A=1)
1	1/2	45°	1.4142	1.7321
0.75		36° 52′	1.2500	1.6008
0.7		35°	1.2207	1.5779
0.666	1/3	33° 40′	1.2015	1.5620
0.65		33° 01′	1.1926	1.5564
0.6		30° 58′	1.1662	1.5362
0.577		30°	1.1547	1.5270
0.55		28° 49′	1.1413	1.5170
0.5	1/4	26° 34′	1.1180	1.5000
0.45		24° 14′	1.0966	1.4839
0.4	1/5	21° 48′	1.0770	1.4697
0.35		19° 17′	1.0594	1.4569
0.3		16° 42′	1.0440	1.4457
0.25		14° 02′	1.0308	1.4362
0.20	1/10	11° 19′	1.0198	1.4283
0.15		8° 32′	1.0112	1.4221
0.125		7° 8′	1.0078	1.4191
0.100	1/20	5° 42′	1.0050	1.4177

(2) 卷材屋面工程量按以下规定计算。

① 卷材屋面按图示尺寸的展开面积以平方米计算。不扣除房上烟囱、竖风道、风帽底座、屋顶小气窗和斜沟所占面积。女儿墙、伸缩缝和天窗等处的弯起高度，按图示尺寸并入屋面工程量内计算。如图纸无规定时，伸缩缝，女儿墙的弯起高度按 250mm 计算，天窗弯起高度按 500mm 计算，并入屋面工程量内。

② 卷材屋面的附加层、接缝、收头、找平层的嵌缝、冷底子油、基底处理剂已计入定额内，不另计算。

卷材屋面工程量.mp4

③ 涂膜屋面工程量的计算同卷材屋面。涂膜屋面的油膏嵌缝，玻璃布盖缝、屋面分格缝以延长米计算。

11.2　防水工程

11.2.1　屋面防水及其他

【案例 11-2】 某一单层仓库，建筑面积为 2500m^2，坡屋顶，内檐沟有组织排水，2008 年 11 月完工。2016 年 7 月某天晚上下大雨，第二天上班时还没有停，因此雨水顺内墙大量流向室内，地面有 5cm 深的积水。上屋面观察，檐沟积满雨水，雨水口全部被粉煤灰和豆石堵死，雨水顺檐沟卷起上口流淌，将雨水口疏通后，积水逐步排净，漏雨现象停止。试分析产生这种现象的原因。

1. 清单规范

屋面防水及其他工程量清单项目设置、项目特征描述、计量单位及工程量计算规则详见二维码。

扩展资源 2.pdf

2. 定额规范

(1) 屋面防水，按设计图示尺寸以面积计算(斜屋面按斜面面积计算)，不扣除房上烟囱、风帽底座、风道、屋面小气窗等所占面积，上翻部分也不另计算；屋面的女儿墙、伸缩缝和天窗等处的弯起部分，按设计图示尺寸计算；设计无规定时，伸缩缝、女儿墙、天窗的弯起部分按 500mm 计算，计入立面工程量内。

(2) 墙基防水、防潮层，外墙按外墙中心线长度、内墙按墙体净长度乘以宽度，以面积计算。

(3) 墙的立面防水、防潮层，不论内墙、外墙，均按设计图示尺寸以面积计算。

(4) 基础底板的防水、防潮层按设计图示尺寸以面积计算，不扣除柱头所占的面积。桩头处外包防水按桩头投影外扩 300mm 以面积计算，地沟处防水按展开面积计算，均计入平面工程量，执行相应规定。

(5) 屋面、楼地面及墙面、基础底板等，其防水搭接、拼缝、压边、留槎用量已综合考虑，不另行计算，卷材防水附加层按设计铺贴尺寸以面积计算。

(6) 卷材防水附加层按设计规范相关规定以面积计算。

(7) 屋面分格缝，按设计图示尺寸，以长度计算。

3. 常用的防水卷材

屋面防水工程常用的防水卷材有沥青防水卷材、高聚物改性沥青防水卷材和合成高分子卷材。高聚物改性沥青防水卷材提高了防水材料的强度、延伸率和耐老化性能，正在取代传统的沥青卷材。新型的合成高分子卷材具有单层防水、冷施工、重量轻、污染小、

常用的防水卷材.mp4

对基层适应性强等优点，是正在发展和推广使用的防水卷材。

4. 屋面防水层

屋面防水层是为了防止室内用水、其他用水或地下水进入屋面，渗入墙体、地下室及地下构筑物，渗入楼面及墙面等而设的材料层。屋面防水层可分为屋面卷材防水、屋面涂膜防水、屋面刚性防水三类。

1) 屋面卷材防水

用胶结材料粘贴卷材，防止雨水、雪水等对屋面间歇性渗透作用，称为屋面卷材防水。卷材防水屋面属于柔性防水屋面，它具有自重轻、柔韧性好、防水性能好的优点，其缺点是造价较高、易于老化、施工复杂、周期长、修补困难等，如图 11-6 所示。

图 11-6 屋面防水卷材示意图

屋面卷材防水应注意以下方面。

(1) 屋面有挑檐时，应包括挑檐面积。

(2) 油毡卷材屋面中，均包括了刷冷底子油一道。若设计规定不刷冷底子油时，按综合基价楼地面工程子目，减去刷冷底子油的工程用量。

(3) 屋面工程中有单独刷冷底子油时，亦套用综合基价楼地面工程中相应的子目。

屋面卷材防水应注意.mp4

(4) 综合基价中沥青玛𥔲脂的用量，仅适用于室外昼夜平均气温在+5℃以上的施工条件，低于此气温时，另行处理。

(5) 新型卷材防水层屋面中，除铝压条空铺聚氯乙烯、防水柔毡、SBC 复合卷材屋面外，均已包括刷基层处理剂。

屋面卷材防水.avi

(6) 除油毡卷材及防水柔毡屋面外，其余各卷材屋面，均按单层编制。设计为二层时，高聚物改性沥青卷材按附注规定换算，其他卷材另行处理。

(7) 卷材防水层上有块料刚性面层保护层时，按楼地面工程中相应子目执行。

(8) 防水层表面设计要求刷丙烯酸涂料时，执行装饰工程中相应的子目。

2) 屋面涂膜防水

屋面涂膜防水是在屋面基层上涂刷防水涂料，经固化后形成一层有一定厚度和弹性的整体涂膜，从而达到防水目的的一种防水屋面形式，如图 11-7 所示。具体施工有哪些层次，根据设计要求确定。

图 11-7　涂抹防水示意图

3)　屋面刚性防水

刚性防水屋面是采用混凝土浇捣而成的屋面防水层。在混凝土中掺入膨胀剂、减水剂、防水剂等外加剂，使浇筑后的混凝土细致密实，水分子难以通过，从而达到防水的目的。与卷材及涂膜防水屋面相比，刚性防水屋面所用材料易得，价格便宜，耐久性好，维修方便，但刚性防水层材料的表观密度大，抗拉强度低，极限拉应变小，易受混凝土或砂浆的干湿变形、温度变形和结构变形的影响而产生裂缝。因此刚性防水屋面主要适用于防水等级为Ⅲ级的屋面防水，也可用作Ⅰ、Ⅱ级屋面多道防水设防中的一道防水层；不适用于设有松散保温层的屋面，大跨度和轻型屋盖的屋面以及受振动或冲击的建筑屋面。而且刚性防水层的节点部位应与柔性材料复合使用，才能保证防水的可靠性。

5. 卷材的铺贴方法

1)　满贴法

满贴法又称全粘法，是一种传统的施工方法，热熔法、冷粘法、自粘法均可采用此种方法。其特点在于：当用于三毡四油沥青防水卷材时，每层均有一定厚度的玛琦脂满粘，可提高防水性能。但若找平层湿度较大或赋予面变形较大时，防水层易起鼓、开裂。适用于屋面面积较小，屋面结构变形较小，找平层干燥的情况。

卷材的几种铺贴方法.mp4

热熔法.avi

热熔法 1.avi

自粘法.mp4

2)　空铺法

其做法是卷材与基层仅在四周一定宽度内粘贴，其余部分不粘贴。铺贴时应在檐口、屋脊和层面转角处，突出屋面的连接处，卷材与找平层应满粘，其粘贴宽度不得小于 80mm，卷材与卷材搭接缝应满粘，叠层铺贴时，卷材与卷材之间应满贴。其特点是：能减少基层变形对防水层的影响，有利于解决防水层起皱、开裂问题。由于防水层与基层不黏结，一旦渗漏，水会在防水层下窜流而不易找到漏点。

3)　条粘法

其做法是卷材与基层采用条状黏结，每幅卷材与基层粘贴面不少于 2 条，每条宽度不少于 150mm，卷材与卷材搭接应满粘，叠层铺也应满粘。其优点是：由于卷材与基屋有一部分不黏结，故增大了防水层适应基层的变形能力，有利于防止卷材起鼓、开裂。其缺点是：操作比较复杂，部分地方能减少一油，影响防水功能。

4)　点粘法

其做法是卷材与基层采用点黏结，要求每平方米至少有 5 个黏结点，每点面积不小于 100mm ×100mm，卷材搭接处应满粘，防水层周边一定范围内也应与基层满粘。点粘的面积，必要时应根据当地风力大小计算结果确定。其优点是：增大了防水层适应基层变形的能力，有利于解决防水层起皱、开裂问题。缺点是：当第一层采用打孔卷材时，仅可用于卷材多叠层铺贴施工，操作比较复杂。

6. 屋面排水方式

屋面排水方式可分为无组织排水和有组织排水两大类。

1)　无组织排水

无组织排水是指屋面雨水直接从檐口滴落至地面的一种排水方式，因为不用天沟、雨水管等来导流雨水，故又称自由落水。主要适用于少雨地区或一般低层建筑，相邻屋面高差小于 4m；不宜用于临街建筑和较高的建筑。

无组织排水具有构造简单、造价低廉的优点，但也存在一些不足之处，如：雨水直接从檐口流泻至地面，外墙脚常被飞溅的雨水浸蚀，降低了外墙的坚固耐久性，从檐口滴落的雨水可能影响人行道的交通等。当建筑物较高，降雨量较大时，这些缺点就更加突出。

无组织排水.mp4　　　无组织排水.avi　　　有组织排水.mp4　　　屋面有组织.avi

2)　有组织排水

有组织排水是指雨水经由天沟、雨水管等排水装置被引导至地面或地下管沟的一种排水方式。其优缺点与无组织排水正好相反，由于优点较多，在建筑工程中应用广泛。确定屋顶的排水方式时，应根据气候条件、建筑物的高度、质量的等级、使用性质、屋顶面积大小等因素加以综合考虑，一般可按下述原则进行选择。

①　高度较低的简单建筑，为了控制造价，宜优先选用无组织排水。

② 积灰多的屋面应采用无组织排水，如铸工车间、炼钢车间等工业厂房在生产过程中可能散发大量粉尘积于屋面，下雨时被冲进天沟易造成管道堵塞，故这类屋面不宜采用有组织排水。

11.2.2 墙面、楼(地)面防水、防潮

【案例 11-3】 某人新买的住房使用不久就发现有屋面漏水、墙壁渗漏、粉刷层脱落现象，如图 11-8 所示，试分析是什么原因导致了这些问题。

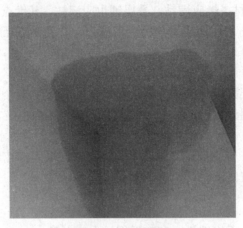

图 11-8　渗漏示意图

墙、地面防水、防潮工程适用于楼地面、墙基、墙身、构筑物、水池、水塔、室内厕所、浴室以及±0.000 以下的防水、防潮。

1. 墙身防潮层常用的材料

(1) 防水砂浆：防水砂浆防潮层，墙身防潮层在迎水和潮气间抹灰 15～20mm 厚的水泥砂浆，然后到两旁涂以沥青。

楼地面防水.avi

(2) 防水卷材：防水卷材用于墙体、公路、屋面等处，是一种能防雨水渗透的柔性建材，主要由沥青防水卷材或高聚物改性沥青防水卷材构成，具有耐水性和抗断裂等特性。但卷材会截断砌体，所以不适合用于水平防潮。

(3) 防潮涂料：防潮涂料又名防潮液，防潮涂料能有效渗透进墙体中，干后为透明的膜状，具有防潮防霉、硬度高、不黄变等特点，也具有环保、长效防潮、持久亮光、易施工、用处广等优势。

2. 防潮层的做法

1) 防水砂浆防潮层

在防潮层位置抹一层 20mm 或 30mm 厚 1：3 水泥砂浆掺 5%的防水剂配制成的防水砂浆，也可以用防水砂浆砌筑 4～6 皮砖，位置在室内地坪上下。用防水砂浆作防潮层较适用于有抗震设防要求的建筑。

防潮层的做法.mp4

2) 油毡防潮层

在防潮层部位先抹 20mm 厚的砂浆找平层，然后干铺油毡一层或用热沥青粘贴一毡二油。油毡宽度同墙厚，沿长度铺设，搭接长度≥100mm。油毡防潮层具有一定的韧性、延伸性和良好的防潮性能，但日久易老化失效，同时由于油毡层降低了上下砖砌体之间的黏结力，从而减弱了砖墙的抗震能力。

3) 细石混凝土防潮层

利用混凝土密实性好，有一定的防水性能，并能与砌体结合为一体的特点，常用 60mm 厚的配筋细石混凝土防潮带。该做法适用于整体刚度要求较高的建筑。

4) 垂直防潮层

对房间室内地坪存在高差部分的垂直墙面，除设置上下两道水平防潮层之外，这段垂直墙面(靠填土处一侧)先用水泥砂浆抹面，刷上冷底子油一道，再刷热沥青两道；也可以采用掺有防水剂的砂浆抹面的做法，墙的另一侧要求为水泥砂浆打底的墙面抹灰。

3. 清单规范

墙面防水、防潮工程量清单项目设置、项目特征描述、计量单位及工程量计算规则详见二维码。

楼(地)面防水、防潮工程量清单项目设置、项目特征描述、计量单位及工程量计算规则详见二维码。

扩展资源 3.pdf　　扩展资源 4.pdf

4. 定额规范

1) 防水

楼地面防水、防潮层按设计图示尺寸以主墙间净面积计算，扣除凸出地面的构筑物、设备基础等所占面积，不扣除间壁墙及单个单位≤0.3m² 的柱、垛、烟囱和孔洞所占面积。平面与立面交接处，上翻高度≤300mm 时，按展开面积并入平面工程量内计算，高度>300mm 时，按立面防水层计算。

2) 屋面排水

(1) 水落管、镀锌铁皮天沟、檐沟按设计图示尺寸，以长度计算。

(2) 水斗、下水口、雨水口、弯头、短管等均以设计数量计算。

(3) 种植屋面排水按设计尺寸以铺设排水层面积计算；不扣除房上烟囱、风帽底座、风道、屋面小气窗、斜沟和脊瓦等所占面积，以及面积≤0.3m² 的孔洞所占面积；屋面小气窗的出檐部分也不增加。

3) 变形缝与止水带

变形缝(嵌填缝与盖板)与止水带按设计图示尺寸，以长度计算。

11.3 实训课堂

【实训 1】某四坡水屋面平面如图 11-9 所示，已知屋面坡度的高跨比 $B/2A=1/2$，计算其屋面的工程量。

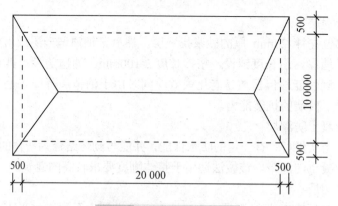

图 11-9　四坡水屋面平面图

解： 查屋面坡度系数表得 C=1.4142

屋面斜面积=(20+0.5×2)×(10+0.5×2)×1.4142=326.68(m²)

【实训 2】某办公室地面采用 2mm 厚橡胶改性沥青卷材防水，卷材上卷高度为 350mm，热熔铺贴，如图 11-10 所示。试分别计算该屋面防水的清单与定额工程量。

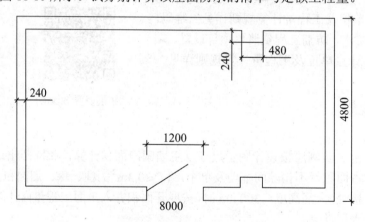

图 11-10　办公室平面示意图

解： (1) 清单工程量计算。

地面防水清单工程量按设计图示尺寸以面积计算。楼(地)面防水按主墙间净空面积计算，扣除凸出地面的构筑物、设备基础等所占面积，不扣除间壁墙及单个面积不大于 0.3m² 柱、垛、烟囱和孔洞所占面积。楼(地)面防水反边高度不大于 300mm 算作地面防水，反边高度大于 300mm 算作墙面防水。

本工程地面防水卷材向室内墙面上卷高度为 350mm，大于 300mm，所以上卷防水卷材应按墙面卷材防水列项。

地面卷材防水清单工程量 $S_{地}$=(8-0.24)×(4.8-0.24)=35.39(m²)

墙面卷材防水清单工程量 $S_{墙}$=[(8-0.24+4.8-0.24)×2+0.24×4-1.2]×0.35=9.36(m²)

(2) 地面防水定额工程量同清单工程量。

本 章 小 结

通过本章的学习，读者可以掌握屋面的分类，熟悉常见屋面防水材料的品种和质量要求，掌握屋面及防水工程的工程量计算。为同学们以后学习屋面及防水工程或者从事相关工作打下坚实的基础。

实 训 练 习

一、单选题

1. 当屋面坡度小于 3%时，沥青防水卷材的铺贴方向宜(   )。
   A. 平行于屋脊   B. 垂直于屋脊
   C. 与屋脊呈 45°角   D. 下层平行于屋脊，上层垂直于屋脊

2. 当屋面坡度大于 15%或受震动时，沥青防水卷材的铺贴方向应(   )。
   A. 平行于屋脊   B. 垂直于屋脊
   C. 与屋脊呈 45°角   D. 上下层相互垂直

3. 当屋面坡度大于(   )时，应采取防止沥青卷材下滑的固定措施。
   A. 3%   B. 10%   C. 15%   D. 25%

4. 对屋面是同一坡面的防水卷材，最后铺贴的应为(   )。
   A. 水落口部位   B. 天沟部位   C. 沉降缝部位   D. 大屋面

5. 粘贴高聚物改性沥青防水卷材使用最多的是(   )。
   A. 热黏结剂法   B. 热熔法   C. 冷粘法   D. 自粘法

6. 采用条粘法铺贴屋面石油沥青卷材时，每幅卷材两边的粘贴宽度不应小于(   )。
   A. 50mm   B. 100mm   C. 150mm   D. 200mm

7. 冷粘法是指用(   )粘贴卷材的施工方法。
   A. 喷灯烘烤   B. 胶粘剂   C. 热沥青胶   D. 卷材上的自粘胶

二、多选题

1. 关于屋面防水，下列说法正确的有(   )。
   A. 以导为主的屋面防水，一般为平屋顶，坡度值为 10%～50%
   B. 以阻为主的屋面防水，一般为平屋顶
   C. 柔性防水的施工技术要求不高
   D. 柔性防水构造简单、施工方便、造价较低
   E. 刚性防水构造简单、施工方便、造价较低

2. 平屋顶主要由(   )组成。
   A. 屋面   B. 承重结构   C. 顶棚   D. 保温隔热层   E. 结合层

3. 刚性防水屋面的基本构造层次有(   )。

　　A. 结构层　　B. 找平层　　C. 隔离层　　D. 防水层　　E. 装饰层

4. 屋面主要有(　　)的作用。

　　A. 承重　　　B. 围护　　　C. 隔热　　　D. 防水　　　E. 装饰建筑立面

5. 屋面铺贴防水卷材应采用搭接法连接，其要求包括(　　)。

　　A. 相邻两幅卷材的搭接缝应错开

　　B. 上下层卷材的搭接缝应对正

　　C. 平行于屋脊的搭接缝应顺水流方向搭接

　　D. 垂直于屋脊的搭接缝应顺年最大频率风向搭接

　　E. 搭接宽度应符合规定

三、填空题

1. 屋面排水方式分为＿＿＿＿和＿＿＿＿两种。

2. 防水屋面的常用材料种类有＿＿＿＿、＿＿＿＿和＿＿＿＿等。

3. 刚性材料保护层与涂膜防水层间应设＿＿＿＿。

4. 高聚物改性沥青防水卷材的施工方法有＿＿＿＿、＿＿＿＿、＿＿＿＿。

5. 屋面卷材铺贴采用＿＿＿＿时，卷材两边的粘贴宽度不应少于150mm。

6. 屋面防水涂膜严禁在＿＿＿＿进行施工。

7. 屋面防水等级为二级的建筑物是＿＿＿＿、＿＿＿＿。

8. 用于外墙的涂料应具有的能力有＿＿＿＿、＿＿＿＿、＿＿＿＿、＿＿＿＿。

9. 卷材防水屋面一般采用＿＿＿＿、＿＿＿＿、＿＿＿＿找平层作基层。

10. 屋顶的外形有＿＿＿＿、＿＿＿＿和其他形式类型。

四、简答题

1. 屋面由哪几部分组成？

2. 简述屋面的类型。

3. 屋面防水层可以分为哪几类？

4. 请简述防潮层的做法。

第 11 章 习题答案.pdf

实训工作单一

班级		姓名		日期	
教学项目		防水工程			
任务	了解卷材防水的施工	工具	防水卷材、电动搅拌器、高压吹风机、自动热风焊接机、铁抹子、滚动刷、汽油喷灯、剪刀、钢卷尺、笤帚、小线、粉笔、红土粉		
工艺流程		清理基层→热熔封边→蓄水试验→涂刷基层处理剂→铺贴卷材附加层→铺贴卷材→保护层			
其他项目					
工程过程记录					
评语				指导教师	

实训工作单二

班级		姓名		日期	
教学项目		楼地面防潮施工			
任务	防潮施工现场学习	学习 要点	了解楼地面防潮的材料、防潮施工流程		
相关知识		楼地面防水工程			
其他项目					
工程过程记录					
评语				指导教师	

第 12 章　保温、隔热及防腐工程 12

 【学习目标】

- 了解保温隔热工程的分类。
- 熟悉保温隔热工程方式的优缺点及计算方法。
- 掌握防腐面层的构造、布置要点、设计及施工、
  注意事项。
- 掌握防腐面层的清单及定额计算方法。
- 了解隔离层的材料及防腐涂料种类、选择、防腐原理以及清单、定额
  简单计算。

【教学要求】

本章要点	掌握层次	相关知识点
保温隔热工程	1. 保温隔热工程的分类、方式、特点及优缺点 2. 保温隔热工程的清单、定额计算方法	保温隔热
防腐面层	1. 了解防腐面层的构造、布置要点 2. 理解防腐面层的设计及施工、注意事项 3. 掌握防腐面层的相关计算	防腐
其他防腐	1. 了解隔离设计及材料选择 2. 了解防腐涂料种类、选择、防腐原理 3. 掌握隔离层、防腐涂料的相关简单计算	其他防腐

【引子】

外墙外保温系统起源于 20 世纪 40 年代的瑞典和德国，至今已有 60 多年的历史，经过多年的实际应用和全球不同气候条件下长时间的考验，证明采用该类保温系统的建筑，无论是从建筑物外装饰效果还是居住的舒适程度，都是一项值得全球范围内推广应用的节能新技术。如今，外墙外保温建筑已经成为欧美等发达国家市场占有率最高的一种建筑节能技术。20 世纪 60 年代，美国从欧洲引进此项技术，并根据本国的具体气候条件和建筑体系特点进行了改进和发展。同样在 70 年代初的能源危机期间，由于建筑节能的要求，外墙外保温及装饰系统在美国的应用不断增加，至 90 年代末，其平均年增长率达到了 20%～25%。至今，此项技术在美国的应用已达 40 多年之久，最高建筑达 44 层，在美国南部的炎热地区和寒冷的北部地区均有广泛的应用，效果显著。

12.1　保温、隔热工程

1. 保温、隔热工程的基本知识

1)　建筑保温隔热的分类及项目划分

(1)　保温隔热分类。

保温隔热常用的材料有：软木板、聚苯乙烯泡沫塑料板、加气混凝土块、膨胀珍珠岩板、沥青玻璃棉、沥青矿渣棉、微孔硅酸钙、稻壳等。可用于屋面、墙体、柱子、楼地面、天棚等部位。屋面保温层中应设有排气管或排气孔。

(2)　隔热保温工程项目划分。

①　保温隔热屋面。

泡沫混凝土块、珍珠岩块、水泥蛭石块、沥青玻璃棉(矿渣棉)毡、现浇珍珠岩(蛭石)、乳化沥青珍珠岩、泡沫混凝土、加气混凝土、陶粒混凝土、喷涂改性聚氨酯硬泡体、架空隔热层等均可作为保温隔热屋面，如图 12-1 所示。

图 12-1　保温隔热屋面

②　保温隔热天棚。

板底顶棚：铺贴塑料板、沥青软木、聚苯板。

悬吊顶棚：龙骨上铺放玻璃棉板、袋装矿棉、泡沫板，如图 12-2 所示。

图 12-2 保温隔热天棚

③ 保温隔热墙、柱面。

沥青贴软木(泡沫板)、加气混凝土块、沥青珍珠岩墙板、沥青玻璃棉(矿渣棉、稻壳板)、喷涂改性聚氨酯硬泡体(防水、保温)、聚苯颗粒(EPS/XPS)外墙外保温系统(现行做法)等，如图 12-3 所示。

④ 隔热楼地面。

沥青贴软木、沥青贴泡沫板、沥青贴加气混凝土块等，如图 12-4 所示。

墙面保温.avi

图 12-3 保温隔热墙面示意图

图 12-4 保温隔热楼地面示意图

2) 建筑保温主要方式

(1) 外墙内保温。

外墙内保温就是在外墙的内侧使用苯板、保温砂浆等保温材料，使建筑达到保温节能作用的施工方法。该施工方法具有施工方便，对建筑外墙垂直度要求不高，施工进度快等优点。近年来，在工程上也经常被采用。但外墙内保温所带来的质量问题也随之而来。

建筑保温主要方式.mp4

(2) 内外混合保温。

内外混合保温，是指施工中，在外保温施工操作方便的部位采用外保温，在外保温施工操作不方便的部位作内保温，从而对建筑保温的施工方法。从施工操作上看，混合保温可以提高施工速度，对外墙内保温不能保护到的内墙、板同外墙交接处的冷(热)桥部分进行有效的保护，从而使建筑处于保温中。

(3) 外墙外保温。

外墙外保温，是将保温隔热体系置于外墙外侧，使建筑达到保温效果的施工方法。由于外保温是将保温隔热体系置于外墙外侧，因而主体结构所受温差作用大幅度下降，温度变形减小，对结构墙体起到保护作用并可有效阻断冷(热)桥，有利于结构寿命的延长。因此从有利于结构稳定性方面来说，外保温隔热具有明显的优势，在可选择的情况下应首选外保温隔热。

3) 建筑保温各种方式的优缺点

(1) 内保温优缺点。

优点：

① 将保温材料复合在承重墙内侧，技术不复杂，施工简便；

② 绝热材料强度要求低，技术性要求比外保温低；

③ 造价相对较低。

内保温优缺点.mp4

缺点：

① 难以避免"热桥"的产生。墙体内表面易产生结露、潮湿、甚至发霉现象；

② 防水和气密性差；

③ 不利于建筑物围护结构的保护；

④ 内保温板材易出现裂缝。

(2) 外保温优缺点。

优点：

① 适用范围广；

② 保护主体结构，延长建筑物寿命；

③ 基本消除了"热桥"的影响；

④ 使墙体潮湿状况得到改善；

⑤ 有利于室温保持稳定，改善室内热环境质量；

⑥ 有利于提高墙体的防水和气密性；

⑦ 便于对旧建筑的节能改造；

⑧ 可相对减少保温材料用量；

⑨ 增加房屋使用面积。

外保温优缺点.mp4

缺点：

① 因保温层在墙体外侧，所处环境恶劣，对保温体系各材料要求较严格；

② 材料要求配套及彼此相容性好；

③ 对保温系统的耐候性和耐久性提出了较高的要求；

④ 施工难度大，要有素质较好的施工队伍和技术支持。

(3) 夹心保温优缺点。

优点：

将绝热材料设置在外墙中间，有利于较好地发挥墙体本身对外界
的防护作用；对保温材料的强度要求不严格。

缺点：

① 易产生热桥；

② 内部易形成空气对流；

③ 施工相对困难；

④ 墙体裂缝不易控制；

⑤ 抗震性差。

夹心保温优缺点.mp4

【案例 12-1】 我国东北地区气候寒冷，广大农村的住宅均为平房，冬季采暖均为土
炕、火墙、火炉等，大多用火力燃煤，能耗相当大，约占全部能耗的 20%以上，带来较大
的空气污染。所以，住宅建筑节能能缓解我国能源紧张，提高环境质量，实现可持续发展。
试分析东北地区的人们可以采用哪些方法来对墙体进行保温。

2. 保温隔热工程的清单分项

保温隔热工程的清单分项详见二维码。

3. 保温隔热工程的计算规则

扩展资源 1.pdf

1) 保温隔热项目清单计算规则

(1) 保温隔热层按体积计算，其厚度按隔热材料净厚度(不包括胶
结材料厚度)尺寸计算；

(2) 地坪隔热层按围护结构墙间净面积计算，不扣除柱、垛及每个面积在 $0.3m^2$ 内的孔
洞所占面积；

(3) 墙体隔热层：外墙按围护结构的隔热层中心线；内墙按隔热层净长乘以图示尺寸
的高度及厚度以立方米计算。应扣除冷藏门洞口、管道穿墙洞口所占体积；

(4) 柱包隔热层按图示柱的隔热层中心线的展开长度乘以图示高度及厚度以立方米
计算；

(5) 软木、泡沫塑料板铺贴天棚，按图示尺寸以立方米计算；

(6) 柱帽贴软木、泡沫塑料按图示尺寸以立方米计算，工程量并入天棚；

(7) 树脂珍珠岩板按图示尺寸以平方米计算，并扣除 $0.3m^2$ 以上孔洞所占的面积；

(8) 保温层排气管按图示尺寸以延长米计算，不扣除管件所占长度，保温层排气孔按
不同材料以个计算；

(9) 天棚保温吸音层按图示尺寸以平方米计算，不扣除柱、垛及每个面积在 $0.3m^2$ 以内

孔洞所占面积。

2) 保温隔热项目定额计算规则

(1) 本分部包括屋面、天棚、地面、墙柱面的隔热保温，适用于中温、低温及恒温的工业厂(库)房隔热工程以及一般保温工程。

(2) 附墙铺贴板材时，基层上应先涂沥青一道，其工料消耗已包括在定额子目内，不得另计。

(3) 保温隔热墙的装饰面层，应按相关分部内容列项。

(4) 柱帽保温隔热应并入天棚保温隔热工程量内。

(5) 池槽隔热保温，池壁、池底应分别列项，池壁执行墙面保温隔热子目，池底执行地面保温隔热子目。

(6) 保温隔热屋面应区别不同保温隔热材料，分别按设计图示尺寸以体积或面积计算，不扣除柱、垛所占体积或面积。

(7) 保温隔热天棚、墙柱、楼地面按设计图示尺寸以面积计算。

(8) 保温隔热天棚、楼地面工程量不扣除柱、垛所占面积。

(9) 保温隔热墙：外墙按隔热层中心线；内墙按隔热层净长乘以图示尺寸的高度以面积计算。扣除门窗洞口所占面积，门窗洞口侧壁需做保温时，并入保温墙体工程量内。

(10) 保温柱按设计图示以保温层中心线展开长度乘以保温层高度以面积计算。

(11) 楼地面隔热层按围护结构墙体间净面积乘以设计厚度以体积计算，不扣除柱、垛所占的体积。

12.2 防 腐 工 程

12.2.1 防腐面层

1. 防腐面层要点

1) 防腐设计

(1) 限制侵蚀性介质的作用范围；

(2) 将侵蚀性介质稀释排放；

(3) 在建筑布置、结构选型、节点构造和材料选择等方面采取防护措施。

防腐面层布置要点.mp4

2) 布置要点

(1) 对散发大量侵蚀性介质的厂房、仓库、贮罐、排气筒、堆场等，尽可能集中布置于常年主导风向的下风侧和地下水流向的下游。为利于通风，厂房和仓库的长轴应尽量垂直于主导风向。

(2) 室外场地应有足够的排水坡度(一般不小于 0.5%)，并布置排水明沟。

(3) 厂内输送侵蚀性液体、气体的管道应尽量集中埋置。架空敷设时放在下层，以免危及其他管道。

(4) 排除侵蚀性污水的管道所设的检查井(窨井)，应同建筑物基础保持一定的距离。

3)　设计要点

(1)　凡散发侵蚀性气体、粉尘的建筑物，造型力求简单。为保持良好的自然通风，可采用敞开式、半敞开式建筑。

(2)　围护结构应根据室内温度、湿度情况，加强保温性能，以减少墙面、屋面由于侵蚀性气体的冷凝结露腐蚀建筑物。为避免侵蚀性粉尘集聚，屋面不宜砌筑女儿墙。

(3)　采用木制或塑料、玻璃钢制门窗。

(4)　外露的金属构件或零件应适当加大尺寸或涂饰耐腐蚀涂料。

(5)　楼面、地面的防护是建筑防腐蚀设计的关键。为了缩小侵蚀性介质的危害范围，便于防护，应配合生产工艺要求将滴、漏严重的设备集中布置，并可在设备底下设置托盘、地槽，局部地面、楼面作成耐酸、耐碱地坪。地坪的面层材料可选用沥青混凝土、水玻璃混凝土、聚氯乙烯、玻璃钢、陶瓷、花岗岩等制成的板材或块材。在地坪面层和找平层(一般用水泥砂浆)间，用石油沥青油毡或再生橡胶油毡等材料作为隔离层，以防地坪受到侵蚀性介质渗透、扩散的影响，如图 12-5 所示。

图 12-5　防腐面层示意图

(6)　凡与侵蚀性介质接触的其他建筑部位，如地沟、地漏、踢脚线、变形缝和设备等，都应采取耐腐蚀的材料和相应的构造措施。

4)　构造要求

防腐蚀建筑一般采用钢筋混凝土结构。在含有强腐蚀性气体且处于高湿环境中的梁、板、柱、屋架等钢筋混凝土承重构件，除提高混凝土的标号、密实性和加大钢筋保护层外，表面尚须涂以耐腐蚀涂料(如沥青漆、环氧树脂漆等)。如果建筑物采用钢、铝等金属结构，除加强节点构造和表面防护外，进行结构计算时要适当提高安全度。砖木结构一般仅用于腐蚀性介质影响不大的建筑物，承重砖墙宜用不含石灰质的砂浆砌筑，木材表面也要做防腐处理。建筑物的基础部分，为了防止侵蚀性液体渗入地下造成腐蚀，防止杂散电流漏入地下引起钢筋的电化学腐蚀，防止含有侵蚀性介质的地下水和地基土壤造成危害，必须采取地面的防渗堵漏和排水措施，选用合适的基础材料，增加混凝土中钢筋保护层厚度，对基础表面做防腐蚀处理并增加基础埋深等。

【案例 12-2】某工厂因防腐面层出现问题，导致发生事故造成人员 2 死 5 伤，根据本章所学内容，试分析怎样避免或减少这种事情的发生。

2. 防腐面层适用范围及项目说明

1) 防腐面层包含的项目

包括防腐混凝土面层、防腐砂浆面层、防腐胶泥面层、玻璃钢防腐面层、聚氯乙烯板面层、块料防腐面层 6 个项目。

2) 适用范围

(1) "防腐混凝土面层""防腐砂浆面层""防腐胶泥面层"项目适用于平面或立面的水玻璃混凝土、水玻璃砂浆、水玻璃胶泥、沥青混凝土、沥青砂浆、沥青胶泥、树脂混凝土、树脂砂浆、树脂胶泥及聚合物水泥砂浆等防腐工程;

(2) "玻璃钢防腐面层"项目适用于树脂胶料与增强材料复合塑制而成的玻璃钢防腐;

(3) "聚氯乙烯板面层"项目适用于地面、墙面的软、硬聚氯乙烯板防腐工程;

(4) "块料防腐面层"项目适用于地面、沟槽、基础的各类块料防腐工程。

3) 有关项目说明

(1) 因防腐材料不同,价格差异较大,清单项目中必须列出混凝土、砂浆、胶泥的材料种类;

(2) 如遇池槽防腐,池底和池壁可合并列项,也可分池底面积和池壁面积,分别列项;

(3) 玻璃钢项目名称应描述构成玻璃钢、树脂和增强材料名称;

(4) 玻璃钢项目应描述防腐部位和立面、平面;

(5) 聚氯乙烯板的焊接应包括在报价内;

(6) 防腐蚀块料粘贴部位应在清单项目中进行描述;

(7) 防腐蚀块料的规格、品种应在清单项目中进行描述;

(8) 防腐工程中需酸化处理时应包括在报价内;

(9) 防腐工程中的养护应包括在报价内。

3. 防腐面层施工

1) 施工、存放注意事项

(1) 涂料的涂装应严格按照产品说明的重量比例制作、涂装施工及保护;

(2) 涂料应存放在干燥、通风、阴凉处,防止雨淋暴晒和靠近火源,运送应遵循易燃运输的安全规定;

(3) 为保证涂层质量,施工时,如遇风沙、雨、雪、雾气候时应间断防腐层的露天施工;

防腐面层施工、存放
注重事项.mp4

(4) 当环境温度低于 5℃高于 38℃或相对湿度高于 80%时不宜施工;

(5) 涂装下一道涂层应在上一道涂层实干后涂装,如果漆膜彻底固化应打毛后再涂装下一道;

(6) 涂装后的设备应在防腐层彻底固化(一般夏天 5~7 天、冬期 7~10 天,无溶剂涂装体系为 10~15 天)后交给运用,未固化的涂层应防止雨水浸淋;

(7) 冬期施工每道涂层需彻底干燥,层间重涂时间比夏天施工需要长;

（8）冬期施工应尽量防止傍晚或晚上进行低温施工，以防引起粉化、开裂、起翘、掉落等问题。

2）后期保护

（1）涂装施工完成后应将工地半封闭、通风、无人进入，以便涂装体系彻底固化；

（2）在涂膜时应尽量防止砂尘土、油水的接触及机械损伤，发生损伤的部位应及时修补。未失效的耐性涂装膜，若确认为环氧类、聚氨酯类涂料，经打毛并用溶剂除去油污后直接涂装；

后期保护.mp4

（3）冬期涂装施工及保护时段的环境温度应高于 5℃；

（4）防腐面层施工完毕两星期以上再投入使用，不要因急于使用而影响产品的涂装防护性能。

3）施工安全注意事项

（1）施工作业现场禁止存放易燃品、油漆材料等，焰火场所周围间隔 10m 内不准进行焊接或明火作业。存放涂料及施工现场应有必要的消防设备。在施工中应选用防爆照明设备。

（2）施工现场应设置通风设备，有害气体含量不得超过有关规定。

（3）施工操作人员应佩带必要的防护用品，在容器内施工应轮流作业，并采用良好的通风设备。

（4）高空作业要有防滑措施，作业人员应系好安全带。

（5）使用高压无空气喷枪时应将喷枪接地，以防止静电火花酿成火灾、爆炸事故。

（6）使用无空气喷涂设备在极高压力下作业，切勿将喷枪喷孔对着人体与手掌，防止造成人身损伤。

（7）清洁工具及容器内的废溶剂，不得随意倾倒，宜妥善处置。

扩展资源 2.pdf

4. 防腐面层工程清单分项

防腐面层工程清单分项详见二维码。

5. 防腐面层计算规则

1）清单计算规则

（1）防腐混凝土面层、防腐砂浆面层、防腐胶泥面层、玻璃钢防腐面层计算规则：按设计图示尺寸以面积计算。

① 平面防腐：扣除凸出地面的构筑物、设备基础等所占面积；

② 立面防腐：砖垛等凸出部分按展开面积并入墙面积内。

（2）聚氯乙烯板面层、块料防腐面层计算规则：按设计图示尺寸以面积计算。

① 平面防腐：扣除凸出地面的构筑物、设备基础等所占面积；

② 立面防腐：砖垛等凸出部分按展开面积并入墙面积内；

③ 踢脚板防腐：扣除门洞所占面积并相应增加门洞侧壁面积。

2）定额计算规则

防腐项目应区分不同防腐材料种类及其厚度，分别按设计图示尺寸以面积计算。

(1) 平面防腐：扣除凸出地面的构筑物、设备基础等所占面积；

(2) 立面防腐：砖垛等凸出墙面部分按展开面积并入墙面积内；

(3) 踢脚板防腐：扣除门洞所占面积并相应增加门洞侧壁面积；

(4) 平面砌筑双层耐酸块料时的工程量，按单层面积乘以系数 2 计算；

(5) 防腐卷材接缝、附加层、收头等人工材料，已计入定额子目中，不再另行计算；

(6) 烟囱、烟道内表面隔绝层，按筒身内壁扣除各种孔洞后的面积计算。

12.2.2 其他防腐

1．其他防腐的基础知识

包括隔离层、砌筑沥青浸渍砖、防腐涂料 3 个项目。

1) 隔离层

(1) 隔离层的定义。

"广义"上的隔离层是指为防止腐蚀介质渗透、增强设备的抗腐蚀能力、防止上下两层防腐材料不兼容、增强上下两层的黏结能力、增强防腐层的整体强度等目的而设置的不透性材料界面层。

"狭义"的隔离层是指砖板衬里的隔离层。砖板衬里隔离层是用于防止介质渗透砖板或胶泥缝直接腐蚀基材，从而在砖板层与基材之间设置的不透性材料层，如图 12-6 所示。

图 12-6 防腐隔离层示意图

(2) 隔离层的材料。

防腐工程需要隔离层的，多数都是介质的腐蚀较强、操作压力较大的场合。作为隔离层的材料必须有足够的弹性和耐热性能，既能承受壳体对其产生的拉力，又可承受衬里层对其产生的压力。

隔离层材料主要包括：树脂涂层、树脂玻璃钢、聚氨酯防水涂层等树脂类；沥青玻璃布和高聚物改性沥青卷材等沥青类；天然橡胶、丁基橡胶等橡胶类；三元乙丙防水卷材、聚乙烯丙纶高分子防水卷材等高分子防水卷材类；金属类；石棉板类。

隔离层的耐温、耐腐蚀、强度、抗渗、黏结等性能取决于隔离层材料的种类、厚度、层数，玻璃钢隔离层材料还与纤维种类和含量有关，需要根据衬里的温度梯度变化来确定选用隔离层材料品种。

防腐涂料，一般分为常规防腐涂料和重防腐涂料，是油漆涂料中必不可少的一种涂料。常规防腐涂料是在一定条件下，对金属等起到防腐蚀的作用，保护有色金属使用的寿命；重防腐涂料是指相对常规防腐涂料而言，能在相对苛刻的腐蚀环境里应用，并具有能达到比常规防腐涂料更长保护期的一类防腐涂料。

(3) 隔离层设计及材料选择。

选择隔离层材料时，应考虑设备的操作条件、材料的使用条件、施工工艺、经济合理性。必须考虑在隔离层表面工作温度状态下，隔离层材料对腐蚀介质的抵抗能力以及隔离层材料施工工艺和经济合理性。

隔离设计及材料选择.mp4

隔离层应设置在基层表面，隔离层的设置应符合设计文件要求或相关国家标准，如《建筑防腐蚀工程施工及验收规范》(GB/T 50212—2014)，当没有规定时，应符合下列要求。

① 对设备介质具有良好的耐腐蚀性能。

② 具有致密性和抗渗透性，增强设备的抗腐蚀能力。

③ 与基层黏结良好，无不良反应(如呋喃树脂重防腐蚀工程，酸性固化剂会与混凝土基材和碳钢基材反应，故需制作树脂类隔离层)。

④ 与结合层或防腐蚀面层材料相容、黏结良好、无不良反应。

⑤ 耐温级别符合设计要求：隔离层材料的最高使用温度，主要是根据材料的机械性能、施工工艺、与基材的黏结力等性能和其他使用经验确定。介质传导到隔离层的温度不能超过隔离层的允许使用温度。因此，对于特定条件(介质浓度、压力和温度等)下的材料抗腐蚀性能，还应查阅其他相关资料。

2) 防腐涂料

(1) 常规防腐涂料的种类。

按照用途可分为：橡胶用防腐油漆、船舶用防腐油漆、金属用防腐油漆、汽车用防腐油漆、管道用防腐油漆、家具用防腐油漆、钢结构用防腐油漆。

常规防腐涂料的种类.mp4

按树脂成膜分为：环氧防腐油漆、过氯乙烯防腐油漆、氯化橡胶防腐油漆、聚氨酯防腐油漆、丙烯酸防腐油漆、无机防腐油漆、高氯化聚乙烯防腐油漆。

(2) 防腐材料特性。

能在苛刻条件下使用，并具有长效防腐寿命，重防腐涂料在化工大气和海洋环境里，一般可使用 10 年或 15 年以上，即使在酸、碱、盐和溶剂介质里，并在一定温度条件下，也能使用 5 年以上。厚膜化是重防腐涂料的重要标志。一般防腐涂料的涂层干膜厚度为 $100\mu m$ 或 $150\mu m$，而重防腐涂料干膜厚度则在 $200\mu m$ 或 $300\mu m$ 以上，有的可达 $500\sim1000\mu m$。

涂层具有耐候性，抗老化、抗辐射、耐磨、耐冲击、耐高温($400\sim600$℃)、耐低温(-60℃)，导电性稳定等特点，其电阻率可满足防静电要求，又能保证涂层的长寿命。

(3) 防腐原理。

一般防腐涂料的防腐原理在化学、物理和电化学方向，以下是详细解释。

① 防腐的化学原理。

防腐的化学原理就是将有害的酸碱物质中和为中性的无害物质，来保护防腐涂层内的材料不受腐蚀性物质的侵害。防锈涂料中经常添加一些两性化合物，例如氢氧化铝、氢氧化钡和氧化锌等，这些物质很容易和酸碱有害物发生化学作用，从而实现防腐效果。

防腐原理.mp4

② 防腐的物理原理。

防腐的物理原理就是以防腐涂层将被保护材料与外界的腐蚀性物质隔离开。防锈涂料的物理原理就是使用成膜剂以获得致密的防腐涂层，来隔离防腐材料对被保护材料的伤害。例如含铅的涂料和油料反应后就能形成铅皂，以此来保证防腐涂层的致密性。

③ 防腐的电化学作用。

防腐的电化学作用是指在防锈涂料中添加一些特殊的物质，这样在水分和氧气通过防锈涂料时会发生反应而形成防腐离子，使钢铁等金属的表面钝化，从而阻止金属离子的溶出，从而到达防腐的目的，这些特殊物质中最常见的就是铬酸盐。

2. 其他防腐的适用范围

(1) "隔离层"项目适用于楼地面的沥青类、树脂玻璃钢类防腐工程隔离层；

(2) "砌筑沥青浸渍砖"项目适用于浸渍标准砖的铺砌；

(3) "防腐涂料"项目适用于建筑物、构筑物以及钢结构的防腐。

3. 其他防腐的有关项目说明

(1) 项目名称应对涂刷基层及部位进行描述；需刮腻子时应包括在报价内；应对涂料底漆层、中间漆层、面漆涂刷遍数进行描述。

(2) 砌筑沥青浸渍砖：按设计图示尺寸以体积计算，立砌按厚度 115mm 计算；平砌按厚度 53mm 计算。

4. 其他防腐的清单分项

其他防腐的清单分项详见二维码。

5. 其他防腐工程定额计算规则

(1) 整体面层、隔离层适用于平面、立面的防腐耐酸工程，包括沟、坑、槽。

扩展资源 3.pdf

(2) 块料面层以平面砌为准，砌立面的，按平面砌相应项目，人工乘以系数 1.38，踢脚板人工乘以系数 1.56，其他不变。

(3) 各种砂浆、胶泥、混凝土材料的种类，配合比等各种整体面层的厚度，如设计与定额不同时，可以换算。但各种块料面层的结合层砂浆或胶泥厚度不变。

(4) 本章的各种面层，除软聚氯乙烯塑料地面外，均不包括踢脚板。

(5) 花岗岩板以六面剁斧的板材为准。如底面为毛面者，水玻璃砂浆增加 0.38m³；耐酸沥青砂浆增加 0.44m³。

(6) 防腐工程项目应区分不同防腐材料种类及厚度，按设计实铺面积以平方米计算。应扣除凸出地面的构筑物、设备基础等所占的面积，砖垛等凸出墙面部分按展开面积计算并入墙面防腐工程量内。

(7) 踢脚板按实铺长度乘以高度以平方米计算，应扣除门洞所占面积并相应增加侧壁展开面积。

(8) 平面砌筑双层耐酸块料时，按单层面积乘以 2 计算。

(9) 防腐卷材接缝、附加层、收头等人工、材料，已计入定额中，不再另行计算。

12.3　实　训　课　堂

【实训 1】如图 12-7 所示为一房屋平面示意图，防腐砂浆面层，试计算防腐砂浆面层及防腐砂浆面层踢脚线工程量。

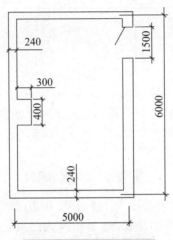

图 12-7　房屋平面示意图

解：(1) 清单工程量。

清单工程量计算规则：按设计实铺面积计算。

① 防腐砂浆面层工程量：

$S_1=(5-0.24)\times(6-0.24)-0.3\times0.4+1.5\times0.12=27.48(m^2)$

② 防腐砂浆面层踢脚线工程量：

$S_2=[(5-0.24)+(6-0.24)]\times2\times0.15+0.3\times2\times0.15-1.5\times0.15+0.12\times2\times0.15=3.057(m^2)$

注解：(5-0.24)×(6-0.24)为室内面积，0.3×0.4 为墙垛的面积，1.5×0.12 为门的面积，门在墙的一半处，门外的 0.12 不再计算。[(5-0.24)+(6-0.24)]×2 为整个室内踢脚线的长度，0.3×2 为墙垛两侧的长度，1.5 为门的宽度，需扣除，0.12×2 为门的一半长度需要踢脚线，外侧不再踢脚，总长度乘以踢脚厚度 0.15 即可。

(2) 定额工程量。

定额工程量同清单工程量。

防腐砂浆面层工程量为 27.48m^2。

防腐砂浆面层踢脚线工程量为 3.057m^2。

套用《河南省房屋建筑与装饰工程预算定额(上册)》(HA01—31—2016)定额子目 10-123可得：

防腐砂浆面层总价=27.48×9031.95=2481.98(元)

【实训 2】如图 12-8 所示，楼面为耐酸沥青胶泥卷材隔离层，试计算其工程量。

解：(1) 清单工程量

清单工程量计算规则：按设计图示尺寸以面积计算。

① 平面防腐：扣除凸出地面的构筑物、设备基础等以及面积>0.3m^2 孔洞、柱、垛等

所占面积，门洞、空圈、暖气包槽、壁龛的开口部分不增加面积。

② 立面防腐：扣除门、窗、洞口以及面积＞0.3m² 孔洞、梁所占面积，门、窗、洞口侧壁、垛突出部分按展开面积并入墙面积内。

隔离层工程量 $S=(4.2-0.12-0.06)\times(5-0.12-0.06)\times2+(4.2-0.06\times2)\times(5-0.12-0.06)$

$\qquad\qquad +1.2\times0.24\times3=59.2824(m^2)$

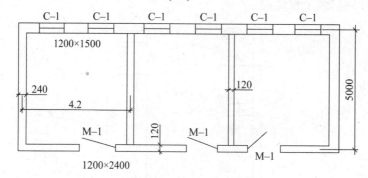

图 12-8　楼地面示意图

注解：(4.2-0.12-0.06)为房间的净长，(5-0.12-0.06)为房间净宽，左右两侧共 2 个，故乘以 2，(4.2-0.06×2)为中间房间的净长，1.2×0.24 为门洞的面积，共 3 个门洞，故乘以 3。

(2) 定额工程量。

定额工程量同清单工程量。

隔离层定额工程量=59.2824(m²)

套用《河南省房屋建筑与装饰工程预算定额(上册)》(HA01—31—2016)定额子目 10-267 可得：

总价=59.2824×5774.86 =3423.48(元)

【实训 3】如图 12-9 所示，墙面为过氯乙烯漆耐酸防腐涂料抹灰面 30mm 厚，底漆一遍，墙高 2.5m，试计算其工程量。

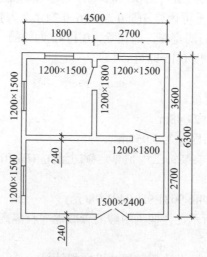

图 12-9　墙面示意图

解：(1) 清单工程量。

清单工程量计算规则：按设计图示尺寸以面积计算。

① 平面防腐：扣除凸出地面的构筑物、设备基础等以及面积＞$0.3m^2$ 孔洞、柱、垛等所占面积，门洞、空圈、暖气包槽、壁龛的开口部分不增加面积。

② 立面防腐：扣除门、窗、洞口以及面积＞$0.3m^2$ 孔洞、梁所占面积，门、窗、洞口侧壁、垛突出部分按展开面积并入墙面积内。

a. 墙长度 L=(4.5-0.24-0.24)×4+(3.6-0.24)×4+(2.7-0.24)×2=34.44(m)

墙面积=34.44×2.5=86.1(m^2)

b. 门窗面积=1.5×2.4+1.2×1.8×2+1.2×1.5×4=15.12(m^2)

防腐涂料隔离层工程量=86.1-15.12=70.98(m^2)

注解：(4.5-0.24-0.24)为房间整个长度，上下加上中间 2 个共 4 面墙。(3.6-0.24)为上部房间宽度，(2.7-0.24)为下部房间的宽度。1.5×2.4+1.2×1.8×2 为门洞面积，1.2×1.5×4 为窗的面积。

(2) 定额工程量。

定额工程量同清单工程量。

隔离层定额工程量=70.98m^2

套用《河南省房屋建筑与装饰工程预算定额(上册)》(HA01—31—2016)定额子目 10-166可得：

总价=70.98m^2×15928.34 元/100m^2=11305.94(元)

本 章 小 结

通过本章的学习，同学们可以了解保温隔热工程的分类、防水；保温隔热工程方法的优缺点及计算；防腐面层的构造、布置要点、设计及施工、注意事项；防腐面层的清单定额计算；隔离层的材料及防腐涂料种类、选择、防腐原理以及清单定额简单计算。

此外，通过本章的学习，同学们还应掌握清单子目中的项目编码计算规则及对应的简单计算，对清单定额的计算不同之处应了熟于胸，为以后的学习和工作打下基础。

实 训 练 习

一、单选题

1. 关于定额套用与工程量计算的说法有误的是(　　)。
   A. 平面砌双层耐酸块料时，按单层面积乘以系数 2 计算
   B. 软木、泡沫塑料板铺贴天棚，按图示尺寸以平方米计算
   C. 耐酸定额以自然养护考虑，如需特殊养护者，费用另计
   D. 保温层排气管管材、管件的规格、材质不同，单价换算，其余不变

2. 以下关于定额套用乘系数的表述有误的是(　　)。
   A. 耐酸防腐块料踢脚板套用平面块料铺砌相应定额，人工乘系数 1.56，其余不变

B. 耐酸防腐块料踢脚板套池、沟、槽面层相应定额

C. 墙面铺砌耐酸防腐块料面层套用平面块料铺砌相应定额，人工乘系数 1.38，其余不变

D. 小型地沟铺砌耐酸防腐块料面层套用池、沟、槽相应块料铺砌定额

3. 下列关于防腐、保温、隔热工程中说法不正确的是( )。

A. 玻璃棉、矿渣棉包装材料和人工均已包括在项目内

B. 外墙粘贴聚苯板与挤塑板附(聚合物砂浆黏结)、混凝土板下粘贴(聚合物砂浆黏结)项目中聚苯板、挤塑板厚度不同时，人工、材料用量不变

C. 外墙粘贴聚苯板与挤塑板附(聚合物砂浆黏结)、混凝土板下粘贴(聚合物砂浆黏结)项目，按图示尺寸以平方米计算，扣除门窗洞口和 $0.3m^2$ 以上孔洞所占面积

D. 墙体隔热层，均按墙中心线长乘以图示尺寸高度及厚度以米计算。不应扣除门窗洞口和 $0.3m^2$ 以上洞口所占体积

4. 主要用于工业建筑隔热、保温及防火覆盖的材料是( )。

A. 石棉　　　　B. 玻璃棉　　　　C. 岩棉　　　　D. 矿渣棉

5. 关于隔热、保温工程说法不正确的是( )。

A. 铺贴不包括胶结材料，应以净厚度计算

B. 保温隔热使用稻壳加药物防虫剂时，应在清单项目栏中进行描述

C. 柱保温以保温层中心线展开长度乘以保温层高度及厚度(不包括黏结层厚度)计算

D. 墙体保温隔热不扣除管道穿墙洞口所占体积

二、多选题

1. 顶棚保温适用于( )的保温。

A. 楼板下　　　　　　B. 楼板上　　　　　　C. 屋面板下

D. 屋面板上　　　　　　E. 吊顶上

2. 下列屋面涂膜防水项目包括在消耗量定额项目中的是( )。

A. 基层处理剂　　　　　B. 屋面找平层　　　　　C. 屋面保护层

D. 附加层　　　　　　　E. 防腐层

3. 屋面卷材防水清单项目计价办法的工程内容应包括( )。

A. 基层处理剂　　　　　B. 屋面找平层　　　　　C. 屋面保护层

D. 防水层及附加　　　　E. 屋面防腐层

4. 隔热、保温工程的内容是针对( )。

A. 保温双层墙　　　　　B. 保温隔热屋面　　　　C. 保温隔热天棚

D. 隔热楼地面　　　　　E. 隔热真空层

5. 防腐涂料项目适用于( )的防腐。

A. 建筑物　　B. 构筑物　　C. 钢结构　　D. 膜结构　　E. 木结构

三、简答题

1. 常用的保温隔热材料有哪些？

2. 简述建筑保温的方式及各种方式的优缺点。

3. 防腐面层的布置要点有哪些？

4. 防腐面层施工应注意的事项有哪些？

5. 简述隔离层的含义。

第 12 章 习题答案.pdf

实训工作单一

班级		姓名		日期	
教学项目		保温工程			
任务	了解外墙外保温——保温板的安装	适用范围	具有保温隔热、隔声要求的现浇钢筋混凝土剪力墙结构及围护结构的外墙保温施工		
工艺流程	定位放线→绑扎墙板钢筋→隐检→绑扎钢筋保护层垫块、固定顶模棍→安装门窗洞及预留洞口模板→从墙角开始安装保温板→非整块保温板下料切锯→保温板就位固定→接缝处理→设置 "L" 型预埋筋→隐检→支墙模→穿墙螺栓孔洞处理→浇筑混凝土→拆模→清理保温板面浮浆				
操作要点	钢筋绑扎必须符合验收要求，达到横平竖直，无扭曲变形，薄弱部位采用粗钢筋进行加固。外墙模板必须是大模板或滑动模板				
工程过程记录					
评语			指导教师		

实训工作单二

班级		姓名		日期	
教学项目		防腐工程施工			
任务	外墙防腐施工学习		学习目的	具体外墙防腐的做法以及防腐的施工要点及其注意事项	
相关知识			其他面层防腐施工		
其他项目					
工程过程记录					
评语				指导教师	

第13章 天棚工程

13

第 13 章 天棚
工程.pptx

第 13 章 天棚
学习目标.mp4

【学习目标】

- 了解天棚抹灰的概念及其工作内容。
- 掌握天棚吊顶及采光天棚的作用特点。
- 了解天棚的其他装饰。

【教学要求】

本章要点	掌握层次	相关知识点
天棚抹灰	1. 了解天棚抹灰定额 2. 掌握工程量计算规则	特征项目 工作内容
天棚吊顶	1. 了解天棚吊顶分类 2. 掌握定额说明	天棚吊顶分类 作用和特点
采光天棚	1. 了解流程 2. 掌握注意事项	材料要求 打胶工艺
天棚其他装饰	1. 掌握灯槽工程量计算规范 2. 掌握送风口、回风口的工程量计算规范	灯槽 送风口、回风口

【引子】

天棚是指在室内空间上部，通过采用各种材料及形式组合，形成具有功能与美学目的的建筑装修部分。天棚又称天花板，因其特征而得名。"天"指房子的顶棚位置；"花"，即花纹、文采，说的是房顶的装饰。古代建筑的顶棚，多成棋盘格布置，上绘龙凤、花卉、几何纹样或做成浮雕图案，故名"天花"。

13.1 天 棚 抹 灰

1. 天棚抹灰的定义

天棚抹灰是屋顶或者楼层顶使用水泥砂浆、腻子粉等材料进行的装修，起到与基层黏结、找平、美观得的效果，如图 13-1 所示。

天棚抹灰的定义.mp4

2. 定额说明

(1) 抹灰厚度，按不同砂浆分别列在定额子目中，同类砂浆总厚度，不同砂浆分别列出厚度，如定额子目 10mm+5mm 即表示两种不同砂浆的各自厚度。如涉及抹灰厚度与定额不同时，除定额有注明厚度的子目可以换算砂浆消耗量外，其他不做调整。

(2) 天棚抹灰工程量按设计图示尺寸以水平投影面积计算，指的是按图示室内净面积，也就是不包含实心砖墙在内的水平投影面积。

图 13-1 天棚抹灰示意图

3. 工程量计算规则

天棚抹灰的工程量按设计图示尺寸以水平投影面积计算。不扣除间壁墙、垛、柱、附墙烟囱、检查口和管道所占的面积，带梁天棚的梁两侧抹灰面积并入天棚面积内，板式楼梯底面抹灰面积(包括踏步、休息平台以及≤500mm 宽的楼梯井)按水平投影面积乘以系数 1.15 计算，锯齿形楼梯底板抹灰开面积(包括踏步、休息平台以及≤500mm 宽的楼梯井)按水平投影面积乘以系数 1.37 计算。

天棚抹灰的计算
规则.mp4

4. 项目特征

天棚抹灰的项目特征包括以下几项。

(1) 基层类型；
(2) 抹灰厚度、材料种类；
(3) 砂浆配合比。

5. 工作内容

天棚抹灰的工作内容有:

(1) 基层清理;

(2) 底层抹灰;

(3) 抹面层;

(4) 抹装饰线条。

6. 天棚抹灰流程

1) 基层处理

(1) 应将混凝土顶板等表面凹下部分剔平,对蜂窝、麻面、露筋、漏振等应剔到实处,后用 1∶3 水泥砂浆分层补平,把外露钢筋头等事先剔除好。与墙、梁相交混凝土顶板局部超厚处采用胶液涂刷 300mm 宽,后用 12.5 水泥砂浆分层补平。

(2) 抹灰前用扫帚将顶板清洗干净,如有粉状隔离剂,应用钢刷子彻底刷干净。

(3) 顶板抹灰前两天应派专人浇水湿润,抹灰时再喷水湿润。

2) 浆液配制与管理

(1) 按胶液∶水泥∶中粗砂=1∶1.5∶1.5 的配合比,先投入水泥砂再放入胶液,用机械搅拌均匀。

(2) 浆液、胶液都应专人进行集中拌制,配置好的浆液、胶液应用专用桶装置,配置过程应在施工员、监理监督下经检验合格后,贴上准用标签后,4 小时内使用完毕。

【案例 13-1】 某人新买了套毛坯房,准备装修的时候发现混凝土顶棚有不规则裂缝,中部有通长裂缝;预制板楼底没有清除干净,产生了空鼓裂缝;楼板缝处还产生了纵向裂缝。试分析裂缝产生的原因。

3) 天棚粉刷

(1) 天棚施工应注意整体观感,尽量减少局部修补,并特别注意阴阳角的顺直,锋利。

(2) 抹底灰:应在顶板混凝土湿润情况下,将水泥砂浆液涂刷在顶面,随涂随刷,且要求涂刷均匀,厚度控制在 2mm 以内。

(3) 抹面层灰:一人涂刷浆液的同时,另一人随即抹面层灰,采用重量比为水泥∶石灰∶纤维=1∶2.4∶0.15,面层灰厚度控制在 8mm 以内。

(4) 面层灰应随抹随赶光压实抹平,掌握好干湿度以消除气泡,然后用海绵拉毛顺平,提高表面整体观感质量。

4) 质量标准

(1) 主控项目。

① 抹灰层基层表面的尘土、污垢、油渍等应清除干净,并应洒水湿润。

② 一般抹灰所用材料的品种和性能符合设计要求,水泥的凝结时间和安定性复检应合格,砂浆的配合比应符合设计要求。

③ 抹灰工程应分层进行。当抹灰总厚度大于或等于 30mm 时,应采取加强措施。不同材料基体交接处表面的抹灰,应采取防止开裂的加强措施。当采用加强网时,加强网与各基体的搭接宽度不应小于 100mm。检查隐蔽工程验收记录和施工记录。

④ 抹灰层与基层之间及各抹灰层之间必须黏结牢固,抹灰层应无脱层、空鼓现象。

面层应无爆灰和裂缝。观察：用小锤轻击。检查：检查施工记录。

(2) 一般项目。

① 一般抹灰工程的表面质量应符合下列规定。

a. 普通抹灰表面应光滑、洁净、接槎平整，分格缝应清晰；

b. 高级抹灰表面应光滑、洁净、颜色均匀、无抹纹，分格缝和灰线应清晰美观。

② 孔洞、槽、盒周围的抹灰表面应平整、光滑；管道后面的抹灰面应平整。

③ 抹灰层的总厚度应符合设计要求，水泥砂浆不得抹在石灰砂浆层面上；罩面石膏不得抹在水泥砂浆层上。

④ 一般抹灰工程质量的允许偏差符合下列规定：阴阳角顺直，表面平整、光滑。

7. 天棚抹灰部分定额

天棚抹灰部分定额详见二维码。

一般抹灰表面质量
要求.mp4

【**案例 13-2**】 某工程顶棚抹灰层于施工后 1 周内普遍开裂，不规则裂缝宽度 0.2～0.6mm 不等，裂缝间距为 40～60cm，且有通长裂缝。施工后不到 1 个月，出现大面积空鼓、脱落。空鼓区用小锤轻击，抹灰层即可脱落。脱落区边缘用手指便可剥离基层。脱落的水泥砂浆层与结构的结合面光滑平整，未见其他异常。楼层层高 4m，抹灰层大块脱落，幸未伤及人员。试分析发生这种情况的原因。

扩展资源 1.pdf

13.2 天 棚 吊 顶

1. 天棚吊顶的定义

天棚吊顶是指通过一定的悬吊构件，将装饰表面悬吊固定在顶棚上，表面与屋面之间有一定的距离，又称吊顶顶棚，如图 13-2 所示。

图 13-2　天棚吊顶示意图

2. 天棚吊顶分类

天棚吊顶可分为格栅吊顶、吊筒吊顶、藤条造型悬挂吊顶、织物软雕吊顶、装饰网架吊顶等。

吊顶相关基础知识.mp4　　　　吊顶现场.avi　　　　天棚吊顶.avi

3. 作用和特点

(1) 改善室内环境，满足使用功能要求(如隔热、隔声、照明等，能更好地隐藏各种管道、设备，净化空间)。

(2) 装饰内室空间，满足精神需求结构由三部分组成。

① 面层；

② 龙骨，如图 13-3 所示；

③ 基层部分。

图 13-3　吊顶龙骨示意图

4. 定额说明

(1) 除烤漆龙骨天棚为龙骨、面层合并列项外，其余均为天棚龙骨、基层、面层分别列项编制。

(2) 龙骨的种类、间距、规格和基层、面层材料的型号、规格是按常用材料和常用做法考虑的，若设计要求不同时，材料可以调整，人工、机械不变。

(3) 天棚面层在同一标高者为平面天棚，天棚面层不在同一标高者为跌级天棚，跌级天棚的面层按相应项目人工乘以系数 1.30。

(4) 轻钢龙骨、铝合金龙骨项目中龙骨按双层双向结构考虑，即中、小龙骨紧贴大龙骨底面吊挂，如为单层结构时，即大、中龙骨底面在同一水平面的，人工乘以系数 0.85。

(5) 轻钢龙骨和铝合金龙骨项目中，如面层规格与定额不同时，按相近面积的项目执行。

(6) 轻钢龙骨和铝合金龙骨不上人型吊杆长度 0.6m，上人型吊杆长度为 1.4m。吊杆长度与定额不同时可按实际调整，人工不变。

(7) 平面天棚和跌级天棚一般指直线形天棚，不包括灯光槽的制作安装。灯光槽制作安装应按《河南省房屋建筑与装饰工程预算定额(下册)》"第十三章　天棚工程"相应项目执行。吊顶天棚中的艺术造型天棚项目中包括灯光槽的制作安装。

(8) 天棚面层不在同一标高，且高差在 400mm 以下、跌级三级以内的一般直线平面天棚按跌级天棚相应项目执行；高差在 400mm 以上或跌级超过三级以及圆弧形、拱形等造型天棚按吊顶天棚中的艺术造型天棚相应项目执行。

(9) 天棚检查孔的工料已包括在项目内，不另行计算。

(10) 龙骨、基层、面层的防火处理及天棚龙骨的刷防腐油，石膏板刮嵌缝膏、贴绸带，按《河南省房屋建筑与装饰工程预算定额(下册)》"第十四章 油漆、涂料、裱糊工程"相应项目执行。

【案例 13-3】 某工程，吊顶龙骨安装后，主龙骨、次龙骨在纵横方向不顺直，有扭曲、歪斜现象。龙骨高低位置不均，使得下表面拱度不均匀、不平整，甚至成波浪线。吊顶完工后，经过短期使用产生凹凸变形，试分析出现这种现象的原因。

5. 工程量计算规则

(1) 天棚龙骨按主墙间水平投影面积计算，不扣除间壁墙、垛、柱、附墙烟囱、检查口和管道所占的面积，扣除单个＞0.3m² 的孔洞、独立柱及与天棚相连的窗帘盒所占的面积。斜面龙骨按斜面计算。

天棚吊顶计算规则.mp4

(2) 天棚吊顶的基层和面层均按设计图示尺寸以展开面积计算。天棚面中的灯槽及跌级、阶梯式、锯齿形、吊挂式、藻井式天棚面积按展开计算。不扣除间壁墙、垛、柱、附墙烟囱、检查口和管道所占的面积，扣除单个＞0.3m² 的孔洞、独立柱与天棚相连的窗帘盒所占的面积。

(3) 格栅吊顶、藤条造型悬挂吊顶、织物软雕吊顶和装饰网架吊顶，按设计图示尺寸以水平投影面积计算。吊筒吊顶以最大外围水平投影尺寸，以外接矩形面积计算。

6. 天棚吊顶施工准备

1) 主要材料
纸面石膏板、轻钢龙骨及配件的材料、品种、规格等。

2) 主要机具
电锯、无齿锯、射钉枪、手电钻、砂轮切割机、电焊机等。

3) 作业条件
(1) 熟悉图纸和设计说明及施工现场；
(2) 对图纸要求标高、洞口及顶内管道设备等核对证实无误。

7. 天棚吊顶流程

1) 弹线
根据楼层标高水平线、设计标高，沿墙四周弹好顶棚标高水平线，并沿顶棚的标高水平线，在墙上划好龙骨分挡位置线，如图 13-4 所示为现场施工图。

2) 安装主龙骨吊杆
在弹好顶棚标高水平线及龙骨位置线后，确定吊杆下端头的标高，安装吊筋。一般从房间吊顶中心向两边分，不上人吊顶间距为 1200～1500mm，吊点要分布均匀。如遇梁和管道固定点大于设计和规程要求，应增加

天棚吊顶施工流程.mp4

吊杆的固定点。

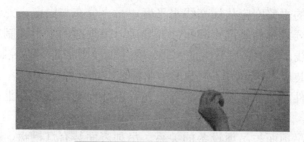

图 13-4　弹线现场施工示意图

3)　安装主龙骨

主龙骨沿房间长向布置，间距宜为 1200～1500mm，主龙骨用与之配套的龙骨吊件与吊筋安装。主龙骨距墙边≤200mm。

4)　安装边龙骨

边龙骨安装时用水泥钉固定，固定间距在 300mm 左右，如图 13-5 所示。

图 13-5　边龙骨示意图

5)　安装次龙骨

安装次龙骨间距为 300～600mm。

6)　纸面石膏板的安装

纸面石膏板与轻钢龙骨固定的方式采用自攻螺钉固定法，在已安装好并经验收的轻钢骨架下面(即做隐蔽验收工作)安装纸面石膏板。安装纸面石膏板用自攻螺丝(规格 25×3.5mm)固定，自攻螺丝钉距板边以 150～170mm 为宜，板中钉距不超过 200mm，螺钉应与板面垂直，均匀布置，已弯曲、变形的螺钉应剔除，并在离原钉位 50mm 处另安装螺钉。钉头嵌入纸面石膏板深度以 0.5～1.0mm 为宜，钉帽应刷防锈涂料，并用石膏腻子抹平。

7)　刷防锈漆

轻钢龙骨架罩面板顶棚吊杆、固定吊杆铁件，在封罩面板前应刷防锈漆。

8)　吊顶与墙体处收边

轻钢龙骨纸面石膏板吊顶的水平面与墙面垂直面交界处采用 W 型烤漆铝条分隔。

8. 质量标准及要求

(1) 注意龙骨与龙骨架的强度与刚度。龙骨的接头处、吊挂处是受力的集中点，施工时应注意加固。如在龙骨上悬吊设备，必须在龙骨上增加吊点。

(2) 纸面石膏板吊顶要表面平整、洁净、无污染。边缘切割整齐一致，无划伤，无缺棱掉角。

（3）控制吊顶的平整度应从标高线水平度、吊点分布与固定、龙骨的刚度等几方面考虑。标高线水平度要求标高基准点和尺寸要准确，吊顶面的水平控制线应拉通线，线要拉直，最好采用尼龙线。对于跨度较大的吊顶，在中间位置加设标高控制点。吊点分布合理，安装牢固，吊杆安装后不松动不产生变形，龙骨要有足够的刚度。

（4）所有连接件、吊挂件要固定牢固，龙骨不能松动，既要有上劲，也要有下劲，上下都不能有松动。

（5）要处理好吊顶面与吊顶设备的关系。吊顶表面装有灯槽盘、空调出风等，这些设备与顶面的关系处理不好，会破坏吊顶的完整性，影响美观，故安装灯盘与灯槽时，一定要从吊顶平面的整体性着手，不能把灯盘和灯槽装得高低不平，与顶面衔接不吻合。

（6）吊筋应符合设计要求，吊筋顺直与吊挂件连接应符合安装规范及有关要求，使用前应进行除锈，涂刷防锈漆要均匀，表面光洁。

9. 天棚吊顶部分定额

天棚吊顶部分定额详见二维码。

天棚吊顶的工作内容：定位、划线、选料、下料、制作安装(包括检查孔)。

10. 天棚吊顶清单规范

天棚吊顶工程量计算规范，天棚吊顶工程量清单项目的设置、项目特征描述的内容、计量单位及工程量计算规则详见二维码。

扩展资源 2.pdf

扩展资源 3.pdf

13.3 采光天棚工程

1. 采光天棚施工流程

（1）在主体结构及钢结构上确立基准线、中心线及边线的测定；

（2）测定各支承点(预埋件处)中心位置，并确定构件安装位置；

（3）测定校准安装玻璃的顶端、底部基准、水平线位置间距等；

（4）测定确立对角线位置；

（5）安装固定接驳爪主支承座构件，检查焊接质量，焊缝不得有夹渣、气孔等缺陷，并敲掉焊渣后对焊缝做防锈处理；

（6）将第一块玻璃的接驳爪安装在主支承座上，检查调整其水平的位置；

（7）玻璃安装自下而上进行，采用吊装专用器具并辅真空吸盘进行；

（8）安装第一块玻璃，并校准定；

（9）安装第二块玻璃，重复上述程序；

（10）此项工作需利用外脚手架配合进行；

（11）检查调整所有玻璃板块之间的胶缝间距，须保持一致；

(12) 检查调整所有玻璃板块的平整度；

(13) 检查所有夹具的紧固状况，须达到标准；

(14) 清洁玻璃板块间的缝道；

(15) 对玻璃板块进行注胶，注胶须符合有关质量要求；

(16) 清除所有硅胶残留痕迹。

2. 采光天棚安装的注意事项

(1) 注意转接件与预埋铁、杆件的连接；

(2) 明框采光顶玻璃安装时，注意弹性定位宽度、长度和厚度；

(3) 隐框采光顶玻璃板框安装时，注意固定点距离；

(4) 注意玻璃采光顶雨水渗漏；

(5) 注意玻璃采光顶避雷连接；

(6) 注意玻璃采光顶的清洁。

3. 材料要求

1) 钢材

玻璃采光顶所使用的钢结构，其牌号与机械性能、尺寸允许偏差、精度等级等，均应符合现行国家和行业标准的规定要求；钢材的表面不得有裂缝、气泡、结疤、泛锈、夹渣和折叠。

玻璃采光天棚的
材料要求.mp4

2) 紧固件

(1) 玻璃采光顶所使用的各类紧固件，如螺栓、螺钉、螺柱、螺母和抽心铆钉等紧固件机械性能，均应符合现行国家标准规定要求。

(2) 玻璃采光顶中与铝合金型材接触的五金件应采用不锈钢材或铝制品，否则应加设绝缘垫片。

(3) 转接件、连接件外观应平整，不得有裂纹、毛刺、凹坑、变形等缺陷。

3) 密封材料

(1) 玻璃采光顶所采用的结构密封胶、建筑密封胶(耐候胶)、中空玻璃二道密封胶、防火密封胶等均应符合现行国家标准规定要求。

(2) 同一单位玻璃采光顶必须采用同一牌号和同一批号的硅酮密封胶。

4) 玻璃

(1) 玻璃是玻璃采光顶的主要材料之一，玻璃采光顶玻璃的机械、光学及热工性能、尺寸偏差等，均应符合现行国家标准规定要求。

(2) 玻璃采光顶使用的玻璃，应进行厚度、边长、外观质量、应力和边缘处理情况的检验。

(3) 玻璃采光顶使用的玻璃必须采用安全玻璃，钢化玻璃应在钢化前进行机械磨边、倒棱、倒角，暴边、裂纹、缺角不允许出现。

(4) 玻璃采光顶采用中空玻璃，应采用双道密封。

4．打胶工艺

(1) 打胶前必须与所用材料做相容性试验；

(2) 在玻璃安装结束后进行打胶，使玻璃的缝隙密封。

5．工程量计算规范

采光天棚工程量清单项目的设置、项目特征描述的内容、计量单位及工程量计算规则详见二维码。

扩展资源 4.pdf

13.4　天棚其他装饰

1．天棚其他装饰工程量计算规范

天棚其他装饰工程量清单项目的设置、项目特征描述的内容、计量单位及工程量计算规则详见二维码。

2．灯槽

灯槽是隐藏灯具，改变灯光方向的凹槽。有的地方把凹槽叫作灯槽和灯带。嵌顶灯槽与嵌顶灯带附加龙骨的区别在于灯槽是局部灯带是大部，或者说灯槽是一个灯或是一组灯，灯带是由多个或多组灯组合并形成的。

扩展资源 5.pdf

3．回风口和送风口

1) 回风口

室内负荷一定时，需要给室内送一定量的冷风，室内风向对新风来说，夏季温度一般较低，所以利用回风道一些风进入空调箱，与少量新风混合后，制成冷风送入室内。

2) 送风口

送风口的外壳用优质冷轧钢板制作，表面静电喷塑，含静压箱、高效过滤器、散流板，在改建和新建各级洁净室时，可在洁净顶棚等处作为终端高效过滤装置，该方法具有投资少，施工简便等优点。

13.5　实 训 课 堂

【实训 1】 如图 13-6 和图 13-7 所示，漯河市某工程为现浇梁顶棚，1∶1∶6 水泥石砂浆底层 10mm 厚，1∶2.5 纸筋灰面面层 3mm 厚。请计算出其抹灰工程工程量。

解：天棚抹灰工程量$=(3-0.24)\times(3-0.24)+(0.4-0.12)\times(3-0.24)\times2+(0.25-0.12)\times$
$$(3-0.24-0.3)\times2$$
$$=9.8(m^2)$$

套用《河南省房屋建筑与装饰工程预算定额(下册)》(HA01—31—2016)定额编号 13-1 可得：

基价：26.35 元；人工费：15.71×9.8=153.96(元)；材料费：2.07×9.8=20.29(元)；机械使

用费：0.37×9.8=2.64(元)；其他措施费：0.53×9.8=5.30(元)；安全文明施工费：1.17×9.8=11.47(元)；管理费：2.94×9.8=28.81(元)；利润：2.11×9.8=20.68(元)；规费：1.45×9.8=14.21(元)。

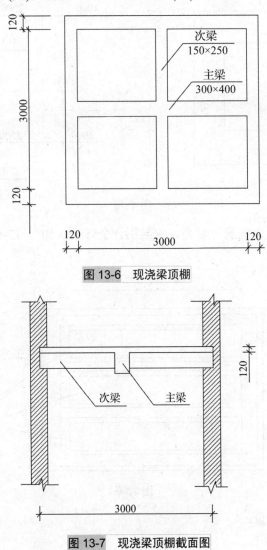

图 13-6　现浇梁顶棚

图 13-7　现浇梁顶棚截面图

【实训 2】根据图 13-8 计算天棚面层的工程量。

解：(1) 天棚龙骨以水平投影面积计算：

$S_1 = 4.5×4.5 = 20.25(m^2)$

(2) 天棚面层以展开面积计算：

$S_2 = 20.25 + (2.5+2.5)×2×0.2 = 22.25(m^2)$

套用《河南省房屋建筑与装饰工程预算定额(下册)》(HA01—31—2016)定额编号 13-182 可得：

基价：39.08 元；人工费：13.80×22.25=307.05(元)；材料费：18.20×22.25=404.95(元)；其他措施费：0.46×22.25=10.24(元)；安全文明施工费：1.01×22.25=22.47(元)；管理费：2.53×22.25=56.30(元)；利润：1.82×22.25=44.50(元)；规费：1.25×22.25=27.81(元)。

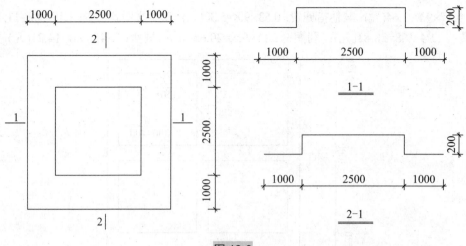

图 13-8

【实训 3】某公司为庆祝一宴会，安装铝合金灯带，如图 13-9 所示，请求灯带的工程量。

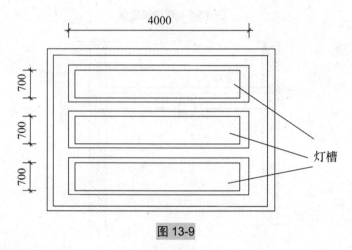

图 13-9

解：计算灯带工程量：

$S=(0.7×4)×3=8.4(m^2)$

套用《河南省房屋建筑与装饰工程预算定额(下册)》(HA01—31—2016)定额编号 13-235 可得：

基价：136.49 元；人工费：74.27×8.4=623.87(元)；材料费：24.15×8.4=202.84(元)；其他措施费：2.50×8.4=21(元)；安全文明施工费：5.42×8.4=45.53(元)；管理费：13.63×8.4=114.41(元)；利润：9.80×8.4=82.32(元)；规费：6.73×8.4=56.53(元)。

本 章 小 结

学习本章，学生们认识了天棚抹灰的工作内容、工程量计算规范；掌握了天棚吊顶的分类、定额及工程量规范；采光天棚流程及注意事项；了解了天棚其他装饰灯槽、送风口及回风口概念、工程量计算规则。

实 训 练 习

一、单选题

1. 关于天棚抹灰工程量计算说法错误的是(　　)。

   A. 带梁天棚、梁两侧抹灰面并入天棚内计算

   B. 不扣除间壁墙、柱、垛、附墙上烟囱

   C. 扣除检查口和管道所占的面积

   D. 板式楼底地面抹灰按水平投影乘以系数 1.15 计算

2. 边龙骨安装时用水泥钉固定，固定间距在(　　)。

   A. 300～600mm　　　　　　　　　B. 300mm 左右

   C. 100mm 左右　　　　　　　　　D. 1200～1500mm

3. 关于天棚龙骨工程量计算，正确的是(　　)。

   A. 天棚龙骨按主墙间水平投影面积计算

   B. 扣除间壁墙、垛、柱、附墙烟囱、检查口和管道所占的面积

   C. 不扣除单个 $>0.3m^2$ 的孔洞、独立柱及与天棚相连的窗帘盒所占的面积

   D. 斜面龙骨按投影面积计算

4. 顶棚抹灰面积(　　)。

   A. 按主墙轴线间面积计算　　　　　B. 按主墙间的净面积计算

   C. 扣除柱所占的面积　　　　　　　D. 按设计图示尺寸计算

5. 有吊顶天棚抹灰，高度算至(　　)。

   A. 天棚底　　　　B. 梁底　　　　C. 板底　　　　D. 根据情况

二、多选题

1. 天棚吊顶按设计图示尺寸以水平投影面积计算(　　)。

   A. 锯齿形天棚面积展开计算

   B. 不扣除柱垛和管道所占面积

   C. 扣除单个 $0.3m^2$ 以外的孔洞面积

   D. 天棚面中的灯槽及跌级面积不展开计算

   E. 不扣除间壁墙，检查口和附墙烟囱的所占面积

2. 天棚吊顶按设计图示尺寸以水平投影面积计算(　　)。

   A. 不扣除间壁墙，检查口和附墙烟囱的所占面积

   B. 不扣除柱垛和管道所占面积

   C. 扣除单个 $0.3m^2$ 以外的孔洞面积

   D. 锯齿形天棚面积展开计算

   E. 天棚面中的灯槽及跌级面积不展开计算

3. 关于天棚吊顶工程量，计算正确的为(　　)。

A. 格栅吊顶按设计图示尺寸以展开面积计算

B. 天棚面层计算中不扣除 0.5m² 以内孔洞所占面积

C. 天棚面层计算中应扣除独立柱及与天棚相连的窗帘盒所占的面积

D. 藤条造型悬挂吊顶、网架吊顶按图示尺寸水平投影面积以面积计算

E. 织物软雕吊顶按设计图示尺寸主墙间净空以面积计算

4. 计算天棚吊顶骨架工程量时，不扣除(　　)所占的面积。

A. 半砖墙　　　　　　　　B. 柱　　　　　　　　C. 附墙烟囱

D. 与天棚相连的窗帘箱　　E. 检查口

5. 关于天棚抹灰的工程量计算，正确的是(　　)。

A. 带梁天棚，梁的两侧抹灰面积，应并入天棚抹灰的工程量内计算

B. 按主墙间净面积以平方米计算

C. 不扣除间壁墙、垛、柱、附墙烟囱等所占的面积

D. 楼梯底面单独抹灰，套天棚抹灰定额

E. 不扣除检查口和管道所占的面积

三、简答题

1. 简述天棚吊顶的分类。

2. 天棚龙骨计算时不扣除哪些部分的面积？

3. 简述采光天棚的工作流程。

4. 简述回风口与送风口的作用。

第 13 章 习题答案.pdf

实训工作单

班级		姓名		日期	
教学项目		天棚抹灰的工艺及要点			
任务		观看天棚抹灰现场操作		工具	砂浆、钢皮刮刀
工艺流程			基层处理→浇水处理→抹灰饼→墙面充筋→分层抹灰→设置分格缝→保护成品		
其他项目					
工程过程记录					
评语				指导教师	

【学习目标】

第 14 章　建设工程
措施项目.pptx

- 了解脚手架的分类及各种脚手架的优缺点及注意事项。
- 掌握混凝土模板分类、特点及支架安装注意事项。
- 了解垂直运输的基本含义及计算。
- 熟悉建筑物超高增加费的相关简单计算。
- 掌握大型机械设备进出场及安拆的常识及安拆费用。
- 掌握施工排水、降水方法及施工注意事项。

【教学要求】

本章要点	掌握层次	相关知识点
脚手架工程	1. 理解脚手架的分类及各种脚手架的优缺点 2. 了解脚手架常见问题 3. 掌握脚手架工程清单定额计算	脚手架工程
混凝土模板及支架(撑)	1. 掌握混凝土模板分类、特点及安装注意事项 2. 掌握混凝土模板及支架(撑)相关计算	模板及支架
垂直运输	掌握垂直运输的计算	垂直运输
建筑物超高增加费	掌握建筑物超高增加费的简单计算	建筑物超高增加费
大型机械设备进出场及安拆	1. 了解大型机械设备进出场及安拆的常识及安拆费用 2. 熟悉大型机械设备进出场及安拆的常识及安拆费用	大型机械设备进出场及安拆

续表

本章要点	掌握层次	相关知识点
施工排水、降水	1. 理解施工排水、降水方法及施工注意事项 2. 掌握施工排水、降水计算	施工降排水

【引子】

脚手架在建筑中是必不可少的存在。在 20 世纪 50 年代以前，我国施工脚手架都采用竹或木材搭设的方法。60 年代起推广扣件式钢管脚手架。80 年代起，我国在发展先进的、具有多功能的脚手架系列方面的成就显著，如门式脚手架系列、碗扣式钢管脚手架系列，年产已达到上万吨的规模，并已有一定数量的出口。改革开放之前，我国建筑以砖混结构为主，建筑施工基本使用传统木模板，而国际上常用的组合钢模板和木质胶合板模板在 1978 年才开始大规模应用于宝钢的建设过程中。此后在国家"以钢代木"政策支持下，组合钢模板得到迅速推广，占据了模板市场的半壁江山，传统木模板则逐渐被木胶合板取代。随着我国工农业生产的高速发展，木材和钢材每年的消耗量都十分惊人，于是 1993 年国家科委又将竹胶模板和钢竹模板列入国家级科技成果重点推广应用项目。进入 21 世纪后，随着科技发展和工程实践需要，又有多种新型模板问世，但占据市场的依旧是木、钢、竹三种材料构成的模板。

14.1　脚手架工程

1. 脚手架分类

脚手架是为了保证各施工过程顺利进行而搭设的工作平台。按搭设的位置可分为外脚手架、里脚手架；按材料不同可分为木脚手架、竹脚手架、钢管脚手架；按构造形式分为立杆式脚手架、桥式脚手架、门式脚手架、悬吊式脚手架、挂式脚手架、挑式脚手架、爬式脚手架。

不同类型的工程施工选用不同用途的脚手架。桥梁支撑架使用碗扣脚手架的居多，也有使用门式脚手架的，主体结构施工落地脚手架使用扣件脚手架的居多。脚手架立杆的纵距一般为 1.2～1.8m；横距一般为 0.9～1.5m，如图 14-1 所示。

脚手架分类.mp4

脚手架.avi

脚手架与一般结构相比，其工作条件具有以下特点。

(1) 所受荷载变异性较大；

(2) 扣件连接节点属于半刚性，且节点刚性大小与扣件质量、安装质量有关，节点性能存在较大变异；

(3) 脚手架结构、构件存在初始缺陷，如杆件的初弯曲、锈蚀、搭设尺寸误差、受荷偏心等均较大；

(4) 与墙的连接点，对脚手架的约束性变异较大。

脚手架工作条件
的特点.mp4

图 14-1　脚手架示意图

2. 各种脚手架的优缺点

1)　扣件式脚手架

(1)　优点。

①　承载力较大。当脚手架的几何尺寸及构造符合规范的有关要求时，一般情况下，脚手架的单管立柱的承载力可达 15kN～35kN。

②　装拆方便，搭设灵活。由于钢管长度易于调整，扣件连接简便，因而可适应各种平面、立面的建筑物与构筑物。

扣件式.mp4

③　比较经济，加工简单，一次投资费用较低。如果精心设计脚手架几何尺寸，注意提高钢管周转使用率，则材料用量也可取得较好的经济效果。扣件钢管架折合每平方米建筑用钢量约 15kg。

(2)　缺点。

①　扣件(特别是螺杆)容易丢失；螺栓拧紧扭力矩不应小于 40N·m，且不应大于 65N·m；

②　节点处的杆件为偏心连接，靠抗滑力传递荷载和内力，因而降低了其承载能力；

③　扣件节点的连接质量很大程度上受扣件本身质量和工人操作的影响。

(3)　适应性。

①　扣件式脚手架可以构筑各种形式的脚手架、模板和其他支撑架；

②　扣件式脚手架可以组装井字架；

③　扣件式脚手架可以搭设坡道、工棚、看台及其他临时构筑物；

④　扣件式脚手架可以作其他种脚手架的辅助，加强杆件，如图 14-2 所示。

图 14-2　扣件式脚手架示意图

2) 门式钢管脚手架

(1) 优点。

① 门式钢管脚手架几何尺寸标准化；

门式钢管.mp4

② 门式钢管脚手架结构合理，受力性能好，充分利用钢材强度，承载能力高；

③ 门式钢管脚手架施工中装拆容易、架设效率高，省工省时、安全可靠、经济适用。

(2) 缺点。

① 构架尺寸无任何灵活性，构架尺寸的任何改变都要换用另一种型号的门架及其配件；

② 交叉支撑易在中铰点处折断；

③ 定型脚手板较重；

④ 价格较贵。

(3) 适应性。

① 门式钢管脚手架可以构造定型脚手架；

② 门式钢管脚手架可以作梁、板构架的支撑架(承受竖向荷载)；

③ 门式钢管脚手架可以构造活动工作台。

(4) 搭设要求。

① 门式钢管脚手架基础必须夯实，且应做好排水坡，以防积水；

② 门式钢管脚手架搭设顺序为：基础准备→安放垫板→安放底座→竖两榀单片门架→安装交叉杆→安装脚手板→以此为基础重复安装门架、交叉杆、脚手板工序；

③ 门式钢管脚手架应从一端开始向另一端搭设，上步脚手架应在下步脚手架搭设完毕后进行，搭设方向与下步相反；

④ 每步脚手架的搭设，应先在端点底座上插入两榀门架，并随即装上交叉杆固定，锁好锁片，然后搭设以后的门架，每搭一榀，随即装上交叉杆和锁片；

⑤ 门式钢管脚手架必须设置与建筑物可靠的连接；

⑥ 门式钢管脚手架的外侧应设置剪刀撑，竖向和纵向均应连续设置，如图 14-3 所示。

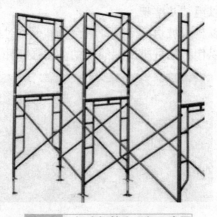

图 14-3　门式钢管脚手架示意图

3) 碗扣式脚手架

(1) 优点。

① 多功能。碗扣式脚手架能根据具体施工要求，组成不同尺寸、形状和承载能力的单、双排脚手架、支撑架、支撑柱、物料提升架、爬升脚手架、悬挑架等多种功能的施工装备。碗扣式脚手架也可用于搭设施工棚、料棚、灯塔等构筑物，特别适合于搭设曲面脚手架和重载支撑架。

碗扣式.mp4

② 高功效。整架拼拆速度比常规快 3～5 倍，拼拆快速省力，工人用一把铁锤即可完成全部作业，避免了螺栓操作带来的诸多不便。

③ 通用性强。主构件均可以采用普通的扣件式钢管脚手架中的钢管，可用扣件同普通钢管连接，通用性强。

④ 承载力大。立杆连接是同轴心承插，横杆同立杆靠碗扣接头连接，接头具有可靠的抗弯、抗剪、抗扭力学性能。而且各杆件轴心线交于一点，节点在框架平面内，因此，结构稳固可靠，承载力大。(整架承载力提高，约比同等情况的扣件式钢管脚手架提高 15% 以上。)

⑤ 安全可靠。碗扣式脚手架横杆上的荷载通过下碗扣传递给立杆，下碗扣具有很强的抗剪能力(最大为 199kN)。上碗扣即使没被压紧，横杆接头也不致脱出而造成事故。同时还配备有安全网、支架、间横杆、脚手板、挡脚板、架梯、挑梁、连墙撑等杆配件，使用安全可靠。

⑥ 易于加工。主构件用 $\phi 48 \times 3.5$、Q235B 焊接钢管，制造工艺简单，成本适中，可直接对现有扣件式脚手架进行加工改造，不需要复杂的加工设备。

⑦ 不易丢失。该脚手架无零散易丢失扣件，把构件丢失减少到了最小限度。

⑧ 维修少。该脚手架构件消除了螺栓连接，构件经碰耐磕的不足，一般锈蚀不影响拼拆作业，不需特殊养护、维修。

⑨ 便于管理。构件系列标准化，构件外表涂以橘黄色。美观大方，构件堆放整齐，便于现场材料管理，满足文明施工要求。

⑩ 易于运输。该脚手架最长构件 3130mm，最重构件 40.53kg，便于搬运和运输。

(2) 缺点。

① 横杆为几种尺寸的定型杆，立杆上碗扣节点按 0.6m 间距设置，使构架尺寸受到限制；

② U 形连接销易丢；

③ 价格较贵。

(3) 适应性。

① 碗扣式脚手架可以构筑各种形式的脚手架、模板和其他支撑架；

② 碗扣式脚手架可以组装井字架；

③ 碗扣式脚手架可以搭设坡道、工棚、看台及其他临时构筑物；

④ 碗扣式脚手架可以构造强力组合支撑柱；

⑤ 碗扣式脚手架可以构筑承受横向力作用的支撑架，如图 14-4 所示。

图 14-4　碗扣式脚手架示意图

4)　盘扣式脚手架

(1)　轻松快捷。搭建轻松快速，并具有很强的机动性，可满足大范围的作业要求。

(2)　灵活安全可靠。可根据不同的实际需要，搭建多种规格、多排移动的脚手架，各种完善的安全配件，在作业中提供牢固、安全的支持。

(3)　储运方便。储存占地小，并可推动方便转移，部件能通过各种窄小通道。

5)　铝合金脚手架

(1)　质量轻。铝合金脚手架所有部件采用特制铝合金材质，比传统钢架轻 75%。

(2)　部件连接强度高。采用内胀外压式新型冷作工艺，脚手架接头的破坏拉脱力达到 4100～4400kg，远大于 2100kg 的许用拉脱力。

(3)　安装简便快捷。铝合金脚手架配有高强度脚轮，可移动。

(4)　便于安装。整体结构采用"积木式"组合设计，不需任何安装工具。

铝合金快装脚手架解决企业高空作业难题，它可根据实际需要的高度进行搭接，有三种高度规格。它还有宽式和窄式两种宽度规格。窄式脚手架可以在狭窄地面搭接，方便灵活。窄式脚手架可以满足墙边角，楼梯等狭窄空间处的高空作业要求，是企业高空作业的好帮手，如图 14-5 所示。

图 14-5　盘扣式脚手架示意图

3.　脚手架的常见问题

1)　设计时应注意的问题

(1)　设计师对重型脚手架应该有清楚的认识，一般如果楼板厚度超过 300mm，就应考虑按照重型脚手架设计，若脚手架荷载超过 15kN/m²，则设计方案应该组织专家论证。同时要分清楚哪些部位的钢管长度变化对承载影响较大，对于模板支架应该考虑：最上面一道水平杆的中心线距模板支撑点的长度 a 不宜过长，一般小于 400mm 为宜，立杆计算时一般最上面一步和最下面一步受力最大，应该作为主要计算点。当承载力不满足要求时应增加立杆减少纵横间距，或者增加水平杆减小步距。

(2) 国内脚手架普遍存在钢管、扣件、顶托及底托等材料质量不合格的情况，实际施工中理论计算没有考虑到这些，因此最好在设计计算过程中取一定的安全系数。

2) 施工时应注意的问题

扫地杆缺失，纵横交接处未连接、扫地杆距地距离过大或过小等；脚手板开裂、厚度不够、搭接没有满足规范要求；大模板拆除后内侧立杆与墙体之间没有防坠网；剪刀撑在平面内没有连续；开口脚手架未设斜撑；脚手板下小横杆间距过大；连墙件没有做到内外刚性连接；防护栏杆间距大于 600mm；扣件连接不紧，扣件滑移等。

施工时应注意的问题.mp4

3) 脚手架变形的应对措施

(1) 因地基沉降引起的脚手架局部变形。在双排架横向截面上架设八字戗或剪刀撑，隔一排立杆架设一组，直到变形区外排。八字戗或剪刀撑下脚必须设在坚实、可靠的地基上。

(2) 脚手架赖以生根的悬挑钢梁挠度变形超过规定值，应对悬挑钢梁后锚固点进行加固，钢梁上面用钢支撑加 U 形托旋紧后顶住屋顶。预埋钢筋环与钢梁之间有空隙，需用马楔备紧。吊挂钢梁外端的钢丝绳逐根检查，全部紧固，保证均匀受力。

(3) 脚手架卸荷、拉接体系局部产生破坏，要立即按原方案制定的卸荷拉接方法将其恢复，并对已经产生变形的部位及杆件进行纠正。如纠正脚手架向外张的变形，先按每个开间设一个 5t 倒链，与结构绷紧，松开刚性拉接点，各点同时向内收紧倒链，至变形被纠正，做好刚性拉接，并将各卸荷点钢丝绳收紧，使其受力均匀，最后放开倒链。

【案例 14-1】某市一开发商修建一商品房，为了追求较多的利润，要求设计、施工等单位按其要求进行设计施工。设计上采用底层框架(局部为二层框架)上面砌筑九层砖混结构，总高度最高达 33.3m，严重违反国家现行规范和地方标准的要求，框架顶层未采用现浇结构，平面布置不规则、对称，质量和刚度不均匀，在较大洞口两侧未设置构造柱。在施工过程中六至十一层采用灰砂砖墙体。住户在使用过程中，发现房屋内墙体产生较多的裂缝，经检查有正八字、倒八字裂缝，竖向裂缝，局部墙面出现水平裂缝，以及大量的界面裂缝，引起住户强烈不满，多次向各级政府有关部门投诉，产生了极坏的影响。试分析产生事故的原因。

4. 脚手架清单分项

脚手架清单分项详见二维码。

5. 脚手架定额计算规则

(1) 综合脚手架应区分地下室、单层、多(高)层和不同檐高，以建筑面积计算，同一建筑物檐高不同时，应按不同檐高分别计算。

扩展资源 1.pdf

(2) 单项脚手架中外脚手架、里脚手架均按墙体的设计图示尺寸以垂直投影面积计算。

(3) 围墙按墙体的设计图示尺寸以垂直投影面积计算，凡自然地坪至围墙顶面高度在3.6m 以下的，执行里脚手架子目；高度超过 3.6m 以上时，执行单排外脚手架子目。

(4) 整体满堂钢筋混凝土基础，凡其宽度超过 3m 以上时，按其底板面积计算基础满堂脚手架。

(5) 独立柱按图示柱结构外围周长另加 3.6m，乘以设计高度以面积计算，套用双排外脚手架子目。

(6) 现浇混凝土单梁脚手架，以外露梁净长乘以地坪至梁底高度计算工程量。

(7) 满堂脚手架，按室内净面积计算，其高度为 3.6～5.2m 时，计算基本层，超过 5.2m 时，每增加 1.2m 按增加一层计算，不足 0.6m 的按一个增加层乘以系数 0.5 计算。其计算式表示如下：

$$满堂脚手架增加层=(室内净高度-5.2m)/1.2m$$

(8) 地上高度超过 1.2m 的贮水(油)池壁、贮仓壁、大型设备基础立板脚手架，以其外围周长乘以高出地面的高度以面积计算；地下深度超过 1.2m 的壁、板脚手架，以其内壁周长乘以自然地坪距底板上表面的高度以面积计算；底板脚手架以底板面积计算。

(9) 室外管道脚手架按面积计算，其高度以自然地坪至管道下皮(多层排列管道时，以最上一层管道下皮为准)的垂直距离计算，长度按管道的中心线计算。

(10) 网架安装脚手架按网架水平投影面积计算。

(11) 烟囱脚手架按设计图示的不同直径、室外地坪至烟囱顶部的筒身高度以"座"计算，地面以下部分的脚手架已包括在定额子目内。

(12) 滑升模板施工的钢筋混凝土烟囱、筒仓，不另计算脚手架。

(13) 水塔脚手架的计算方法和烟囱相同，并按相应的烟囱脚手架子目人工乘以系数 1.1。

14.2　混凝土模板及支架(撑)

1. 混凝土模板及支架(撑)基础知识

1) 混凝土模板的概念
混凝土模板是指新浇混凝土成型的模板以及支承模板的一整套构造体系，模板有多种分类方法，如：按照形状可分为平面模板和曲面模板两种；按受力条件可分为承重和非承重模板。

2) 模板分类
(1) 按材料分：木模、钢模、钢木模、木竹胶合板、铝合金、塑料、玻璃钢。

(2) 按安装方式分：

① 拼装式——木模、小钢模、胶合板模板；

② 整体式——大模、飞模、隧道模；

③ 移动式——筒壳模、滑模、爬升模；

④ 永久式——预应力、非预应力混凝土薄板，压延钢板。

模板分类.mp4

3) 模板特点

模板按材料分类，最常用的主要为钢模板和木模板。

(1) 钢模板。

优点是强度高、刚度大；组装灵活、装拆方便；通用性强、周转次数多；节约木材、混凝土质量好，如图 14-6 所示。

(2) 木模板。

优点和钢模板类似，只是比较浪费，循环使用周期较短，比较浪费木材，如图 14-7 所示。

图 14-6　钢模板示意图

图 14-7　木模板示意图

2. 模板及支架(撑)安装的相关规定

(1) 模板安装应按设计与施工说明书顺序拼装。木杆、钢管、门架及碗扣式等支架立柱不得混用。

(2) 竖向模板和支架立柱支承部分安装在基土上时，应加设垫板，垫板应有足够强度和支承面积，且应中心承载。基土应坚实，并应有排水措施。对湿陷性黄土应有防水措施，对特别重要的结构工程可采用混凝土、打桩等措施防止支架柱下沉。对冻胀性土应有防冻融措施。

(3) 当满堂模板或共享空间模板支架立柱高度超过 8m 时，若地基土达不到承载要求，无法防止立柱下沉，则应先施工地面下的工程，再分层回填夯实基土，浇筑地面混凝土垫层，直至达到强度后方可支模。

(4) 模板及其支架在安装过程中，必须设置有效防倾覆的临时固定设施。

(5) 现浇钢筋混凝土梁、板，当跨度大于 4m 时，模板应起拱；当设计无具体要求时，起拱高度宜为全跨长度的 1/1000～3/1000。

(6) 现浇多层或高层房屋和构筑物，安装上层模板及其支架应符合下列规定。

① 下层楼板应具有承受上层施工荷载的承载能力，否则应加设支撑支架；

② 上层支架立柱应对准下层支架立柱，并应在立柱底铺设垫板；

③ 当采用悬臂吊模板、桁架支模方法时，其支撑结构的承载能力和刚度必须符合设计构造要求。

(7) 当层间高度大于 5m 时，应选用桁架支模或钢管立柱支模。当层间高度小于或等于

5m 时，可采用木立柱支模。

3. 混凝土模板及支架(撑)清单分项(摘选部分)

混凝土模板及支架(撑)清单分项(摘选部分)详见二维码。

扩展资源 2.pdf

4. 混凝土模板及支架(撑)定额计算规则

(1) 现浇混凝土构件模板，除另有规定者外，均按模板与混凝土的接触面积(扣除后浇带所占面积)计算。

(2) 基础

① 有肋式带形基础，肋高(指基础扩大顶面至梁顶面的高)小于等于 1.2m 时，合并计算；大于 1.2m 时，基础底板模板按无肋带形基础项目计算，扩大顶面以上部分模板按混凝土墙项目计算。

② 独立基础：高度从垫层上表面计算到柱基上表面。

③ 满堂基础：无梁式满堂基础有扩大或角锥形柱墩时，并入无梁式满堂基础内计算。有梁式满堂基础梁高(从板面或板底计算，梁高不含板厚)小于等于 1.2m 时，基础和梁合并计算；大于 1.2m 时，底板按无梁式满堂基础模板项目计算，梁按混凝土墙模板项目计算。箱式满堂基础应分别按无梁式满堂基础、柱、墙、梁、板的有关规定计算。地下室底板按无梁式满堂基础模板项目计算。

④ 设备基础：块体设备基础按不同体积，分别计算模板工程量。框架设备基础应分别按基础、柱以及墙的相应项目计算；楼层面上的设备基础并入梁、板项目计算，如在同一设备基础中部分为块体，部分为框架时，应分别计算。框架设备基础的柱模板高度应由底板或柱基的上表面算至板的下表面；梁的长度按净长计算，梁的悬臂部分应并入梁内计算。

⑤ 设备基础地脚螺栓套孔以不同深度以数量计算。

(3) 构造柱均应按图示外露部分计算模板面积。带马牙槎构造柱的宽度按马牙槎处的宽度计算。

(4) 现浇混凝土墙、板上单孔面积在 0.3m² 以内的孔洞，不予扣除，洞侧壁模板亦不增加；单孔面积在 0.3m² 以外时，应予扣除，洞侧壁模板面积并入墙、板模板工程量以内计算。对拉螺栓堵眼增加费按墙面、柱面、梁面模板接触面分别计算工程量。

(5) 现浇混凝土框架分别按柱、梁、板有关规定计算，附墙柱突出墙面部分按柱工程量计算，暗梁、暗柱并入墙内工程量计算。

(6) 柱、梁、墙、板、栏板相互连接的重叠部分，均不扣除模板面积。

(7) 挑檐、天沟与板(包括屋面板、楼板)连接时，以外墙外边线为分界线；与梁(包括圈梁等)连接时，以梁外边线为分界线；外墙外边线以外或梁外边线以外为挑檐、天沟。

(8) 现浇混凝土悬挑板、雨篷、阳台按图示外挑部分尺寸的水平投影面积计算。挑出墙外的悬臂梁及板边不另计算。

(9) 现浇混凝土楼梯(包括休息平台、平台梁、斜梁和楼层板的连接的梁)，按水平投影面积计算。不扣除宽度小于 500mm 楼梯井所占面积，楼梯的踏步、踏步板、平台梁等侧面模板不另行计算，伸入墙内部分亦不增加。当整体楼梯与现浇楼板无梯梁连接时，以楼梯的最后一个踏步边缘加 300mm 为界。

(10) 混凝土台阶不包括梯带，按图示台阶尺寸的水平投影面积计算，台阶端头两侧不另计算模板面积；架空式混凝土台阶按现浇楼梯计算；场馆看台按设计图示尺寸，以水平投影面积计算。

(11) 凸出的线条模板增加费，以凸出棱线的道数分别按长度计算，两条及多条线条相互之间净距小于 100mm 的，每两条按一条计算。

(12) 后浇带按模板与后浇带的接触面积计算。

(13) 预制混凝土构件模板

预制混凝土模板按模板与混凝土的接触面积计算，地模不计算接触面积。

14.3　垂 直 运 输

1. 垂直运输的基础知识

(1) 垂直运输费的概念。

垂直运输费指现场所用材料、机具从地面运至相应高度以及职工人员上下工作面等所发生的运输费用，如图 14-8 所示。

在施工现场用于垂直运输的机械主要有 3 种：塔式起重机、龙门架(井字架)物料提升机和外用电梯。

垂直运输费.mp4

图 14-8　垂直运输示意图

(2) 垂直运输高度。

檐高是指室外设计地坪到檐口(檐口是指屋面板上标高)的高度，突出主体建筑屋顶的楼梯间、水箱间等不计入檐口高度之内。注：当突出屋面的建筑房间面积大于标准层 50%时，(含与建筑房间相连的水箱间、电梯间)，可计算高度(竖向划分)。

(3) 现浇钢筋混凝土结构垂直运输项目适用于所有现浇钢筋混凝土结构项目。

(4) 垂直运输工作内容，包括单仿工程在合理工期内完成全部工程项目所需要的垂直运输机械台班，不包括机械的场外往返运输，一次安拆及路基铺垫和轨道铺拆等的费用。

(5) 檐高 3.6m 以内的单层建筑，不计算垂直运输机械台班。

(6) 本定额层高按 3.6m 考虑，超过 3.6m 者，应另计层高超高垂直运输增加费，每超过 1m，其超高部分按相应定额增加 10%，超高不足 1m，按 1m 计算。

(7) 垂直运输是按现行工期定额中规定的 II 类地区标准编制的，I、III 类地区按相应定额分别乘以系数 0.95 和 1.1。

2. 垂直运输清单分项

垂直运输清单分项详见二维码。

3. 垂直运输定额计算规则

(1) 建筑物垂直运输工程量，区分不同建筑物类型及檐高以建筑面积计算。

扩展资源 3.pdf

(2) 定额按泵送混凝土考虑，如采用非泵送，垂直运输费按以下方法增加：相应项目乘以调整系数(5%～10%)，再乘以非泵送混凝土数量占全部混凝土数量的百分比。

14.4 建筑物超高增加费

1. 建筑物超高增加费基础知识

建筑物超高施工增加费适用于建筑物层数超过 6 层或单层建筑物檐高超过 20m 的工程。计算层数时，地下室不计入层数；半地下室的地上部分，从设计室外地坪算起向上超过 1m 时，可按 1 层计入层数内。高度是指设计室外地坪至檐口屋面结构板面的垂直距离。

建筑物超高增加费是指在高层建筑物施工时，由于施工人员垂直交通时间以及休息时间的延长造成了人工降效，以及与施工人员配合使用的施工机械也随之产生了降效的原因，需在相应分部分项工程或措施项目的综合单价中增加相应费用，其中包括了由于水压不足所发生的加压水泵台班费用。

【案例 14-2】 2010 年 7 月 11 日，江苏某公司在扬州某石油化工厂施工过程中，1 名作业人员在高空坠落后死亡。在施工过程中如果工人所处的位置较高，那么对工人的安全以及施工效率就会影响，因此设置了建筑物超高增加费。试简述建筑物超高增加费的计算规则。

扩展资源 4.pdf

2. 超高施工增加费清单分项

超高施工增加费清单分项详见二维码。

3. 超高施工增加费定额计算规则

1) 定额说明

(1) 单层建筑物檐高 20m 以上的工程，多层建筑物超过 6 层的项目；

(2) 同一建筑物檐高不同时，应分别计算套用相应定额。

2) 定额工程量计算规则

(1) 建筑物超高施工增加的人工、机械按建筑物超高部分的建筑面积计算;

(2) 建筑物有高低层时，应根据不同高度建筑面积占总建筑面积的比例分别计算不同高度计算人工费和机械费。

14.5 大型机械设备进出场及安拆

1. 常见的大型机械

1) 桩工机械

桩工机械是指在各种桩基础施工中，用来钻孔、打桩、沉桩的机械，常用的有：柴油打桩机、静力压桩机、沉拔桩机、强夯机械、震动汽车式钻机、转盘钻孔机。

2) 土石方与筑路

土石方与筑路的常用机械有：推土机、铲运机、平地机、装载机、拖拉机、挖掘机、搅拌机、铺摊机、压路机。

3) 起重设备

起重设备是一种以间歇作业方式对物料进行起升、下降、水平移动的搬运机械，起重设备按结构不同可分为轻小型起重设备、升降机、起重机等几类。

4) 建筑水平垂直运输设备

常用的建筑水平垂直运输设备有：卷扬机、塔式起重机、施工电梯。

2. 大型机械设备进出场及安拆

1) 机械设备进出场费用是指不能或不允许自行行走的施工机械或施工设备，整体或分体自停放地点运至施工现场，或由一施工地点运至另一施工地点的运输、装卸、辅助材料及架线等费用。

2) 机械设备进出场费用定额已包括机械的回程费，未包括以下费用。

(1) 机械非正常的解体和组装费;

(2) 运输途中发生的桥梁、涵洞和道路的加固费用;

(3) 机械进场后行驶的场地加固费;

(4) 穿过铁路费用、电车托线费。

3) 安拆费用

安拆费用是指施工机械在现场进行安装与拆卸所需的人工、材料、机械和试运转费用及机械辅助设施费用(包括安装机械的基础、底座、固定锚桩、行走轨道枕木等的折旧、搭设、拆除费用)。

3. 大型机械设备进出场及安拆清单分项

大型机械设备进出场及安拆清单分项详见二维码。

扩展资源 5.pdf

4. 大型机械设备进出场及安拆定额计算规则

大型机械设备进出场、安拆工程量计算应符合经过批准的施工组织设计的要求。

(1) 大型机械安拆费按台次计算。

(2) 大型机械进出场费按台次计算。

14.6 施工排水、降水

1. 施工排水、降水基础知识

1) 施工排水

施工排水是排除影响施工过程的水，包括地下、地上、雨水、生活用水等。在开挖基坑或沟槽时土壤的含水层常被切断，地下水将会不断地渗入坑内。雨季施工时，地面水也会流入坑内。为了保证施工的正常进行，防止边坡塌方和地基承载能力的下降，必须做好基坑降水工作。

施工排水是投标时施工单位自行考虑措施费用，如果招标文件没有特殊要求，施工单位应根据工程工期是否跨雨季施工来编制施工组织设计，并在投标时考虑相应的费用；是否需要降水，是甲方在招标文件中告知的，每一个新建工程立项时都会有地质勘测，若有地下水没勘测出来，则属于勘察单位的问题，而且实际上很多项目投标时就把基坑支护、降水工程等专业性较强的项目设为暂列项，放在招标清单里，在实际施工时又把此项目专业分包出去。

2) 施工降水

施工降水是指采取措施降低地下存有的水位(地下水或滞留水)。

2. 施工排水、降水的方法

排除地面水一般采取在基坑周围设置排水沟、截水沟或筑土堤等办法，并尽量利用原有的排水系统，使临时排水系统与永久排水设施相结合。

1) 明排水法施工

明排水法是在基坑开挖过程中，在坑底设置集水坑，并沿坑底周围或中央开挖排水沟，使水流入集水坑，然后用水泵抽走。

明排水法由于设备简单和排水方便，所以较为普遍采用。明排水法宜用于粗粒土层和渗水量小的黏土层。当土为细砂和粉砂时，地下水渗出会带走细粒，发生流沙现象，导致边坡坍塌、坑底涌砂，难以施工，此时应采用井点降水法。

2) 井点降水施工

井点降水法是在基坑开挖之前，预先在基坑四周埋设一定数量的滤水管(井)，利用抽水设备抽水，使地下水位降落到坑底以下，并在基坑开挖过程中仍不断抽水。

井点降水法所采用的井点类型有：轻型井点、电渗井点、喷射井点、管井井点及深井井点等，井点降水所采用的井点类型是根据土的渗透系数、降低水位的深度、工程特点及设备条件等决定。喷射井点降水设备及平面布置如图 14-9 所示。

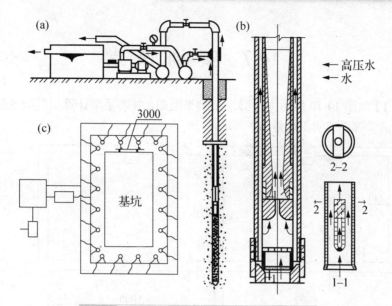

图 14-9　喷射井点降水设备及平面布置示意图

3. 施工排水、降水注意事项

(1) 抽水设备的电器部分必须做好防止漏电的保护措施,严格执行接地、接零和使用漏电开关三项要求。施工现场电线应架空拉设,用三相五线制。

(2) 在土方开挖后,应保持降低地下水位在基坑底 500mm 以下,防止地下水扰动基底土。

施工降排水.mp4

(3) 在降水过程中,应防止相邻及附近已有建筑物或构筑物、道路、管线等发生下沉或变形,必要时应与设计、建设单位协商,对原建筑物地基采取回灌技术等防护措施。

【案例 14-3】 某工地施工过程中突降大雨,工人们虽然及时对材料、成品、半成品进行掩盖,但因为工地排水措施较差,雨水在工地大量堆积,造成大批材料受潮,遭受了巨大的经济损失,试分析怎样避免这种情况的发生?

4. 施工排水、降水清单分项

施工排水、降水清单分项详见二维码。

5. 施工排水、降水定额计算规则

施工排水、降水的工程量计算应符合经过批准的施工组织设计的要求。

扩展资源 6.pdf

(1) 排水管道按设计尺寸以长度计算,抽水机抽水按抽水机械台班数量计算。

(2) 轻型井、喷射井点排水的井管安装、拆除以根为单位计算,使用以"套·天"计算;真空深井、自流深井排水的安装拆除以每口井计算,使用以每口"井·天"计算。

(3) 使用天数以每昼夜(24h)为一天,并按施工组织设计要求的使用天数。

(4) 集水井按设计图示数量以"座"计算,大口井按累计井深以长度计算。

14.7 实 训 课 堂

【实训 1】如图 14-10 所示为一脚手架的平面图，外脚手架计算高度取 5.2m，试计算外脚手架及其满堂脚手架的工程量。

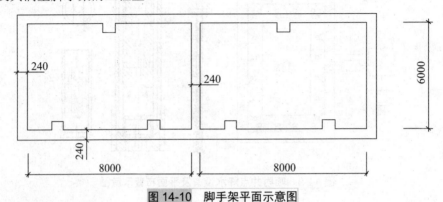

图 14-10　脚手架平面示意图

解：(1) 清单工程量。

计算规则：外脚手架按外墙垂直投影面积计算。

满堂脚手架按室内地面净面积计算，不扣除柱、附墙跺所占的面积。

外脚手架工程量 $L=(8×2+0.24×3+6+0.24×2)×2=46.4(\text{m})$

$S_1=L×H=46.4×5.2=241.28(\text{m}^2)$

满堂脚手架工程量 $S_2=8×6×2=96(\text{m}^2)$

(2) 定额工程量。

定额工程量同清单工程量。

外脚手架工程量 241.28m²。

满堂脚手架工程量 96m²。

套用《河南省房屋建筑与装饰工程预算定额(下册)》(HA01—31—2016)定额子目 17-49
可得：

总价=241.28m²×2239.54 元/100m²=5403.56(元)

【实训 2】如图 14-11 所示为一楼梯二层平面图，试根据图纸计算脚手架工程量并计价。

解：(1) 清单工程量。

计算规则：按楼梯(包括休息平台、平台梁、斜梁和楼层板的连接梁)的水平投影面积计算，不扣除宽度≤500mm 的楼梯井所占面积，楼梯踏步、踏步板、平台梁等侧面模板不另计算，伸入墙内部分亦不增加。

楼梯 $S=1.86×(1.2+2.25+0.3)=6.975(\text{m}^2)$

注解：此题需要注意的是加 0.3m。

(2) 定额工程量。

定额工程量同清单工程量。

外脚手架工程量 6.975m²。

套用《河南省房屋建筑与装饰工程预算定额(下册)》(HA01—31—2016)定额子目 17-59 可得：

总价=6.975m²×1977.24 元/100m²=137.91(元)

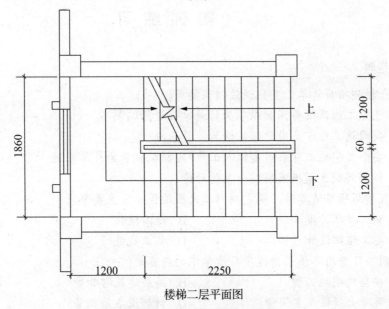

图 14-11　楼梯二层平面图

【实训 3】某建筑物 11 层，檐口高度 40m，每层建筑面积为 800m²，试计算该工程相关工程量并计价。

解：(1) 清单工程量。

计算折算系数(40-20)÷3.3=6.06，可按 6 层计算超高。

超高施工增加工程量 S=800×6=4800(m²)

注解：当建筑物檐高超过 20m 以上时，以建筑物檐高与 20m 之差，除以 3.3 为层数，余数不计，累计计算建筑面积。除以 3.3 所得的层数应为计算层数，不是建筑物实际层数。

(2) 定额工程量。

定额工程量同清单工程量。

超高施工增加工程量 4800m²。

套用《河南省房屋建筑与装饰工程预算定额(下册)》(HA01—31—2016)定额子目 17-104 可得：

建筑物超高增加费.mp4

总价=4800m²×4978.47 元/100m²=238966.56(元)

本 章 小 结

通过本章的学习，学生可以了解脚手架的分类和各种脚手架的优缺点及注意事项；混凝土模板分类、特点及支架安装注意事项；垂直运输的基本含义及计算；建筑物超高增加费相关简单计算；大型机械设备进出场及安拆的常识及安拆费用；施工排水、降水方法及施工注意事项，并熟悉清单定额计算规则以及简单的清单定额计算方法。

实训练习

一、单选题

1. 关于措施项目清单，下列说法错误的是( )。
   A. 已完工程及设备保护以项为计量单位进行编制
   B. 夜间施工费可采用定额基价为计算基础
   C. 安全文明施工可采用定额人工费+定额机械费为计算基础
   D. 钢筋混凝土模板采用综合单价计价

2. 设置措施项目清单时，确定材料二次搬运等项目主要参考( )。
   A. 施工技术方案　　　　　　　　　B. 施工规程
   C. 施工组织设计　　　　　　　　　D. 施工规范

3. 下列项目费用不属于措施项目清单中的内容是( )。
   A. 安全文明施工费　　　　　　　　B. 高层建筑增加费
   C. 混凝土模板及支架费　　　　　　D. 材料设备采购费

4. 《建设工程工程量清单计价规范》(GB 50500—2013)中措施项目清单的设置，需要参考拟建工程的( )，以确定环境保护、文明安全施工等项目。
   A. 施工组织设计　　　　　　　　　B. 施工方案
   C. 施工规范　　　　　　　　　　　D. 工程验收规范

5. 以下说法不正确的是( )。
   A. 建筑物超高增加费包括高层施工用水加压水泵的安装、拆除及工作台班
   B. 垂直运输可按建筑面积计算
   C. 垂直运输可按施工工期日历天数计算
   D. 垂直运输项目的特征描述可以没有地下室建筑面积

二、多选题

1. 在按工程量清单计价的建筑安装工程造价组成中，措施项目费主要包括( )。
   A. 劳动保险费　　B. 夜间施工费　　　C. 总承包服务费
   D. 工程定额测定费　E. 已完工程及设备保护费

2. 脚手架的优点有( )。
   A. 承载力较大　　B. 杆件偏心连接　　C. 装拆方便，搭设灵活
   D. 加工简单　　　E. 比较经济

3. 混凝土模板的分类按安装方式分类，有( )。
   A. 独立式　　　　B. 拼装式　　　　　C. 整体式
   D. 移动式　　　　E. 永久式

4. 措施项目包括( )。

　　A. 通用项目　　　　　B. 装饰装修工程措施项目

　　C. 建筑工程措施项目　D. 安装工程措施项目　E. 市政工程措施项目

5. 措施项目清单的设置应(　　)。

　　A. 参考拟建工程的施工组织设计和施工技术方案

　　B. 考虑设计文件中须通过一定的技术措施才能实现的内容

　　C. 全面遵循《建设工程工程量清单计价规范》中的措施项目一览表

　　D. 考虑招标文件中提出的必须通过一定的技术措施才能实现的要求

　　E. 参阅施工规范及工程验收规范

三、简答题

1. 脚手架的工作条件具有哪些特点?

2. 简述模板的分类及模板的特点。

3. 什么是垂直运输费?

4. 进出场费未包括哪些费用?

5. 施工排水、降水方法有哪些?

第 14 章 习题答案.pdf

实训工作单

班级		姓名		日期	
教学项目		脚手架搭接要点			
任务	观察脚手架的搭建		工具	脚手板、脚手架、安全网、螺栓	
工艺流程		水平悬挑→纵向扫地杆→立杆→横向扫地杆→小横杆→大横杆(搁栅)→剪刀撑→连墙件→铺脚手板→扎防护栏杆→扎安全网			
其他项目					
工程过程记录					
评语			指导教师		

【学习目标】

- 了解工程造价综合实例。
- 掌握清单计量方法及技巧。
- 掌握定额计量方法及套价技巧。

【引子】

本工程其结构简单，容易上手，其目的是引导学生初步对清单计量和定额计量有一个大概轮廓，加深对前几章内容的掌握。

1. 工程概况

该工程为普通民用住宅楼，采用框架结构，基础为筏板基础，筏板基础为 500mm，筏板钢筋为 C12@200，底层双向布置。垫层采用灰土，垫层厚度为 100mm。地上二层，无地下室，层高为 3.6m，基础层深 1m。框架柱 KZ-1 为 400×400mm，KL-1 截面尺寸为 250×400mm，KL-2 截面尺寸为 200×400mm，板厚为 120mm，C12@200 双网双向布置，板负筋为 C12@200，两边各弯折 90mm。墙厚为 240mm，所有混凝土强度为 C30。框架柱和框架梁的具体钢筋配置见表 15-1 和表 15-2。地震设防烈度 8 度，抗震等级为一级。抗震等级依据《建筑抗震设计规范》，按设防烈度提高一度确定，设计使用年限 75 年。

表 15-1　框架柱配筋表

名　称	类　别	截面(B×H 边)(mm)	角　筋	B 边一侧中部筋	H 边一侧中部筋	箍　筋	箍筋肢数
KZ-1	框架柱	400×400	4C22	3C20	3C20	C10@100/200	4×4

表 15-2　框架梁配筋表

名　称	类　别	截面宽(B×H边)(mm)	箍　筋	箍筋肢数	上部通长筋	下部通长筋	支座处钢筋
KL-1	框架梁	250×400	C8@100/200(4)	4	2C25	4C25	4B22
KL-2	框架梁	200×400	C8@100/200(4)	4	2C25	4C25	4B22

2. 施工平面图

本案例所需要的图纸详见图 15-1～图 15-4。

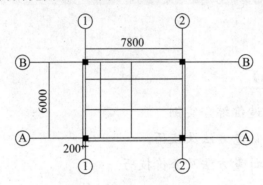

图 15-1　筏板基础平面示意图

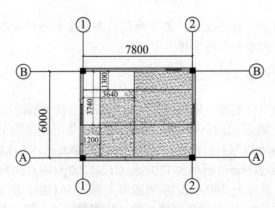

图 15-2　一层平面示意图

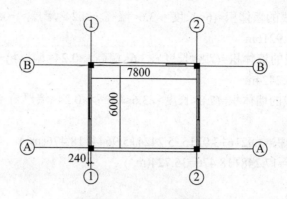

图 15-3 二层平面示意图

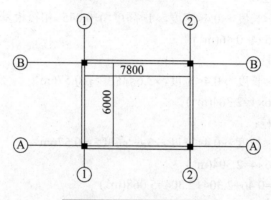

图 15-4 二层梁平面示意图

15.1 清 单 计 量

1. 砌体墙

(1) 首层砌体墙：

A 轴线到 B 轴线的墙体积=(6<长度>×3.6<墙高>×0.24<墙厚>)-0.648<扣窗>-0.3456<扣柱>-0.2688<扣梁>=3.9216m³

B 轴线到 A 轴线的墙体积=(6<长度>×3.6<墙高>×0.24<墙厚>)-0.648<扣窗>-0.3456<扣柱>-0.2688<扣梁>=3.9216m³

1 轴线到 2 轴线的墙体积=(7.8<长度>×3.6<墙高>×0.24<墙厚>)-0.648<窗>-0.3456<扣柱>-0.5032<扣梁>=5.2424m³

2 轴线到 1 轴线的墙体积=(7.8<长度>×3.6<墙高>×0.24<墙厚>)-0.648<窗>-0.3456<扣柱>-0.5032<扣梁>=5.2424m³

首层砌体墙的体积=3.9216+3.9216+5.2424+5.2424=17.248m³

(2) 二层砌体墙：

A 轴线到 B 轴线的墙体积=(6<长度>×3.6<墙高>×0.24<墙厚>)-0.648<扣窗>-0.3456<扣柱>-0.2688<扣梁>=3.9216m³

B 轴线到 A 轴线的墙体积=(6<长度>×3.6<墙高>×0.24<墙厚>)-0.648<扣窗>-0.3456<扣柱>-0.2688<扣梁>=3.9216m³

1 轴线到 2 轴线的墙体积=(7.8<长度>×3.6<墙高>×0.24<墙厚>)-0.648<窗>-0.3456<扣柱>-0.5032<扣梁>=5.2424m³

2 轴线到 1 轴线的墙体积=(7.8<长度>×3.6<墙高>×0.24<墙厚>)-0.3456<柱>-0.4292<扣梁>=5.9644m³

二层砌体墙的体积=3.9216+3.9216+5.2424+5.9644=18.476(m³)

砌体墙总工程量=17.248+18.476=35.724(m³)

2. 混凝土柱

(1) 基础层混凝土柱：

一根柱体积=(0.4<长度>×0.4<宽度>×1<高度>)-0.045<扣筏板基础>=0.115m³

4 根柱体积=0.115×4=0.46(m³)

(2) 首层混凝土柱：

一根柱体积=(0.4<长度>×0.4<宽度>×3.6<高度>)=0.576m³

4 根柱体积=0.576×4=2.304(m³)

(3) 二层混凝土柱：

一根柱体积=(0.4<长度>×0.4<宽度>×3.6<高度>)=0.576m³

4 根柱体积=0.576×4=2.304(m³)

混凝土柱总体积=0.46+2.304+2.304=5.068(m³)

3. 混凝土梁

(1) 首层混凝土梁：

1 轴线到 2 轴线的梁体积=(0.25<宽度>×0.4<高度>×8<中心线长度>)-0.06<扣柱>=0.74(m³)

2 轴线到 1 轴线的梁体积=(0.25<宽度>×0.4<高度>×8<中心线长度>)-0.06<扣柱>=0.74(m³)

A 轴线到 B 轴线的梁体积=(0.2<宽度>×0.4<高度>×6.15<中心线长度>)-0.044<柱>=0.448(m³)

B 轴线到 A 轴线的梁体积=(0.2<宽度>×0.4<高度>×6.15<中心线长度>)-0.044<柱>=0.448(m³)

首层混凝土梁体积=0.74+0.74+0.448+0.448=2.376(m³)

(2) 二层混凝土梁：

1 轴线到 2 轴线的梁体积=(0.25<宽度>×0.4<高度>×8<中心线长度>)-0.06<扣柱>=0.74(m³)

2 轴线到 1 轴线的梁体积=(0.25<宽度>×0.4<高度>×8<中心线长度>)-0.06<扣柱>=0.74(m³)

A 轴线到 B 轴线的梁体积=(0.2<宽度>×0.4<高度>×6.15<中心线长度>)-0.044<柱>=0.448(m³)

B 轴线到 A 轴线的梁体积=(0.2<宽度>×0.4<高度>×6.15<中心线长度>)-0.044<柱>=0.448m³

二层混凝土梁体积=0.74+0.74+0.448+0.448=2.376(m³)

混凝土梁总体积=2.376+2.376=4.752(m³)

4. 混凝土板

(1) 首层混凝土板：

现浇板体积=((8<长度>×6.2<宽度>)×0.12<厚度>)-0.4644<扣梁>-0.8674<扣洞>=4.6202m³

(2) 二层混凝土板：

现浇板体积=((8<长度>×6.2<宽度>)×0.12<厚度>)-0.4296<扣梁>=5.5224m³

混凝土板总体积=4.6202+5.5224=10.1426(m³)

5. 垫层

垫层体积=(8.2<长度>×6.4<宽度>×0.1<厚度>)=5.248m³

6. 筏板基础

筏板基础体积=((8<长度>×6.2<宽度>)×0.5<厚度>)=24.8m³

各分部分项清单工程量表见表 15-3。

表 15-3　分部分项清单工程

序号	编码	项目名称	单位	工程量	绘图输入	表格输入
1	010401008001	填充墙	m³	35.576	35.576	0
2	010404001001	垫层	m³	5.248	5.248	0
3	010501004001	满堂基础	m³	24.8	24.8	0
4	010502001001	矩形柱	m³	4.608	4.608	0
5	010503002001	矩形梁	m³	3.856	3.856	0
6	010505003001	平板	m³	10.1426	10.1426	0
7	010801002001	木质门带套	樘	7.2	7.2	0
8	010807001001	金属(塑钢、断桥)窗	樘	18.9	18.9	0

15.2　定 额 计 量

请同学们结合本书所学知识及上面清单计量方法来计算定额工程量，具体答案详见二维码。

扩展资源 1.pdf

15.3 钢 筋 量

1. 基础层钢筋(见表 15-4、表 15-5)

表 15-4　KZ-1 钢筋工程量

楼层名称：基础层(绘图输入)

构件名称：KZ-1		构件数量：4		本构件钢筋重：99.089kg				

构件位置：<1，B>;<2，B>;<1，A>;<2，A>

筋号	级别	直径	计算公式	根数	总根数	单长/m	总长/m	总重/kg
钢筋	Φ	20	3700/3+500-40+15×d	4	16	1.993	31.888	78.763
钢筋	Φ	20	3700/3+1×max(35×d, 500)+500-40+15×d	8	32	2.693	86.176	212.855
角筋 插筋	Φ	22	3700/3+500-40+15×d	4	16	2.023	32.368	96.457
箍筋	Φ	10	2×[(400-2×20)+(400-2× 20)]+2×(11.9×d)	2	8	1.678	13.424	8.283

表 15-5　筏板钢筋工程量

构件名称：筏板		构件数量：1		本构件钢筋重：933.082kg				

构件位置：<2+100，A+1966><1-100，A+1966>;<1+2566，B+100><1+2566，A-99>; <2+100，B-1966><1-100，B-1966>;<2-2566，B+100><2-2566，A-100>

筋号	级别	直径	计算公式	根数	总根数	单长/m	总长/m	总重/kg
筏板 受力筋	Φ	12	8000-40+12×d-40+12×d	32	32	8.208	262.656	233.239
筏板 受力筋	Φ	12	6200-40+12×d-40+12×d	41	41	6.408	262.728	233.302
筏板 受力筋	Φ	12	8000-40+12×d-40+12×d	32	32	8.208	262.656	233.239
筏板 受力筋	Φ	12	6200-40+12×d-40+12×d	41	41	6.408	262.728	233.302

2. 首层钢筋量(见表 15-6～表 15-8)

表 15-6　KZ-1 钢筋工程量

构件名称：KZ-1　　　　构件数量：4　　　　　　　　本构件钢筋重：233.565kg

构件位置：<1，B>;<2，B>;<2，A>;<1，A>

筋号	级别	直径	计算公式	根数	总根数	单长/m	总长/m	总重/kg
钢筋	Φ	20	$4100-1233+\max$ $(3200/6，400，500)$	12	48	3.4	163.2	403.104
角筋	Φ	22	$4100-1233+\max$ $(3200/6，400，500)$	4	16	3.4	54.4	162.112
箍筋 1	Φ	10	$2\times[(400-2\times20)+(400-2\times20)]+2\times(11.9\times d)$	34	136	1.678	228.208	140.804
箍筋 2	Φ	10	$2\times\{[(400-2\times20-2\times d-22)/4\times2+22+2\times d]$ $+(400-2\times20)\}+2\times(11.9\times d)$	68	272	1.36	369.92	228.241

表 15-7　KL-1 和 KL-2 钢筋工程量

构件名称：
KL-1(250×400)　　　构件数量：2　　　　　　　本构件钢筋重：297.746kg

构件位置：<1，B+100><2，B+100>;<1，A-100><2，A-100>

筋号	级别	直径	计算公式	根数	总根数	单长/m	总长/m	总重/kg
钢筋	Φ	22	$7400/3+400-20+15\times d$	8	16	3.177	50.832	151.479
1 跨上通长筋	Φ	25	$56\times d-7400/3+7400+56\times d-7400/3$	2	4	5.266	21.064	81.096
1 跨下部钢筋	Φ	25	$400-20+15\times d+7400+400-20+15\times d$	4	8	8.91	71.28	274.428
1 跨箍筋 1	Φ	8	$2\times[(250-2\times20)+(400-2\times20)]+2\times(11.9\times d)$	46	92	1.33	122.36	48.332
1 跨箍筋 2	Φ	8	$2\times\{[(250-2\times20-2\times d-25)/3\times1+25+2\times d]$ $+(400-2\times20)\}+2\times(11.9\times d)$	46	92	1.105	101.66	40.156

续表

构件名称: KL-2(200×400)	构件数量: 2		本构件钢筋重: 240.502kg				

构件位置: <1-100, A><1-100, B>;<2+100, A><2+100, B>

筋号	级别	直径	计算公式	根数	总根数	单长/m	总长/m	总重/kg
钢筋	Φ	22	5600/3+400−20+15×d	8	16	2.577	41.232	122.871
1 跨上通长筋	Φ	25	56×d−5600/3+5600+56×d−5600/3	2	4	4.666	18.664	71.856
1 跨下部钢筋	Φ	25	400−20+15×d+5600+400−20+15×d	4	8	7.11	56.88	218.988
1 跨箍筋 1	Φ	8	2×[(200−2×20)+(400−2×20)]+2×(11.9×d)	37	74	1.23	91.02	35.953
1 跨箍筋 2	Φ	8	2×{[(200−2×20−2×d−25)/3×1+25+2×d)]+(400−2×20)}+2×(11.9×d)	37	74	1.072	79.328	31.335

表 15-8　楼板钢筋量和楼板分布筋钢筋量

构件名称: 平板(120)	构件数量: 1		本构件钢筋重: 889.27kg				

构件位置: <2+100, A+1966><1-100, A+1966>;<1+2566, B+100><1+2566, A-100>;
<2+100, B-1966><1-100, B-1966>;<2-2566, B+100><2-2566, A-100>

筋号	级别	直径	计算公式	根数	总根数	单长/m	总长/m	总重/kg
SLJ-1 (C12@200)	Φ	12	7800+max(200/2, 5×d)+max(200/2, 5×d)	30	30	8	240	213.12
SLJ-1 (C12@200)	Φ	12	5950+max(250/2, 5×d)+max(250/2, 5×d)	39	39	6.2	241.8	214.718
SLJ-1 (C12@200)	Φ	12	7800+200−20+15×d+200−20+15×d	30	30	8.52	255.6	226.973
SLJ-1 (C12@200)	Φ	12	5950+250−20+15×d+250−20+15×d	39	39	6.77	264.03	234.459

续表

构件名称：FJ-1(C12@200)	构件数量：1	本构件钢筋重：168.276kg

构件位置：<1+2675，B-800><1+2675，B+100>；<2+100，B-1453><2-1100，B-1453>；

<1+3437，A-100><1+3437，A+1100>；<1+800，A+2334><1-100，A+2334>

筋号	级别	直径	计算公式	根数	总根数	单长/m	总长/m	总重/kg
FJ-1 (C12@200)	Φ	12	775+90+250-20+15×d	38	38	1.275	48.45	43.024
FJ-1 (C12@200)	Φ	12	1100+200-20+15×d+90	29	29	1.55	44.95	39.916
FJ-1 (C12@200)	Φ	12	1075+250-20+15×d+90	38	38	1.575	59.85	53.147
FJ-1 (C12@200)	Φ	12	800+90+200-20+15×d	29	29	1.25	36.25	32.19

3. 二层钢筋

请同学们结合上面首层钢筋计算方法自己计算二层钢筋工程量，具体答案详见二维码。

扩展资源 2.pdf

15.4 清 单 计 价

清单与计价表如表 15-9 所示，综合单价分析表如表 15-10 所示。

表 15-9 分部分项工程量清单与计价表

序号	项目编码	项目名称	项目特征描述	计量单位	工程量	金额(元)		
						综合单价	合价	其中 暂估价
1	010401005001	空心砖墙	1. 墙体类型：空心砖	m³	35.58	319.8	11378.48	
2	010404001001	垫层	1. 垫层材料种类、配合比、厚度：3∶7 灰土	m³	5.25	123.58	648.8	
3	010501004001	满堂基础	1. 混凝土种类：预拌 2. 混凝土强度等级：C30	m³	24.8	302.2	7494.56	

续表

序号	项目编码	项目名称	项目特征描述	计量单位	工程量	综合单价	合价	其中 暂估价
4	010502001001	矩形柱	1. 混凝土种类：预拌 2. 混凝土强度等级：C30	m³	4.61	370.95	1710.08	
5	010503002001	矩形梁	1. 混凝土种类：预拌 2. 混凝土强度等级：C30	m³	3.86	313.51	1210.15	
6	010505003001	平板	1. 混凝土种类：预拌 2. 混凝土强度等级：C30	m³	10.15	327.95	3328.69	
7	010801002001	木质门带套	镶嵌玻璃品种、厚度：木门	樘	1	2220.79	2220.79	
8	010807001001	金属(塑钢、断桥)窗	玻璃品种、厚度：1cm	m²	18.9	285.1	5388.39	
9	010515001001	现浇构件钢筋	钢筋种类、规格：现浇钢筋	t	7.462	4551.09	33960.23	
		措施项目						
本页小计							67340.17	
合　计							67340.17	

表 15-10　综合单价分析表

工程名称：单位工程			标段：					
项目编码	010401005001	项目名称	空心砖墙			计量单位	m³	工程量	35.58

清单综合单价组成明细

定额编号	定额项目名称	定额单位	数量	单　价				合　价			
				人工费	材料费	机械费	管理费和利润	人工费	材料费	机械费	管理费和利润
4-18	空心砖墙 1 砖	10m³	0.1	810.33	2029.89	26.78	331.02	81.03	202.99	2.68	33.1
人工单价		小计						81.03	202.99	2.68	33.1
98.07 元/工日		未计价材料费									
清单项目综合单价								319.8			

续表

	主要材料名称、规格、型号	单位	数量	单价(元)	合价(元)	暂估单价(元)	暂估合价(元)
材料费明细	烧结煤矸石空心砖 240mm×240mm×115mm	千块	0.137	1300	178.1		
	干混砌筑砂浆 DM M10	m³	0.1332	180	23.98		
	水	m³	0.103	5.13	0.53		
	其他材料费			—	0.38	—	
	材料费小计			—	202.99	—	

其他综合单价分析表详见二维码。

扩展资源 3.pdf

15.5　定 额 计 价

定额计价表见表 15-11。

表 15-11　定额计价表

序号	编号	名称	单位	工程量	单价	合价	人工合价	材料合价	机械合价	管理费合价	利润合价	安文费合价	其他措施合价	规费合价	综合工日含量	综合工日合计
1	4-18	空心砖墙 1砖	10m³	3.558	3454.36	12289.23	2882.83	7221.54	95.27	702.09	475.54	337.76	155.4	418.8	8.4	29.8838
2	4-72	垫层 灰土	10m³	0.525	1397.02	733.16	266.57	266.95	5.89	65.1	44.09	31.32	14.41	38.83	5.28	2.7709
3	5-8	现浇混凝土满堂基础无梁式	10m³	2.48	3099.52	7686.81	605.44	6552.01	1.69	212.73	122.69	71.2	32.76	88.29	2.54	6.2992
4	5-11	现浇混凝土矩形柱	10m³	0.461	3929.6	1810.76	319.71	1212.76		112.2	64.71	37.55	17.28	46.56	7.21	3.3224
5	5-17	现浇混凝土矩形梁	10m³	0.386	3227.32	1244.45	111.95	1034.97		39.33	22.68	13.16	6.05	16.32	3.02	1.1645
6	5-32	现浇混凝土平板	10m³	1.014	3386.56	3434.55	342.8	2790.35	3.24	120.21	69.33	40.23	18.51	49.89	3.51	3.5597

续表

序号	编号	名称	单位	工程量	单价	合价	其中								综合工日	
							人工合价	材料合价	机械合价	管理费合价	利润合价	安文费合价	其他措施合价	规费合价	含量	合计
7	8-4	成品套装木门安装双扇门	10樘	0.1	22372.83	2237.28	52.05	2151.62		11.72	5.4	6.11	2.81	7.58	5.41	0.541
8	8-73	塑钢成品窗安装 推拉	100m²	0.189	28964.12	5474.22	270.45	5029.1		60.87	28.03	31.76	14.61	39.39	14.87	2.8104
9	5-89	现浇构件圆钢筋钢筋 HPB300 直径≤10mm	t	1.013	5291.18	5359.97	891.69	3670.11	21.76	313.03	180.52	104.76	48.2	129.9	9.15	9.269
10	5-90	现浇构件圆钢筋钢筋 HPB300 直径≤18mm	t	3.161	4841.57	15304.2	1879.66	11612.09	176.1	659.73	380.46	220.8	101.59	273.77	6.18	19.535
11	5-91	现浇构件圆钢筋钢筋 HPB300 直径≤25mm	t	3.287	4437.9	14587.38	1299.58	12010.9	145.29	456.24	263.12	152.68	70.24	189.33	4.11	13.5096
		合计				70162.01	8922.73	53552.4	449.24	2753.25	1656.57	1047.33	481.86	1298.66		92.6655

为进一步帮助学生巩固对建筑工程计量与计价知识的学习和掌握，随书附赠某小学教学楼建施图和结施图，学生可通过扫描下方二维码获取精准电子图纸进行学习。

某小学教学楼建施图

某小学教学楼结施图

参 考 文 献

[1] GB 50854—2013　房屋建筑与装饰工程工程量计算规范[S]. 北京：中国计划出版社，2013.

[2] GB50500—2013　建设工程工程量清单计价规范[S]. 北京：中国计划出版社，2013.

[3] 河南省房屋建筑与装饰工程预算定额(HA01—31—2016)(上册)[M]. 北京：中国建材工业出版社，2016.

[4] 河南省房屋建筑与装饰工程预算定额(HA01—31—2016)(下册). 北京：中国建材工业出版社，2016.

[5] 闫瑞娟. 工程造价风险管理方法研究[D]. 重庆大学，2003.

[6] 贾凤锁. 工程项目造价计价理论与方法研究[D]. 河北工业大学，2002.

[7] 宋静艳. 工程造价工程量清单计价方法的理论与应用研究[D]. 西南交通大学，2009.

[8] 吴丽莉. 工程造价全过程控制方法的研究[D]. 吉林大学，2008.

[9] 加强工程造价管理工作从设计院开始[J]. 科技信息(科学教研)，2007(19).

[10] 金向丹. 建设工程全过程造价控制之我见[J]. 中国建设信息，2009(22).

参考文献